国家出版基金项目
NATIONAL PUBLICATION FOUNDATION

"十三五"国家重点图书出版规划项目

中国水稻品种志

万建民　总主编

辽 宁 卷

邵国军　主　编

中国农业出版社

北京

内容简介

辽宁省水稻育种从中华人民共和国成立至今，经过几代人的辛勤耕耘，创建了籼粳亚种间杂交、理想株型、超级稻等育种研究体系，取得了辉煌成绩。辽宁省水稻单产由中华人民共和国成立前的3t/hm² 提高到10t/hm² 以上。辽宁省水稻研究所、沈阳浑河农场、沈阳农业大学、辽宁省盐碱地利用研究所等单位，先后育成的黎优57、辽粳5号、辽粳326、沈农265、辽粳9号、盐丰47、辽星1号等代表性品种，为辽宁省水稻实现品种更新换代做出了巨大贡献。

本卷简要概述了辽宁省稻作区域划分和品种更替演化过程，用大量的篇幅介绍了辽宁省地方品种（中华人民共和国成立前）和育成的审定品种（中华人民共和国成立后）的系谱来源、特征特性、米质、抗性、产量、适应地区及栽培技术措施等方面的内容。共搜集、整理了辽宁省1949—2010年在生产上大面积推广应用的水稻品种（系）295份，其中常规粳稻品种266份，杂交粳稻组合22份，不育系4份，恢复系3份。本书还介绍了9位在辽宁省乃至全国水稻育种中做出突出贡献的著名专家。

为便于读者查阅，各类品种均按汉语拼音顺序排列。同时为便于读者了解品种选育年代，书后还附有品种检索表，包括类型、审定编号和品种权号。

Abstract

Since 1949, a great progress in rice breeding has been made with the hard work by generations of rice breeders in Liaoning Province. A series of breeding theories such as *Indica-Japonica* Hybrids, *Indica-Japonica* Bridge, Ideal Plant Type, Super Rice Breeding, etc. were proposed and applied in rice breeding. The yield of rice in Lioaning Province was increased from 3t/hm² before 1949 to 10t/hm² in 2010. During this period, scientists in Shenyang Agricultural University, Liaoning Rice Research Institute, Liaoning Provincial Saline-Alkali Land Utilization and Research Institute, Dandong Academy of Agricultural Sciences and Tieling Academy of Agricultural Sciences etc., insisted in the breeding goals of high yield, good quality, high resistance and wide adaptability, and improved a lot of rice varieties. The representative varieties such as Liyou 57, Liaogeng 5, Liaogeng 326, Shennong 265 Liaogeng 9, Yanfeng 47, Liaoxing 1 etc. contributed to upgrade rice varieties for several rounds in Liaoning rice production history.

This book first briefly outlined the rice regionalization and the rice variety evolution process in Liaoning Province, and then mainly introduced the local varieties (before 1949) and improved varieties (after 1949) from the aspects of pedigree, characteristics of yield, quality, resistance, adaption area, cultivation techniques, etc. Total 295 varieties (or lines) which were used in Liaoning rice production were documented, including 266 conventional *japonica* rice varieties, 22 hybrid *japonica* rice combinations, 4 cytoplasmic male sterile lines and 3 restorer lines. Moreover, this book also introduced 9 famous rice breeders who made outstanding contributions to rice breeding in Liaoning Province and even in the whole country.

For the convenience of readers' reference, all varieties were arranged according to the order of Chinese phonetic alphabet. At the same time, in order to facilitate readers to access simplified variety information, a variety index was attached at the end of the book, including category, approval number and variety right number etc.

《中国水稻品种志》
编辑委员会

辽宁卷编委会

主　编　邵国军

副主编　王先俱　陈亚君　丁　芬

编著者（以姓氏笔画为序）

丁　芬　马殿荣　王先俱　王伯伦　王昌华

王洪山　孙国才　孙振东　许华勇　李振宇

邵国军　沈　枫　陈亚君　张　城　张　雪

张忠旭　赵一洲　徐文富　徐正进　韩　勇

审　校　邵国军　张　城　陈亚君　丁　芬　杨庆文

汤圣祥　王先俱　孙振东

前 言

水稻是中国和世界大部分地区栽培的最主要粮食作物，水稻的产量增加、品质改良和抗性提高对解决全球粮食问题、提高人们生活质量、减轻环境污染具有举足轻重的作用。历史证明，中国水稻生产的两次大突破均是品种选育的功劳，第一次是20世纪50年代末至60年代初开始的矮化育种，第二次是70年代中期开始的杂交稻育种。90年代中期，先后育成了超级稻两优培九、沈农265等一批超高产新品种，单产达到11～12t/hm²。单产潜力超过16t/hm²的超级稻品种目前正在选育过程中。水稻育种虽然取得了很大成绩，但面临的任务也越来越艰巨，对骨干亲本及其育种技术的要求也越来越高，因此，有必要编撰《中国水稻品种志》，以系统地总结65年来我国水稻育种的成绩和育种经验，提高我国新形势下的水稻育种水平，向第三次新的突破前进，进而为促进我国民族种业发展、保障我国和世界粮食安全做出新贡献。

《中国水稻品种志》主要内容分三部分：第一部分阐述了1949—2014年中国水稻品种的遗传改良成就，包括全国水稻生产情况、品种改良历程、育种技术和方法、新品种推广成就和效益分析，以及水稻育种的未来发展方向。第二部分展示中国不同时期育成的新品种（新组合）及其骨干亲本，包括常规籼稻、常规粳稻、杂交籼稻、杂交粳稻和陆稻的品种，并附有品种检索表，供进一步参考。第三部分介绍中国不同时期著名水稻育种专家的成就。全书分十八卷，分别为广东海南卷、广西卷、福建台湾卷、江西卷、安徽卷、湖北卷、四川重庆卷、云南卷、贵州卷、黑龙江卷、辽宁卷、吉林卷、浙江上海卷、江苏卷，以及湖南常规稻卷、湖南杂交稻卷、华北西北卷和旱稻卷。

《中国水稻品种志》根据行政区划和实际生产情况，把中国水稻生产区域分为华南、华中华东、西南、华北、东北及西北六大稻区，统计并重点介绍了自1978年以来我国育成年种植面积大于40万hm²的常规水稻品种如湘矮早9号、原丰早、浙辐802、桂朝2号、珍珠矮11等共23个，杂交稻品种如D优63、冈优22、南优2号、汕优2号、汕优6号等32个，以及2005—2014年育成的超级稻品种如龙粳31、武运粳27、松粳15、中早39、合美占、中嘉早17、两优培九、准两优527、辽优1052和甬优12、徽两优6号等111个。

《中国水稻品种志》追溯了65年来中国育成的8 500余份水稻、陆稻和杂交水稻现代品种的亲源，发现一批极其重要的育种骨干亲本，它们对水稻品种的遗传改良贡献巨大。据不完全统计，常规籼稻最重要的核心育种骨干亲本有矮仔占、南特号、珍汕97、矮脚南特、珍珠矮、低脚乌尖等22个，它们衍生的品种数超过2 700个；常规粳稻最重要的核心育种骨干亲本有旭、笹锦、坊主、爱国、农垦57、农垦58、农虎6号、测21等20个，衍生的品种数超过2 400个。尤其是携带*sd1*矮秆基因的矮仔占质源自早期从南洋引进后就成为广西容县一带优良农家地方品种，利用该骨干亲本先后育成了11代超过405个品种，其中种植面积较大的育成品种有广场矮、珍珠矮、广陆矮4号、二九青、先锋1号、特青、桂朝2号、双桂1号、湘早籼7号、嘉育948等。

《中国水稻品种志》还总结了我国培育杂交稻的历程，至今最重要的杂交稻核心不育系有珍汕97A、Ⅱ-32A、V20A、协青早A、金23A、冈46A、谷丰A、农垦58S、安农S-1、培矮64S、Y58S、株1S等21个，衍生的不育系超过160个，配组的大面积种植品种数超过1 300个；已广泛应用的核心恢复系有17个，它们衍生的恢复系超过510个，配组的杂交品种数超过1 200个。20世纪70～90年代大部分强恢复系引自国外，包括IR24、IR26、IR30、密阳46等，它们均含有我国台湾地方品种低脚乌尖的血缘（*sd1*矮秆基因）。随着明恢63（IR30／圭630）的育成，我国杂交稻恢复系选育走上了自主创新的道路，育成的恢复系其遗传背景呈现多元化。

《中国水稻品种志》由中国农业科学院作物科学研究所主持编著，邀请国内著名水稻专家和育种家分卷主撰，凝聚了全国水稻育种者的心血和汗水。同时，在本志编著过程中，得到全国各水稻研究教学单位领导和相关专家的大力支持和帮助，在此一并表示诚挚的谢意。

《中国水稻品种志》集科学性、系统性、实用性、资料性于一体，是作物品种志方面的专著，内容丰富，图文并茂，可供从事作物育种和遗传资源研究者、高等院校师生参考。由于我国水稻品种的多样性和复杂性，育种者众多，资料难以收全，尽管在编著和统稿过程中注意了数据的补充、核实和编撰体例的一致性，但限于编著者水平，书中疏漏之处难免，敬请广大读者不吝指正。

编　者
2018年4月

目　录

第一章
中国稻作区划与水稻品种遗传改良概述

水稻是中国最主要的粮食作物之一，稻米是中国一半以上人口的主粮。2014年，中国水稻种植面积3 031万 hm²，总产20 651万 t，分别占中国粮食作物种植面积和总产量的26.89%和34.02%。毫无疑问，水稻在保障国家粮食安全、振兴乡村经济、提高人民生活质量方面，具有举足轻重的地位。

中国栽培稻属于亚洲栽培稻种（*Oryza sativa* L.），有两个亚种，即籼亚种（*O. sativa* L. subsp. *indica*）和粳亚种（*O. sativa* L. subsp. *japonica*）。中国不仅稻作栽培历史悠久，稻作环境多样，稻种资源丰富，而且育种技术先进，为高产、多抗、优质、广适、高效水稻新品种的选育和推广提供了丰富的物质基础和强大的技术支撑。

中华人民共和国成立以来，通过育种技术的不断改进，从常规育种（系统选择、杂交育种、诱变育种、航天育种）到杂种优势利用，再到生物技术育种（细胞工程育种、分子标记辅助选择育种、遗传转化育种等），至2014年先后育成8 500余份常规水稻、陆稻和杂交水稻现代品种，其中通过各级农作物品种审定委员会审（认）定的水稻品种有8 117份，包括常规水稻品种3 392份，三系杂交稻品种3 675份，两系杂交稻品种794份，不育系256份。在此基础上，实现了水稻优良品种的多次更新换代。水稻品种的遗传改良和优良新品种的推广，栽培技术的优化和病虫害的综合防治等一系列技术革新，使我国的水稻单产从1949年的1 892kg/hm²提高到2014年的6 813.2kg/hm²，增长了260.1%；总产从4 865万 t提高到20 651万 t，增长了324.5%；稻作面积从2 571万 hm²增加到3 031万 hm²，仅增加了17.9%。研究表明，新品种的不断育成和推广是水稻单产和总产不断提高的最重要贡献因子。

第一节　中国栽培稻区的划分

水稻是喜温喜水、适应性强、生育期较短的谷类作物，凡温度适宜、有水源的地方，均可种植水稻。中国稻作分布广泛，最北的稻作区位于黑龙江省的漠河（北纬53°27′），为世界稻作区的北限；最高海拔的稻作区在云南省宁蒗县山区，海拔高度2 965m。在南方的山区、坡地以及北方缺水少雨的旱地，种植有较耐干旱的陆稻。从总体看，由于纬度、温度、季风、降水量、海拔高度、地形等的影响，中国水稻种植面积存在南方多北方少，东南集中西北分散的状况。

本书以我国行政区划（省、自治区、直辖市）为基础，结合全国水稻生产的光温生态、季节变化、耕作制度、品种演变等，参考《中国水稻种植区划》（1988）和《中国水稻生产发展问题研究》（2010），将全国分为华南、华中华东、西南、华北、东北和西北六大稻区。

一、华南稻区

本区位于中国南部，包括广东、广西、福建、海南等大陆4省（自治区）和台湾省。本区水热资源丰富，稻作生长季260～365d，≥10℃的积温5 800～9 300℃；稻作生长季日照时数1 000～1 800h，降水量700～2 000mm。稻作土壤多为红壤和黄壤。本区的籼稻面积占95%以上，其中杂交籼稻占65%左右，耕作制度以双季稻和中稻为主，也有部分单季晚稻，部分地区实行与甘蔗、花生、薯类、豆类等作物当年或隔年水旱轮作。

2014年本区稻作面积503.6万hm^2（不包括台湾），占全国稻作总面积的16.61%。稻谷单产5 778.7kg/hm^2，低于全国平均产量（6 813.2kg/hm^2）。

二、华中华东稻区

本区为中国水稻的主产区，包括江苏、上海、浙江、安徽、江西、湖南、湖北7省（直辖市），也称长江中下游稻作区。本区属亚热带温暖湿润季风气候，稻作生长季210～260d，≥10℃的积温4 500～6 500℃；稻作生长季日照时数700～1 500h，降水量700～1 600mm。本区平原地区稻作土壤多为冲积土、沉积土和鳝血土，丘陵山地多为红壤、黄壤和棕壤。本区双、单季稻并存，籼稻、粳稻均有。20世纪60～80年代，本区双季稻面积占全国双季稻面积的50%以上，其中，浙江、江西、湖南的双季稻面积占该三省稻作面积的80%～90%。20世纪80年代中期以来，由于种植结构和耕作制度的变革，杂交稻的兴起，以及双季早稻米质不佳等原因，双季早稻面积锐减，使本区的稻作面积从80年代初占全国稻作面积的54%下降到目前的49%左右。尽管如此，本区稻米生产的丰歉，对全国粮食形势仍然具有重要影响。太湖平原、里下河平原、皖中平原、鄱阳湖平原、洞庭湖平原、江汉平原历来都是中国著名的稻米产区。

2014年本区稻作面积1 501.6万hm^2，占全国稻作总面积的49.54%。稻谷单产6 905.6kg/hm^2，高于全国平均产量。

三、西南稻区

本区位于云贵高原和青藏高原，属亚热带高原型湿热季风气候，包括云南、贵州、四川、重庆、青海、西藏6省（自治区、直辖市）。本区具有地势高低悬殊、温度垂直差异明显、昼夜温差大的高原特点，稻作生长季180～260d，≥10℃的积温2 900～8 000℃；稻作生长季日照时数800～1 500h，降水量500～1 400mm。稻作土壤多为红壤、红棕壤、黄壤和黄棕壤等。本区籼稻、粳稻并存，以单季中稻为主，成都平原是我国著名的单季中稻区。云贵高原稻作垂直分布明显，低海拔（<1 400m）稻区多为籼稻，湿热坝区可种植双季籼稻，高海拔（>1 800m）稻区多为粳稻，中海拔（1 400～1 800m）稻区籼稻、粳稻并存。部分山区种植陆稻，部分低海拔又无灌溉水源的坡地筑有田埂，种植雨水稻。

2014年本区稻作面积450.9万hm^2，占全国稻作总面积的14.88%。稻谷单产6 873.4kg/hm^2，高于全国平均产量。

四、华北稻区

本区位于秦岭—淮河以北，长城以南，关中平原以东地区，包括北京、天津、山东、河北、河南、山西、内蒙古7省（自治区、直辖市）。本区属暖温带半湿润季风气候，夏季温度较高，但春、秋季温度较低，稻作生长季较短，无霜期170～200d，年≥10℃的积温4 000～5 000℃；年日照时数2 000～3 000h，年降水量580～1 000mm，但季节间分布不均。稻作土壤多为黄潮土、盐碱土、棕壤和黑黏土。本区以单季早、中粳稻为主，水源主要来自渠井和地下水。

2014年本区稻作面积95.3万hm^2，占全国稻作总面积的3.14%。稻谷单产7 863.9kg/hm^2，高于全国平均产量。

五、东北稻区

本区是我国纬度最高的稻作区，包括黑龙江、吉林和辽宁3省，属中温带—寒温带，年平均气温2～10℃，无霜期90～200d，年≥10℃的积温2 000～3 700℃；年日照时数2 200～3 100h，年降水量350～1 100mm。本区光照充足，但昼夜温差大，稻作生长期短，土壤多为肥沃、深厚的黑泥土、草甸土、棕壤以及盐碱土。稻作以早熟的单季粳稻为主，冷害和稻瘟病是本区稻作的主要问题。最北部的黑龙江省稻区，粳稻品质十分优良，近35年来由于大力发展灌溉设施，稻作面积不断扩大，从1979年的84.2万hm²发展到2014年的320.5万hm²，成为中国粳稻的主产省之一。

2014年本区稻作面积451.5万hm²，占全国稻作总面积的14.90%。稻谷单产7 863.9kg/hm²，高于全国平均产量。

六、西北稻区

本区包括陕西、甘肃、宁夏和新疆4省（自治区），幅员广阔，光热资源丰富，但干燥少雨，季节和昼夜气温变化大，无霜期150～200d，年≥10℃的积温3 450～3 700℃；年日照时数2 600～3 300h，年降水量150～200mm。稻田土壤较瘠薄，多为灰漠土、草甸土、粉沙土、灌淤土及盐碱土。稻作以单季粳稻为主，分布于河流两岸及有灌溉水源的地区。干燥少雨是本区发展水稻的制约因素。

2014年本区稻作面积28.2万hm²，占全国稻作总面积的0.93%。稻谷单产8 251.4kg/hm²，高于全国平均产量。

中华人民共和国成立65年来，六大稻区的水稻种植面积及占全国稻作面积的比例发生了一定变化。华南稻区的稻作面积波动较大，从1949年的811.7万hm²，增加到1979年的875.3万hm²，但2014年下降到503.6万hm²。华中华东稻区是我国的主产稻区，基本维持在全国稻区面积的50%左右，其种植面积的高峰在20世纪的70～80年代，达到全国稻区面积的53%～54%。西南和西北稻区稻作面积基本保持稳定，近35年来分别占全国稻区面积的14.9%和0.9%左右。华北和东北稻区种植面积和占比均有提高，特别是东北稻区，其稻作面积和占比近35年来提高较快，2014年达到了451.5万hm²，全国占比达到14.9%，与1979年的84.2万hm²相比，种植面积增加了367.3万hm²。我国六大稻区2014年的稻作面积和占比见图1-1。

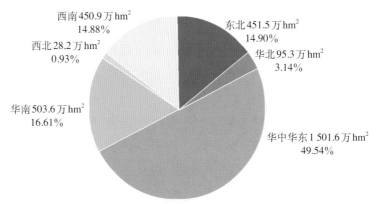

西南 450.9万hm² 14.88%
西北 28.2万hm² 0.93%
华南 503.6万hm² 16.61%
东北 451.5万hm² 14.90%
华北 95.3万hm² 3.14%
华中华东 1 501.6万hm² 49.54%

图1-1　中国六大稻区2014年的稻作面积和占比

第二节 中国栽培稻的分类

中国栽培稻的分类比较复杂，丁颖教授将其系统分为四大类：籼亚种和粳亚种，早稻、中稻和晚稻，水稻和陆稻，粘稻和糯稻。随着杂种优势的利用，又增加了一类，为常规稻和杂交稻。本节将根据这五大类分别进行介绍。

一、籼稻和粳稻

中国栽培稻籼亚种（*O. sativa* L. subsp. *indica*）和粳亚种（*O. sativa* L. subsp. *japonica*）的染色体数同为24（$2n=24$），但由于起源演化的差异和人为选择的结果，这两个亚种存在一定的形态和生理特性差异，并有一定程度的生殖隔离。据《辞海》（1989年版）记载，籼稻与粳稻比较：籼稻分蘖力较强；叶幅宽，叶色淡绿，叶面多毛；小穗多数短芒或无芒，易脱粒，颖果狭长扁圆；米质黏性较弱，膨性大；比较耐热和耐强光，主要分布于华南热带和淮河以南亚热带的低地。

按照现代分类学的观点，粳稻又可分为温带粳稻和热带粳稻（爪哇稻）。中国传统（农家/地方）粳稻品种均属温带粳稻类型。近年有的育种家为扩大遗传背景，在育种亲本中加入了热带粳稻材料，因而育成的水稻品种含有部分热带粳稻（爪哇稻）的血缘。

籼稻、粳稻的分布，主要受温度的制约，还受到种植季节、日照条件和病虫害的影响。目前，中国的籼稻品种主要分布在华南和长江流域各省份，以及西南的低海拔地区和北方的河南、陕西南部。湖南、贵州、广东、广西、海南、福建、江西、四川、重庆的籼稻面积占各省稻作面积的90%以上，湖北、安徽占80%～90%，浙江、云南在50%左右，江苏在25%左右。粳稻主要分布在东北、华北、长江下游太湖地区和西北，以及华南、西南的高海拔山区。东北的黑龙江、吉林、辽宁三省是全国著名的北方粳稻产区，江苏、浙江、安徽、湖北是南方粳稻主产区，云南的高海拔地区则以粳稻为主。

2014年，中国籼稻种植面积2 130.8万hm²，约占稻作面积的70.3%；粳稻面积900.2万hm²，占稻作面积的29.7%。据统计，2014年中国种植面积大于6 667hm²的常规水稻品种有298个，其中籼稻品种104个，占34.9%；粳稻品种194个，占65.1%；2014年种植面积最大的前5位常规粳稻品种是：龙粳31（92.2万hm²）、宁粳4号（35.8万hm²）、绥粳14（29.1万hm²）、龙粳26（28.1万hm²）和连粳7号（22.0万hm²）；种植面积最大的前5位常规籼稻品种是：中嘉早17（61.1万hm²）、黄华占（30.6万hm²）、湘早籼45（17.8万hm²）、中早39（16.3万hm²）和玉针香（11.2万hm²）。

二、常规稻和杂交稻

常规稻是遗传纯合、可自交结实、性状稳定的水稻品种类型，杂交稻是利用杂种一代优势、目前必须年年制种的杂交水稻类型。中国是世界上第一个大面积、商品化应用杂交稻的国家，20世纪70年代后期开始大规模推广三系杂交稻，90年代初成功选育出两系杂交稻并应用于生产。目前，常规稻种植面积占全国稻作面积的46%左右，杂交稻占54%左右。

1991年我国年种植面积大于6 667hm²的常规稻品种有193个，2014年增加到298个（图1-2）；杂交稻品种数从1991年的62个增加到2014年的571个。1991年以来，年种植面积大于6 667hm²的常规稻品种数每年较为稳定，基本为200～300个品种，但杂交稻品种数增加较快，增加了8倍多。

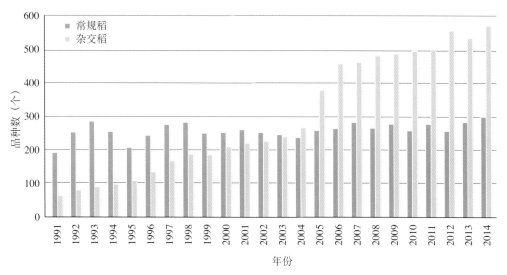

图1-2　1991—2014年年种植面积大于6 667hm²的常规稻和杂交稻品种数

三、早稻、中稻和晚稻

在稻种向不同纬度、不同海拔高度传播的过程中，在日照和温度的强烈影响下，在自然选择和人为选择的综合作用下，栽培稻发生了一系列感光性和感温性的变异，出现了早稻、中稻和晚稻栽培类型。一般而言，早稻基本营养生长期短，感温性强，不感光或感光性极弱；中稻基本营养生长期较长，感温性中等，感光性弱；晚稻基本营养生长期短，感光性强，感温性中等或较强，但通常晚籼稻的感光性强于晚粳稻。

籼稻和粳稻、杂交稻和常规稻都有早、中、晚类型，每一类型根据生育期的长短有早熟、中熟和迟熟之分，从而形成了大量适应不同栽培季节、耕作制度和生育期要求的品种。在华南、华中的双季稻区，早籼和早粳品种对日长反应不敏感，生育期较短，一般3～4月播种，7～8月收获。在海南和广东南部，由于温度较高，早籼稻通常2月中、下旬播种，6月下旬收获。中稻一般作单季稻种植，生育期稳定，产量较高，华南稻区部分迟熟早籼稻品种在华中和华东地区可作中稻种植。晚籼稻和晚粳稻均可作双季晚稻和单季晚稻种植，以保证在秋季气温下降前抽穗授粉。

20世纪70年代后期以来，由于杂交水稻的兴起，种植结构的变化，中国早稻和晚稻的种植面积逐年减少，单季中稻的种植面积大幅增加。早、中、晚稻种植面积占全国稻作面积的比重，分别从1979年的33.7%、32.0%和34.3%，转变为1999年的24.2%、48.9%和26.9%，2014年进一步变化为19.1%、59.9%和21.0%（图1-3）。

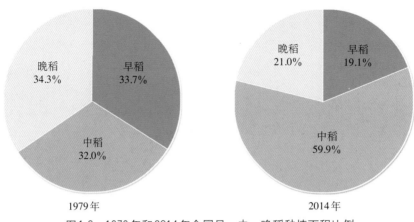

图1-3　1979年和2014年全国早、中、晚稻种植面积比例

四、水稻和陆稻

中国的栽培稻极大部分是水稻，占中国稻作面积的98%。陆稻（Upland rice）亦称旱稻，古代称棱稻，是适应较少水分环境（坡地、旱地）的一类稻作生态品种。陆稻的显著特点是耐干旱，表现为种子吸水力强，发芽快，幼苗对土壤中氯酸钾的耐毒力较强；根系发达，根粗而长；维管束和导管较粗，叶表皮较厚，气孔少，叶较光滑有蜡质；根细胞的渗透压和茎叶组织的汁液浓度也较高。与水稻比较，陆稻吸水力较强而蒸腾量较小，故有较强的耐旱能力。通常陆稻依靠雨水或地下水获得水分，稻田无田埂。虽然陆稻的生长发育对光、温要求与水稻相似，但一生需水量约是水稻的2/3或1/2。因而，陆稻适于水源不足或水源不均衡的稻区、多雨的山区和丘陵区的坡地或台田种植，还可与多种旱作物间作或套种。从目前的地理环境和种植水平看，陆稻的单产低于水稻。

陆稻也有籼稻、粳稻之别和生育期长短之分。全国陆稻面积约57万 hm^2，仅占全国稻作总面积的2%左右，主要分布于云贵高原的西南山区、长江中游丘陵地区和华北平原区。云南西双版纳和思茅等地每年陆稻种植面积稳定在10万 hm^2 左右。近年，华北地区正在发展一种旱作稻（Aerobic rice），耐旱性较强，在整个生育期灌溉几次即可，产量较高。此外，广东、广西、海南等地的低洼地区，在20世纪50年代前曾有少量深水稻品种，中华人民共和国成立后，随着水利排灌设施的完善，现已绝迹。目前，种植面积较大的陆稻品种有中旱209、旱稻277、巴西陆稻、中旱3号、陆引46、丹旱稻1号、冀粳12、IRAT104等。

五、粘稻和糯稻

稻谷胚乳均有糯性与非糯性之分。糯稻和非糯稻的主要区别在于饭粒黏性的强弱，相对而言，粘稻（非糯稻）黏性弱，糯稻黏性强，其中粳糯稻的黏性大于籼糯稻。化学成分的分析指出，胚乳直链淀粉含量的多少是区别粘稻和糯稻的化学基础。通常，粳粘稻的直链淀粉含量占淀粉总量的8%～20%，籼粘稻为10%～30%，而糯稻胚乳基本为支链淀粉，不含或仅含极少量直链淀粉（≤2%）。从化学反应看，由于糯稻胚乳和花粉中的淀粉基本或完全为支链淀粉，因此吸碘量少，遇1%的碘-碘化钾溶液呈红褐色反应，而粘稻直链淀粉含量高，吸碘量大，呈蓝紫色反应，这是区分糯稻与非糯稻品种的主要方法之一。从外观看，糯稻胚乳在刚收获时因含水量较高而呈半透明，经充分干燥后呈乳白色，这是因为胚乳细胞快速失水，产生许多大小不一的空隙，导致光散射而引起的乳白色视觉。

云南、贵州、广西等省（自治区）的高海拔地区，人们喜食糯米，籼型糯稻品种丰富，而长江中下游地区以粳型糯稻品种居多，东北和华北地区则全部是粳型糯稻。从用途看，糯米通常用于酿制米酒，制作糕点。在云南的低海拔稻区，有一种低直链淀粉含量的籼粘稻，称为软米，其黏性介于籼粘稻和糯稻之间，适于制作饵块、米线。

第三节　水稻遗传资源

水稻育种的发展历程证明，品种改良每一阶段的重大突破均与水稻优异种质的发现和利用相关。20世纪50年代末，矮仔占、矮脚南特、台中本地1号（TN1，亦称台中在来1号）和广场矮等矮秆种质的发掘与利用，实现了60年代我国水稻品种的矮秆化；70～80年代野败型、矮败型、冈型、印水型、红莲型等不育资源的发现及二九南1号A、珍汕97A等水稻野败型不育系育成，实现了籼型杂交稻的"三系"配套和大面积推广利用；80年代农垦58S、安农S-1等光温敏核不育材料的发掘与利用，实现了"两系"杂交水稻的突破；90年代02428、培矮64、轮回422等广亲和种质的发掘与利用，基本克服了籼粳稻杂交的瓶颈；80～90年代沈农89366、沈农159、辽粳5号等新株型优异种质的创新与利用，实现了北方粳稻直立穗型与高产的结合，使北方粳稻产量有了较大的提高；90年代以来光温敏不育系培矮64S、Y58S、株1S以及中9A、甬粳2号A和恢复系9311、蜀恢527等的创新与利用，选育出一系列高产、优质的超级杂交稻品种。可见，水稻优异种质资源的收集、评价、创新和利用是水稻品种遗传改良的重要环节和基础。

一、栽培稻种质资源

中国具有丰富的多样化的水稻遗传资源。清代的《授时通考》（1742）记载了全国16省的3 429个水稻品种，它们是长期自然突变、人工选择和留种栽培的结果。中华人民共和国成立以来，全国进行了4次大规模的稻种资源考察和收集。20世纪50年代后期到60年代在广东、湖南、湖北、江苏、浙江、四川等14省（自治区、直辖市）进行了第一次全国性的水稻种质资源的考察，征集到各类水稻种质5.7万余份。70年代末至80年代初，进行了全国水稻种质资源的补充考察和征集，获得各类水稻种质万余份。国家"七五"（1986—1990）、"八五"（1991—1995）和"九五"（1996—2000）科技攻关期间，分别对神农架和三峡地区以及海南、湖北、四川、陕西、贵州、广西、云南、江西和广东等省（自治区）的部分地区再度进行了补充考察和收集，获得稻种3 500余份。"十五"（2001—2005）和"十一五"（2006—2010）期间，又收集到水稻种质6 996份。

通过对收集到的水稻种质进行整理、核对与编目，截至2010年，中国共编目水稻种质82 386份，其中70 669份是从中国国内收集的种质，占编目总数的85.8%（表1-1）。在此基础上，编辑和出版了《中国稻种资源目录》（8册）、《中国优异稻种资源》，编目内容包括基本信息、形态特征、生物学特性、品质特性、抗逆性、抗病虫性等。

截至2010年，在国家作物种质库 [简称国家长期库（北京）] 繁种保存的水稻种质资源共73 924份，其中各类型种质所占百分比大小顺序为：地方稻种（68.1%）＞国外引进稻种（13.9%）＞野生稻种（8.0%）＞选育稻种（7.8%）＞杂交稻"三系"资源（1.9%）＞遗传材料（0.3%）（表1-1）。在所保存的水稻地方品种中，保存数量较多的省份包括广西（8 537份）、云南（5 882份）、贵州（5 657份）、广东（5 512份）、湖南（4 789份）、四川（3 964份）、江西（2 974份）、江苏（2 801份）、浙江（2 079份）、福建（1 890份）、湖北（1 467份）和台湾（1 303份）。此外，在中国水稻研究所的国家水稻中期库（杭州）保存了稻属及近缘属种质资源7万余份，是我国单项作物保存规模最大的中期种质库，也是世界上最大的单项国家级水稻种质基因库之一。在入国家长期库（北京）的66 408份地方稻种、选育稻种、国外引进稻种等水稻种质中，籼稻和粳稻种质分别占63.3%和36.7%，水稻和陆稻种质分别占93.4%和6.6%，粘稻和糯稻种质分别占83.4%和16.6%。显然，籼稻、水稻和粘稻的种质数量分别显著多于粳稻、陆稻和糯稻。

表1-1　中国稻种资源的编目数和入库数

种质类型	编目		繁殖入库	
	份数	占比（%）	份数	占比（%）
地方稻种	54 282	65.9	50 371	68.1
选育稻种	6 660	8.1	5 783	7.8
国外引进稻种	11 717	14.2	10 254	13.9
杂交稻"三系"资源	1 938	2.3	1 374	1.9
野生稻种	7 663	9.3	5 938	8.0
遗传材料	126	0.2	204	0.3
合计	82 386	100	73 924	100

截至2010年，完成了29 948份水稻种质资源的抗逆性鉴定，占入库种质的40.5%；完成了61 462份水稻种质资源的抗病虫性鉴定，占入库种质的83.1%；完成了34 652份水稻种质资源的品质特性鉴定，占入库种质的46.9%。种质评价表明：中国水稻种质资源中蕴藏着丰富的抗旱、耐盐、耐冷、抗白叶枯病、抗稻瘟病、抗纹枯病、抗褐飞虱、抗白背飞虱等优异种质（表1-2）。

表1-2　中国稻种资源中鉴定出的抗逆性和抗病虫性优异的种质份数

种质类型	抗旱		耐盐		耐冷		抗白叶枯病	
	极强	强	极强	强	极强	强	高抗	抗
地方稻种	132	493	17	40	142	—	12	165
国外引进稻种	3	152	22	11	7	30	3	39
选育稻种	2	65	2	11	—	50	6	67

（续）

种质类型	抗稻瘟病			抗纹枯病		抗褐飞虱			抗白背飞虱		
	免疫	高抗	抗	高抗	抗	免疫	高抗	抗	免疫	高抗	抗
地方稻种	—	816	1 380	0	11	—	111	324	—	122	329
国外引进稻种	—	5	148	5	14	—	0	218	—	1	127
选育稻种	—	63	145	3	7	—	24	205	—	13	32

注：数据来自2005年国家种质数据库。

2001—2010 年，结合水稻优异种质资源的繁殖更新、精准鉴定与田间展示、网上公布等途径，国家粮食作物种质中期库［简称国家中期库（北京）］和国家水稻种质中期库（杭州）共向全国从事水稻育种、遗传及生理生化、基因定位、遗传多样性和水稻进化等研究的300 余个科研及教学单位提供水稻种质资源47 849 份次，其中国家中期库（北京）提供26 608 份次，国家水稻种质中期库（杭州）提供21 241 份次，平均每年提供4 785 份次。稻种资源在全国范围的交换、评价和利用，大大促进了水稻育种及其相关基础理论研究的发展。

二、野生稻种质资源

野生稻是重要的水稻种质资源，在中国的水稻遗传改良中发挥了极其重要的作用。从海南岛普通野生稻中发现的细胞质雄性不育株，奠定了我国杂交水稻大面积推广应用的基础。从江西发现的矮败野生稻不育株中选育而成的协青早A 和从海南发现的红芒野生稻不育株育成的红莲早A，是我国两个重要的不育系类型，先后转育了一大批杂交水稻品种。利用从广西普通野生稻中发现的高抗白叶枯病基因 Xa23，转育成功了一系列高产、抗白叶枯病的栽培品种。从江西东乡野生稻中发现的耐冷材料，已经并继续在耐冷育种中发挥重要作用。

据1978—1982 年全国野生稻资源普查、考察和收集的结果，参考1963 年中国农业科学院原生态研究室的考察记录，以及历史上台湾发现野生稻的记载，现已明确，中国有3 种野生稻：普通野生稻（O. rufipogon Griff.）、疣粒野生稻（O. meyeriana Baill.）和药用野生稻（O. officinalis Wall. ex Watt.），分布于广东、海南、广西、云南、江西、福建、湖南、台湾等8 个省（自治区）的143 个县（市），其中广东53 个县（市）、广西47 个县（市）、云南19个县（市）、海南18 个县（市）、湖南和台湾各2 个县、江西和福建各1 个县。

普通野生稻自然分布于广东、广西、海南、云南、江西、湖南、福建、台湾等8 个省（自治区）的113 个县（市），是我国野生稻分布最广、面积最大、资源最丰富的一种。普通野生稻大致可分为5 个自然分布区：①海南岛区。该区气候炎热，雨量充沛，无霜期长，极有利于普通野生稻的生长与繁衍。海南省18 个县（市）中就有14 个县（市）分布有普通野生稻，而且密度较大。②两广大陆区。包括广东、广西和湖南的江永县及福建的漳浦县，为普通野生稻的主要分布区，主要集中分布于珠江水系的西江、北江和东江流域，特别是北回归线以南及广东、广西沿海地区分布最多。③云南区。据考察，在西双版纳傣族自治州的景洪镇、勐罕坝、大勐龙坝等地共发现26个分布点，后又在景洪和元江发现2个普通野生稻分布点，这两个县普通野生稻呈零星分布，覆盖面积小。历年发现的分布点都集中在流沙河和澜沧江流域，这两条河向南流入东南亚，注入南海。④湘赣区。包括湖南茶陵县及江西东乡县的普通野生稻。东乡县的普通野生稻分布于北纬28°14′，是目前中国乃至全球普通野生稻分布的最北限。⑤台湾区。20世纪50年代在桃园、新竹两县发现过普通野生稻，但目前已消失。

药用野生稻分布于广东、海南、广西、云南4省（自治区）的38个县（市），可分为3个自然分布区：①海南岛区。主要分布在黎母山一带，集中分布在三亚市及陵水、保亭、乐东、白沙、屯昌5县。②两广大陆区。为主要分布区，共包括27个县（市），集中于桂东中南部，包括梧州、苍梧、岑溪、玉林、容县、贵港、武宣、横县、邕宁、灵山等县（市），以及广东省的封开、郁南、德庆、罗定、英德等县（市）。③云南区。主要分布于临沧地区的耿马、永德县及普洱市。

疣粒野生稻主要分布于海南、云南与台湾三省（台湾的疣粒野生稻于1978年消失）的27个县（市），海南省仅分布于中南部的9个县（市），尖峰岭至雅加大山、鹦哥岭至黎母山、大本山至五指山、吊罗山至七指岭的许多分支山脉均有分布，常常生长在背北向南的山坡上。云南省有18个县（市）存在疣粒野生稻，集中分布于哀牢山脉以西的滇西南，东至绿春、元江，而以澜沧江、怒江、红河、李仙江、南汀河等河流下游地区为主要分布区。台湾在历史上曾发现新竹县有疣粒野生稻分布，目前情况不明。

自2002年开始，中国农业科学院作物科学研究所组织江西、湖南、云南、海南、福建、广东和广西等省（自治区）的相关单位对我国野生稻资源状况进行再次全面调查和收集，至2013年底，已完成除广东省以外的所有已记载野生稻分布点的调查和部分生态环境相似地区的调查。调查结果表明，与1980年相比，江西、湖南、福建的野生稻分布点没有变化，但分布面积有所减少；海南发现现存的野生稻居群总数达154个，其中普通野生稻136个，疣粒野生稻11个，药用野生稻7个；广西原有的1 342个分布点中还有325个存在野生稻，且新发现野生稻分布点29个，其中普通野生稻13个，药用野生稻16个；云南在调查的98个野生稻分布点中，26个普通野生稻分布点仅剩1个，11个药用野生稻分布点仅剩2个，61个疣粒野生稻分布点还剩25个。除了已记载的分布点，还发现了1个普通野生稻和10个疣粒野生稻新分布点。值得注意的是，从目前对现存野生稻的调查情况看，与1980年相比，我国70%以上的普通野生稻分布点、50%以上的药用野生稻分布点和30%疣粒野生稻分布点已经消失，濒危状况十分严重。

2010年，国家长期库（北京）保存野生稻种质资源5 896份，其中国内普通野生稻种质资源4 602份，药用野生稻880份，疣粒野生稻29份，国外野生稻385份；进入国家中期库（北京）保存的野生稻种质资源3 200份。考虑到种茎保存能较好地保持野生稻原有的种性，为了保持野生稻的遗传稳定性，现已在广东省农业科学院水稻研究所（广州）和广西农业科学院作物品种资源研究所（南宁）建立了2个国家野生稻种质资源圃，收集野生稻种茎入圃保存，至2013年已入圃保存的野生稻种茎10 747份，其中广州圃保存5 037份，南宁圃保存5 710份。此外，新收集的12 800份野生稻种质资源尚未入编国家长期库（北京）或国家野生稻种质圃长期保存，临时保存于各省（自治区）临时圃或大田中。

近年来，对中国收集保存的野生稻种质资源开展了较为系统的抗病虫鉴定，至2013年底，共鉴定出抗白叶枯病种质资源130多份，抗稻瘟病种质资源200余份，抗纹枯病种质资源10份，抗褐飞虱种质资源200多份，抗白背飞虱种质资源180多份。但受试验条件限制，目前野生稻种质资源抗旱、耐寒、抗盐碱等的鉴定较少。

第四节　栽培稻品种的遗传改良

中华人民共和国成立以来，水稻品种的遗传改良获得了巨大成就，纯系选择育种、杂交育种、诱变育种、杂种优势利用、组织培养（花粉、花药、细胞）育种、分子标记辅助育种等先后成为卓有成效的育种方法。65年来，全国共育成并通过国家、省（自治区、直辖市）、地区（市）农作物品种审定委员会审定（认定）的常规和杂交水稻品种共8 117份，其中1991—2014年，每年种植面积大于6 667hm²的品种已从1991年的255个增加到2014年的869个（图1-4）。20世纪50年代后期至70年代的矮化育种、70~90年代的杂交水稻育种，以及近20年的超级稻育种，在我国乃至世界水稻育种史上具有里程碑意义。

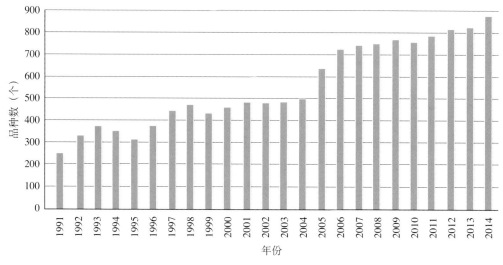

图1-4　1991—2014年年种植面积在6 667hm²以上的品种数

一、常规品种的遗传改良

（一）地方农家品种改良（20世纪50年代）

20世纪50年代初期，全国以种植数以万计的高秆农家品种为主，以高秆（>150cm）、易倒伏为品种主要特征，主要品种有夏至白、马房籼、红脚早、湖北早、黑谷子、竹桠谷、油占子、西瓜红、老来青、霜降青、有芒早粳等。50年代中期，主要采用系统选择法对地方农家品种的某些农艺性状进行改良以提高防倒伏能力，增加产量，育成了一批改良农家品种。在全国范围内，早籼确定38个、中籼确定20个、晚粳确定41个改良农家品种予以大面积推广，连续多年种植面积较大的品种有早籼：南特号、雷火占；中籼：胜利籼、乌嘴川、长粒籼、万利籼；晚籼：红米冬占、浙场9号、粤油占、黄禾子；早粳：有芒早粳；中粳：桂花球、洋早十日、石稻；晚粳：新太湖青、猪毛簇、红须粳、四上裕等。与此同时，通过简单杂交和系统选育，育成了一批高秆改良品种。改良农家品种和新育成的高秆改良品种的产量一般为2 500～3 000kg/hm²，比地方高秆农家品种的产量高5%～15%。

（二）矮化育种（20世纪50年代后期至70年代）

20世纪50年代后期，育种家先后发现籼稻品种矮仔占、矮脚南特和低脚乌尖，以及粳稻品种农垦58等，具有优良的矮秆特性：秆矮（<100cm），分蘖强，耐肥，抗倒伏，产量高。研究发现，这4个品种都具有半矮秆基因$Sd1$。矮仔占来自南洋，20世纪前期引入广西，是我国20世纪50年代后期至60年代前期种植的最主要的矮秆品种之一，也是60～90年代矮化育种最重要的矮源亲本之一。矮脚南特是广东农民由高秆品种南特16的矮秆变异株选得。低脚乌尖是我国台湾省的农家品种，是国内外矮化育种最重要的矮源亲本之一。农垦58则是50年代后期从日本引进的粳稻品种。

可利用的$Sd1$矮源发现后，立即开始了大规模的水稻矮化育种。如华南农业科学研究所从矮仔占中选育出矮仔占4号，随后以矮仔占4号与高秆品种广场13杂交育成矮秆品种广场矮。台湾台中农业改良场用矮秆的低脚乌尖与高秆地方品种菜园种杂交育成矮秆的台中本地1号（TN1）。南特号是双季早籼品种极其重要的育种亲源，以南特号为基础，衍生了大量品种，包括矮脚南特（南特号→南特16→矮脚南特）、广场13、莲塘早和陆财号等4个重要骨干品种。农垦58则迅速成为长江中下游地区中粳、晚粳稻的育种骨干亲本。广场矮、矮脚南特、台中本地1号和农垦58这4个具有划时代意义的矮秆品种的育成、引进和推广，标志中国步入了大规模的卓有成效的籼、粳稻矮化育种，成为水稻矮化育种的里程碑。

从20世纪60年代初期开始，全国主要稻区的农家地方品种均被新育成的矮秆、半矮秆品种所替代。这些品种以矮秆（80～85cm）、半矮秆（86～105cm）、强分蘖、耐肥、抗倒伏为基本特征，产量比当地主要高秆农品种提高15%～30%。著名的籼稻矮秆品种有矮脚南特、珍珠矮、珍珠矮11、广场矮、广场13、莲塘早、陆财号等；著名的粳稻矮秆品种有农垦58、农垦57（从日本引进）、桂花黄（Balilla，从意大利引进）。60年代后期至70年代中期，年种植面积曾经超过30万hm²的籼稻品种有广陆矮4号、广选3号、二九青、广二104、原丰早、湘矮早9号、先锋1号、矮南早1号、圭陆矮8号、桂朝2号、桂朝13、南京1号、窄叶青8号、红410、成都矮8号、泸双1011、包选2号、包胎矮、团结1号、广二选二、广秋矮、二白矮1号、竹系26、青二矮等；年种植面积超过20万hm²的粳稻矮秆品种有农垦58、农垦57、农虎6号、吉粳60、武农早、沪选19、嘉湖4号、桂花糯、双糯4号等。

（三）优质多抗育种（20世纪80年代中期至90年代）

1978—1984年，由于杂交水稻的兴起和农村种植结构的变化，常规水稻的种植面积大大压缩，特别是常规早稻面积逐年减少，部分常规双季稻被杂交中籼稻和杂交晚籼稻取代。因此，常规品种的选育多以提高稻米产量和品质为主，主要的籼稻品种有广陆矮4号、二九青、先锋1号、原丰早、湘矮早9号、湘早籼13、红410、二九丰、浙733、浙辐802、湘早籼7号、嘉育948、舟903、广二104、桂朝2号、珍珠矮11、包选2号、国际稻8号（IR8）、南京11、754、团结1号、二白矮1号、窄叶青8号、粳籼89、湘晚籼11、双桂1号、桂朝13、七桂早25、鄂早6号、73-07、青秆黄、包选2号、754、汕二59、三二矮等；主要的粳稻品种有秋光、合江19、桂花黄、鄂晚5号、农虎6号、嘉湖4号、鄂宜105、秀水04、武育粳2号、秀水48、秀水11等。

自矮化育种以来，由于密植程度增加，病虫害逐渐加重。因此，90年代常规品种的选育重点在提高产量的同时，还须兼顾提高病虫抗性和改良品质，提高对非生物压力的耐性，因而育成的品种多数遗传背景较为复杂。突出的籼稻品种有早籼31、鄂早18、粤晶丝苗2号、嘉育948、籼小占、粤香占、特籼占25、中鉴100、赣晚籼30、湘晚籼13等；重要的粳稻品种有空育131、辽粳294、龙粳14、龙粳20、吉粳88、垦稻12、松粳6号、宁粳16、垦稻8号、合江19、武育粳3号、武育粳5号、早丰9号、武运粳7号、秀水63、秀水110、秀水128、嘉花1号、甬粳18、豫粳6号、徐稻3号、徐稻4号、武香粳14等。

1978—2014年，最大年种植面积超过40万hm²的常规稻品种共23个，这些都是高产品种，产量高，适应性广，抗病虫力强（表1-3）。

表1-3 1978—2014年最大年种植面积超过40万hm²的常规水稻品种

品种名称	品种类型	亲本/血缘	最大年种植面积（万hm²）	累计种植面积（万hm²）
广陆矮4号	早籼	广场矮3784/陆财号	495.3 (1978)	1 879.2 (1978—1992)
二九青	早籼	二九矮7号/青小金早	96.9 (1978)	542.0 (1978—1995)
先锋1号	早籼	广场矮6号/陆财号	97.1 (1978)	492.5 (1978—1990)
原丰早	早籼	IR8种子⁶⁰Co辐照	105.0 (1980)	436.7 (1980—1990)
湘矮早9号	早籼	IR8/湘矮早4号	121.3 (1980)	431.8 (1980—1989)
余赤231-8	晚籼	余晚6号/赤块矮3号	41.1 (1982)	277.7 (1981—1999)
桂朝13	早籼	桂阳矮49/朝阳早18，桂朝2号的姐妹系	68.1 (1983)	241.8 (1983—1990)
红410	早籼	珍龙410系选	55.7 (1983)	209.3 (1982—1990)
双桂1号	早籼	桂阳矮C17/桂朝2号	81.2 (1985)	277.5 (1982—1989)
二九丰	早籼	IR29/原丰早	66.5 (1987)	256.5 (1985—1994)
73-07	早籼	红梅早/7055	47.5 (1988)	157.7 (1985—1994)
浙辐802	早籼	四梅2号种子辐照	130.1 (1990)	973.1 (1983—2004)
中嘉早17	早籼	中选181/育嘉253	61.1 (2014)	171.4 (2010—2014)
珍珠矮11	中籼	矮仔占4号/惠阳珍珠早	204.9 (1978)	568.2 (1978—1996)
包选2号	中籼	包胎白系选	72.3 (1979)	371.7 (1979—1993)
桂朝2号	中籼	桂阳矮49/朝阳早18	208.8 (1982)	721.2 (1982—1995)
二白矮1号	晚籼	秋二矮/秋白矮	68.1 (1979)	89.0 (1979—1982)
龙粳25	早粳	佳禾早占/龙花97058	41.1 (2011)	119.7 (2010—2014)
空育131	早粳	道黄金/北明	86.7 (2004)	938.5 (1997—2014)
龙粳31	早粳	龙花96-1513/垦稻8号的F₁花药培养	112.8 (2013)	256.9 (2011—2014)
武育粳3号	中粳	中丹1号/79-51//中丹1号/扬粳1号	52.7 (1997)	560.7 (1992—2012)
秀水04	晚粳	C21///辐农709//辐农709/单209	41.4 (1988)	166.9 (1985—1993)
武运粳7号	晚粳	嘉40/香糯9121//丙815	61.4 (1999)	332.3 (1998—2014)

二、杂交水稻的兴起和遗传改良

20世纪70年代初，袁隆平等在海南三亚发现了含有胞质雄性不育基因 *cms* 的普通野生稻，这一发现对水稻杂种优势利用具有里程碑的意义。通过全国协作攻关，1973年实现不育系、保持系、恢复系三系配套，1976年中国开始大面积推广"三系"杂交水稻。1980年全国杂交水稻种植面积479万hm²，1990年达到1 665万hm²。70年代初期，中国最重要的不育系二九南1号A和珍汕97A，是来自携带 *cms* 基因的海南普通野生稻与中国矮秆品种二九南1号和珍汕97的连续回交后代；最重要的恢复系来自国际水稻研究所的IR24、IR661和IR26，它们配组的南优2号、南优3号和汕优6号成为20世纪70年代后期到80年代初期最重要的籼型杂交水稻品种。南优2号最大年（1978）种植面积298万hm²，1976—1986年累计种植面积666.7万hm²；汕优6号最大年（1984）种植面积173.9万hm²，1981—1994年累计种植面积超过1 000万hm²。

1973年10月，石明松在晚粳农垦58田间发现光敏雄性不育株，经过10多年的选育研究，1987年光敏核不育系农垦58S选育成功并正式命名，两系杂交水稻正式进入攻关阶段，两系杂交水稻优良品种两优培九通过江苏省（1999）和国家（2001）农作物品种审定委员会审定并大面积推广，2002年该品种年种植面积达到82.5万hm²。

20世纪80 ~ 90年代，针对第一代中国杂交水稻稻瘟病抗性差的突出问题，开展抗稻瘟病育种，育成明恢63、测64、桂33等抗稻瘟病性较强的恢复系，形成第二代杂交水稻汕优63、汕优64、汕优桂33等一批新品种，从而中国杂交水稻又蓬勃发展，80年代湖北出现6 666.67hm²汕优63产量超9 000kg/hm²的记录。著名的杂交水稻品种包括：汕优46、汕优63、汕优64、汕优桂99、威优6号、威优64、协优46、D优63、冈优22、Ⅱ优501、金优207、四优6号、博优64、秀优57等。中国三系杂交水稻最重要的强恢复系为IR24、IR26、明恢63、密阳46（Miyang 46）、桂99、CDR22、辐恢838、扬稻6号等。

1978—2014年，最大年种植面积超过40万hm²的杂交稻品种共32个，这些杂交稻品种产量高，抗病虫力强，适应性广，种植年限长，制种产量也高（表1-4）。

表1-4　1978—2014年最大年种植面积超过40万hm²的杂交稻品种

杂交稻品种	类型	配组亲本	恢复系中的国外亲本	最大年种植面积（万hm²）	累计种植面积（万hm²）
南优2号	三系，籼	二九南1号A/IR24	IR24	298.0 (1978)	> 666.7 (1976—1986)
威优2号	三系，籼	V20A/IR24	IR24	74.7 (1981)	203.8 (1981—1992)
汕优2号	三系，籼	珍汕97A/IR24	IR24	278.3 (1984)	1 264.8 (1981—1988)
汕优6号	三系，籼	珍汕97A/IR26	IR26	173.9 (1984)	999.9 (1981—1994)
威优6号	三系，籼	V20A/IR26	IR26	155.3 (1986)	821.7 (1981—1992)
汕优桂34	三系，籼	珍汕97A/桂34	IR24、IR30	44.5 (1988)	155.6 (1986—1993)
威优49	三系，籼	V20A/测64-49	IR9761-19	45.4 (1988)	163.8 (1986—1995)
D优63	三系，籼	D汕A/明恢63	IR30	111.4 (1990)	637.2 (1986—2001)

（续）

杂交稻品种	类型	配组亲本	恢复系中的国外亲本	最大年种植面积（万 hm^2）	累计种植面积（万 hm^2）
博优 64	三系，籼	博 A/测 64-7	IR9761-19-1	67.1（1990）	334.7（1989—2002）
汕优 63	三系，籼	珍汕 97A/明恢 63	IR30	681.3（1990）	6 288.7（1983—2009）
汕优 64	三系，籼	珍汕 97A/测 64-7	IR9761-19-1	190.5（1990）	1 271.5（1984—2006）
威优 64	三系，籼	V20A/测 64-7	IR9761-19-1	135.1（1990）	1 175.1（1984—2006）
汕优桂 33	三系，籼	珍汕 97A/桂 33	IR24、IR36	76.7（1990）	466.9（1984—2001）
汕优桂 99	三系，籼	珍汕 97A/桂 99	IR661、IR2061	57.5（1992）	384.0（1990—2008）
冈优 12	三系，籼	冈 46A/明恢 63	IR30	54.4（1994）	187.7（1993—2008）
威优 46	三系，籼	V20A/密阳 46	密阳 46	51.7（1995）	411.4（1990—2008）
汕优 46*	三系，籼	珍汕 97A/密阳 46	密阳 46	45.5（1996）	340.3（1991—2007）
汕优多系 1 号	三系，籼	珍汕 97A/多系 1 号	IR30、Tetep	68.7（1996）	301.7（1995—2004）
汕优 77	三系，籼	珍汕 97A/明恢 77	IR30	43.1（1997）	256.1（1992—2007）
特优 63	三系，籼	龙特甫 A/明恢 63	IR30	43.1（1997）	439.3（1984—2009）
冈优 22	三系，籼	冈 46A/CDR22	IR30、IR50	161.3（1998）	922.7（1994—2011）
协优 63	三系，籼	协青早 A/明恢 63	IR30	43.2（1998）	362.8（1989—2008）
Ⅱ 优 501	三系，籼	Ⅱ-32A/明恢 501	泰引 1 号、IR26、IR30	63.5（1999）	244.9（1995—2007）
Ⅱ 优 838	三系，籼	Ⅱ-32A/辐恢 838	泰引 1 号、IR30	79.1（2000）	663.0（1995—2014）
金优桂 99	三系，籼	金 23A/桂 99	IR661、IR2061	40.4（2001）	236.2（1994—2009）
冈优 527	三系，籼	冈 46A/蜀恢 527	古 154、IR24、IR1544-28-2-3	44.6（2002）	246.4（1999—2013）
冈优 725	三系，籼	冈 46A/绵恢 725	泰引 1 号、IR30、IR26	64.2（2002）	469.4（1998—2014）
金优 207	三系，籼	金 23A/先恢 207	IR56、IR9761-19-1	71.9（2004）	508.7（2000—2014）
金优 402	三系，籼	金 23A/R402	古 154、IR24、IR30、IR1544-28-2-3	53.5（2006）	428.6（1996—2014）
培两优 288	两系，籼	培矮 64S/288	IR30、IR36、IR2588	39.9（2001）	101.4（1996—2006）
两优培九	两系，籼	培矮 64S/扬稻 6 号	IR30、IR36、IR2588、BG90-2	82.5（2002）	634.9（1999—2014）
丰两优 1 号	两系，籼	广占 63S/扬稻 6 号	IR30、R36、IR2588、BG90-2	40.0（2006）	270.1（2002—2014）

* 汕优 10 号与汕优 46 的父、母本和育种方法相同，前期称为汕优 10 号，后期统称汕优 46。

三、超级稻育种

国际水稻研究所从 1989 年起开始实施理想株型（Ideal plant type，俗称超级稻）育种计划，试图利用热带粳稻新种质和理想株型作为突破口，通过杂交和系统选育及分子育种方

法育成新株型品种 [New plant type（NPT），超级稻] 供南亚和东南亚稻区应用，设计产量希望比当地品种增产20%～30%。但由于产量、抗病虫力和稻米品质不理想等原因，迄今还无突出的品种在亚洲各国大面积应用。

为实现在矮化育种和杂交育种基础上的产量再次突破，农业部于1996年启动中国超级稻研究项目，要求育成高产、优质、多抗的常规和杂交水稻新品种。广义要求，超级稻的主要性状如产量、米质、抗性等均应显著超过现有主栽品种的水平；狭义要求，应育成在抗性和米质与对照品种相仿的基础上，产量有大幅度提高的新品种。在育种技术路线上，超级稻品种采用理想株型塑造与杂种优势利用相结合的途径，核心是种质资源的有效利用或有利多基因的聚合，育成单产大幅提高、品质优良、抗性较强的新型水稻品种（表1-5）。

表1-5 超级稻品种的主要指标

项　目	长江流域早熟早稻	长江流域中迟熟早稻	长江流域中熟晚稻、华南感光性晚稻	华南早晚兼用稻、长江流域迟熟晚稻、东北早熟粳稻	长江流域一季稻、东北中熟粳稻	长江上游迟熟一季稻、东北迟熟粳稻
生育期（d）	≤105	≤115	≤125	≤132	≤158	≤170
产量（kg/hm²）	≥8 250	≥9 000	≥9 900	≥10 800	≥11 700	≥12 750
品　质	北方粳稻达到部颁二级米以上（含）标准，南方晚籼稻达到部颁三级米以上（含）标准，南方早籼稻和一季稻达到部颁四级米以上（含）标准					
抗　性	抗当地1～2种主要病虫害					
生产应用面积	品种审定后2年内生产应用面积达到每年3 125hm²以上					

近年有的育种家提出"绿色超级稻"或"广义超级稻"的概念，其基本思路是将品种资源研究、基因组研究和分子技术育种紧密结合，加强水稻重要性状的生物学基础研究和基因发掘，全面提高水稻的综合性状，培育出抗病、抗虫、抗逆、营养高效、高产、优质的新品种。2000年超级杂交稻第一期攻关目标大面积如期实现产量10.5t/hm²，2004年第二期攻关目标大面积实现产量12.0t/hm²。

2006年，农业部进一步启动推进超级稻发展的"6236工程"，要求用6年的时间，培育并形成20个超级稻主导品种，年推广面积占全国水稻总面积的30%，即900万hm²，单产比目前主栽品种平均增产900kg/hm²，以全面带动我国水稻的生产水平。2011年，湖南隆回县种植的超级杂交水稻品种Y两优2号在7.5hm²的面积上平均产量13 899kg/hm²；2011年宁波农业科学院选育的籼粳型超级杂交晚稻品种甬优12单产14 147kg/hm²；2013年，湖南隆回县种植的超级杂交水稻Y两优900获得14 821kg/hm²的产量，宣告超级杂交水稻第三期攻关目标大面积产量13.5t/hm²的实现。据报道，2015年云南个旧市的"超级杂交水稻示范基地"百亩连片水稻攻关田，种植的超级稻品种超优千号，百亩片平均单产16 010kg/hm²；2016年山东临沂市莒南县大店镇的百亩片攻关基地种植的超级杂交稻超优千号，实测单产15 200kg/hm²，创造了杂交水稻高纬度单产的世界纪录，表明已稳定实现了超级杂交水稻第四期大面积产量潜力达到15t/hm²的攻关目标。

截至2014年，农业部确认了111个超级稻品种，分别是：

常规超级籼稻7个：中早39、中早35、金农丝苗、中嘉早17、合美占、玉香油占、桂农占。

常规超级粳稻28个：武运粳27、南粳44、南粳45、南粳49、南粳5055、淮稻9号、长白25、莲稻1号、龙粳39、龙粳31、松粳15、镇稻11、扬粳4227、宁粳4号、楚粳28、连粳7号、沈农265、沈农9816、武运粳24、扬粳4038、宁粳3号、龙粳21、千重浪、辽星1号、楚粳27、松粳9号、吉粳83、吉粳88。

籼型三系超级杂交稻46个：F优498、荣优225、内5优8015、盛泰优722、五丰优615、天优3618、天优华占、中9优8012、H优518、金优785、德香4103、Q优8号、宜优673、深优9516、03优66、特优582、五优308、五丰优T025、天优3301、珞优8号、荣优3号、金优458、国稻6号、赣鑫688、Ⅱ优航2号、天优122、一丰8号、金527、D优202、Q优6号、国稻1号、国稻3号、中浙优1号、丰优299、金优299、Ⅱ优明86、Ⅱ优航1号、特优航1号、D优527、协优527、Ⅱ优162、Ⅱ优7号、Ⅱ优602、天优998、Ⅱ优084、Ⅱ优7954。

粳型三系超级杂交稻1个：辽优1052。

籼型两系超级杂交稻26个：两优616、两优6号、广两优272、C两优华占、两优038、Y两优5867、Y两优2号、Y两优087、准两优608、深两优5814、广两优香66、陵两优268、徽两优6号、桂两优2号、扬两优6号、陆两优819、丰两优香1号、新两优6380、丰两优4号、Y优1号、株两优819、两优287、培杂泰丰、新两优6号、两优培九、准两优527。

籼粳交超级杂交稻3个：甬优15、甬优12、甬优6号。

超级杂交水稻育种正在继续推进，面临的挑战还有很多。从遗传角度看，目前真正能用于超级稻育种的有利基因及连锁分子标记还不多，水稻基因研究成果还不足以全面支撑超级稻分子育种，目前的超级稻育种仍以常规杂交技术和资源的综合利用为主。因此，需要进一步发掘高产、优质、抗病虫、抗逆基因，改进育种方法，将常规育种技术与分子育种技术相结合起来，培育出广适性的可大幅度减少农用化学品（无机肥料、杀虫剂、杀菌剂、除草剂）而又高产优质的超级稻品种。

第五节　核心育种骨干亲本

分析65年来我国育成并通过国家或省级农作物品种审定委员会审（认）定的8 117份水稻、陆稻和杂交水稻现代品种，追溯这些品种的亲源，可以发现一批极其重要的核心育种骨干亲本，它们对水稻品种的遗传改良贡献巨大。但是由于种质资源的不断创新与交流，尤其是育种材料的交流和国外种质的引进，育种技术的多样化，有的品种含有多个亲本的血缘，使得现代育成品种的亲缘关系十分复杂。特别是有些品种的亲缘关系没有文字记录，或者仅以代号留存，难以查考。另外，籼、粳稻品种的杂交和选择，出现了大量含有籼、粳血缘的中间品种，难以绝对划分它们的籼、粳类别。毫无疑问，品种遗传背景的多样性对于克服品种遗传脆弱性，保障粮食生产安全性极为重要。

考虑到这些相互交错的情况，本节品种的亲源一般按不同亲本在品种中所占的重要性和比率确定，可能会出现前后交叉和上下代均含数个重要骨干亲本的情况。

一、常规籼稻

据不完全统计，我国常规籼稻最重要的核心育种骨干亲本有22个，衍生的大面积种植（年种植面积>6 667hm²）的品种数超过2 700个（表1-6）。其中，全国种植面积较大的常规籼稻品种是：浙辐802、桂朝2号、双桂1号、广陆矮4号、湘早籼45、中嘉早17等。

表1-6　籼稻核心育种骨干亲本及其主要衍生品种

品种名称	类型	衍生的品种数	主要衍生品种
矮仔占	早籼	>402	矮仔占4号、珍珠矮、浙辐802、广陆矮4号、桂朝2号、广场矮、二九青、特青、嘉育948、红410、泸红早1号、双桂36、湘早籼7号、广二104、珍汕97、七桂早25、特籼占13
南特号	早籼	>323	矮脚南特、广场13、莲塘早、陆财号、广场矮、广选3号、矮南早1号、广陆矮4号、先锋1号、青小金早、湘早籼3号、湘矮早3号、湘矮早7号、嘉育293、赣早籼26
珍汕97	早籼	>267	珍竹19、庆元2号、闽科早、珍汕97A、Ⅱ-32A、D汕A、博A、中A、29A、天丰A、枝A不育系及汕优63等大量杂交稻品种
矮脚南特	早籼	>184	矮南早1号、湘矮早7号、青小金早、广选3号、温选青
珍珠矮	早籼	>150	珍龙13、珍汕97、红梅早、红410、红突31、珍珠矮6号、珍珠矮11、7055、6044、赣早籼9号
湘早籼3号	早籼	>66	嘉育948、嘉育293、湘早籼10号、湘早籼13、湘早籼7号、中优早81、中86-44、赣早籼26
广场13	早籼	>59	湘早籼3号、中优早81、中86-44、嘉育293、嘉育948、早籼31、嘉兴香米、赣早籼26
红410	早籼	>43	红突31、8004、京红1号、赣早籼9号、湘早籼5号、舟优903、中优早3号、泸红早1号、辐8-1、佳禾早占、鄂早16、余红1号、湘晚籼9号、湘晚籼14
嘉育293	早籼	>25	嘉育948、中98-15、嘉兴香米、嘉43、越糯2号、嘉143、嘉早41、嘉早935、中嘉早17
浙辐802	早籼	>21	香早籼11、中516、浙9248、中组3号、皖稻45、鄂早10号、赣早籼50、金早47、赣早籼56、浙852、中选181
低脚乌尖	中籼	>251	台中本地1号（TN1）、IR8、IR24、IR26、IR29、IR30、IR36、IR661、原丰早、洞庭晚籼、二九丰、滇瑞306、中选8号
广场矮	中籼	>151	桂朝2号、双桂36、二九矮、广场矮5号、广场矮3784、湘矮早3号、先锋1号、泸南早1号
IR8	中籼	>120	IR24、IR26、原丰早、滇瑞306、洞庭晚籼、滇陇201、成矮597、科六早、滇屯502、滇瑞408
IR36	中籼	>108	赣早籼15、赣早籼37、赣早籼39、湘早籼3号
IR24	中籼	>79	四梅2号、浙辐802、浙852、中156，以及一批杂交稻恢复系和杂交稻品种南优2号、汕优2号
胜利籼	中籼	>76	广场13、南京1号、南京11、泸胜2号、广场矮系列品种
台中本地1号（TN1）	中籼	>38	IR8、IR26、IR30、BG90-2、原丰早、湘晚籼1号、滇瑞412、扬稻1号、扬稻3号、金陵57

（续）

品种名称	类型	衍生的品种数	主要衍生品种
特青	中晚籼	>107	特籼占13、特籼占25、盐稻5号、特三矮2号、鄂中4号、胜优2号、丰青矮、黄华占、茉莉新占、丰矮占1号、丰澳占，以及一批杂交稻恢复系镇恢084、蓉恢906、浙恢9516、广恢998
秋播了	晚籼	>60	516、澄秋5号、秋长3号、东秋播、白花
桂朝2号	中晚籼	>43	豫籼3号、镇籼96、扬稻5号、湘晚籼8号、七山占、七桂早25、双朝25、双桂36、早桂1号、陆青早1号、湘晚籼32
中山1号	晚籼	>30	包胎红、包胎白、包选2号、包胎矮、大灵矮、钢枝占
粳籼89	晚籼	>13	赣晚籼29、特籼占13、特籼占25、粤野软占、野黄占、粤野占26

矮仔占源自早期的南洋引进品种，后成为广西容县一带农家地方品种，携带$sd1$矮秆基因，全生育期约140d，株高82cm左右，节密、耐肥，有效穗多，千粒重26g左右，单产4 500～6 000kg/hm²，比一般高秆品种增产20%～30%。1955年，华南农业科学研究所发现并引进矮仔占，经系选，于1956年育成矮仔占4号。采用矮仔占4号/广场13，1959年育成矮秆品种广场矮；采用矮仔占4号/惠阳珍珠早，1959年育成矮秆品种珍珠矮。广场矮和珍珠矮是矮仔占最重要的衍生品种，这2个品种不但推广面积大，而且衍生品种多，随后成为水稻矮化育种的重要骨干亲本，广场矮至少衍生了151个品种，珍珠矮至少衍生了150个品种。因此，矮仔占是我国20世纪50年代后期至60年代最重要的矮秆推广品种，也是60～80年代矮化育种最重要的矮源。至今，矮仔占至少衍生了402个品种，其中种植面积较大的衍生品种有广场矮、珍珠矮、广陆矮4号、二九青、先锋1号、特青、桂朝2号、双桂1号、湘早籼7号、嘉育948等。

南特号是20世纪40年代从江西农家品种鄱阳早的变异株中选得，50年代在我国南方稻区广泛作早稻种植。该种株高100～130cm，根系发达，适应性广，全生育期105～115d，较耐肥，每穗约80粒，千粒重26～28g，单产3 750～4 500kg/hm²，比一般高秆品种增产13%～34%。南特号1956年种植面积达333.3万hm²，1958—1962年，年种植面积达到400万hm²以上。南特号直接系选衍生出南特16、江南1224和陆财号。1956年，广东潮阳县农民从南特号发现矮秆变异株，经系选育成矮脚南特，具有早熟、秆矮、高产等优点，可比高秆品种增产20%～30%。经分析，矮脚南特也含有矮秆基因$sd1$，随后被迅速大面积推广并广泛用作矮化育种亲本。南特号是双季早籼品种极其重要的育种亲源，至少衍生了323个品种，其中种植面积较大的衍生品种有广场矮、广场13、矮南早1号、莲塘早、陆财号、广陆矮4号、先锋1号、青小金早、湘矮早2号、湘矮早7号、红410等。

低脚乌尖是我国台湾省的农家品种，携带$sd1$矮秆基因，20世纪50年代后期因用低脚乌尖为亲本（低脚乌尖/菜园种）在台湾育成台中本地1号（TN1）。国际水稻研究所利用Peta/低脚乌尖育成著名的IR8品种并向东南亚各国推广，引发了亚洲水稻的绿色革命。祖国大陆育种家利用含有低脚乌尖血缘的台中本地1号、IR8、IR24和IR30作为杂交亲本，至少衍生了251个常规水稻品种，其中IR8（又称科六或691）衍生了120个品种，台中本地1号衍生了38个品种。利用IR8和台中本地1号而衍生的、种植面积较大的品种有原丰早、科梅、双科1号、湘矮早9号、二九丰、扬稻2号、泸红早1号等。利用含有低脚乌尖血缘的IR24、IR26、IR30等，又育成了大量杂交水稻恢复系，有的恢复系可直接作为常规品种种植。

早籼品种珍汕97对推动杂交水稻的发展作用特殊、贡献巨大。该品种是浙江省温州农业科学研究所用珍珠矮11/汕矮选4号于1968年育成，含有矮仔占血缘，株高83cm，全生育期约120d，分蘖力强，千粒重27g左右，单产约5 500kg/hm^2。珍汕97除衍生了一批常规品种外，还被用于杂交稻不育系的选育。1973年，江西省萍乡市农业科学研究所以海南普通野生稻的野败材料为母本，用珍汕97为父本进行杂交并连续回交育成珍汕97A。该不育系早熟、配合力强，是我国使用范围最广、应用面积最大、时间最长、衍生品种最多的不育系。珍汕97A与不同恢复系配组，育成多种熟期类型的杂交水稻品种，如汕优6号、汕优46、汕优63、汕优64等供华南、长江流域作双季晚稻和单季中、晚稻大面积种植。以珍汕97A为母本直接配组的年种植面积超过6 667hm^{2}的杂交水稻品种有92个，36年来（1978—2014年）累计推广面积超过14 450万hm^2。

特青是广东省农业科学院用特矮/叶青伦于1984年育成的早、晚兼用的籼稻品种，茎秆粗壮，叶挺色浓，株叶形态好，耐肥，抗倒伏，抗白叶枯病，产量高，大田产量6 750～9 000kg/hm^2。特青被广泛用于南方稻区早、中、晚籼稻的育种亲本，主要衍生品种有特籼占13、特籼占25、盐稻5号、特三矮2号、鄂中4号、胜优2号、黄华占、丰矮占1号、丰澳占等。

嘉育293（浙辐802/科庆47//二九丰///早丰6号/水原287////HA79317-7）是浙江省嘉兴市农业科学研究所育成的常规早籼品种。全生育期约112d，株高76.8cm，苗期抗寒性强，株型紧凑，叶片长而挺，茎秆粗壮，生长旺盛，耐肥，抗倒伏，后期青秆黄熟，产量高，适于浙江、江西、安徽（皖南）等省作早稻种植，1993—2012年累计种植面积超过110万hm^2。嘉育293被广泛用于长江中下游稻区的早籼稻育种亲本，主要衍生品种有嘉育948、中98-15、嘉兴香米、嘉早43、越糯2号、嘉育143、嘉早41、嘉早935、中嘉早17等。

二、常规粳稻

我国常规粳稻最重要的核心育种骨干亲本有20个，衍生的种植面积较大（年种植面积＞6 667hm^2）的品种数超过2 400个（表1-7）。其中，全国种植面积较大的常规粳稻品种有：空育131、武育粳2号、武育粳3号、武运粳7号、鄂宜105、合江19、宁粳4号、龙粳31、农虎6号、鄂晚5号、秀水11、秀水04等。

旭是日本品种，从日本早期品种日之出选出。对旭进行系统选育，育成了京都旭以及关东43、金南风、下北、十和田、日本晴等日本品种。至20世纪末，我国由旭衍生的粳稻品种超过149个。如利用旭及其衍生品种进行早粳育种，育成了辽丰2号、松辽4号、合江20、合江21、早丰、吉粳53、吉粳88、冀粳1号、五优稻1号、龙粳3号、东农416等；利用京都旭及其衍生品种农垦57（原名金南风）进行中、晚粳育种，育成了金垦18、南粳11、徐稻2号、镇稻4号、盐粳4号、扬粳186、盐粳6号、镇稻6号、淮稻6号、南粳37、阳光200、远杂101、鲁香粳2号等。

表1-7 常规粳稻最重要核心育种骨干亲本及其主要衍生品种

品种名称	类型	衍生的品种数	主要衍生品种
旭	早粳	>149	农垦57、辽丰2号、松辽4号、合江20、合江21、早丰、吉粳53、吉粳88、冀粳1号、五优稻1号、龙粳3号、东农416、吉粳60、东农416
笹锦	早粳	>147	丰锦、辽粳5号、龙粳1号、秋光、吉粳69、龙粳1号、龙粳4号、龙粳14、垦稻8号、藤系138、京稻2号、辽盐2号、长白8号、吉粳83、青系96、秋丰、吉粳66
坊主	早粳	>105	石狩白毛、合江3号、合江11、合江22、龙粳2号、龙粳14、垦稻3号、垦稻8号、长白5号
爱国	早粳	>101	丰锦、宁粳6号、宁粳7号、辽粳5号、中花8号、临稻3号、冀粳6号、砦1号、辽盐2号、沈农265、松粳10号、沈农189
龟之尾	早粳	>95	宁粳4号、九稻1号、东农4号、松辽5号、虾夷、松辽5号、九稻1号、辽粳152
石狩白毛	早粳	>88	大雪、滇榆1号、合江12、合江22、龙粳1号、龙粳2号、龙粳14、垦稻8号、垦稻10号
辽粳5号	早粳	>61	辽粳68、辽粳288、辽粳326、沈农159、沈农189、沈农265、沈农604、松粳3号、松粳10号、辽星1号、中辽9052
合江20	早粳	>41	合江23、吉粳62、松粳3号、松粳9号、五优稻1号、五优稻3号、松粳21、龙粳3号、龙粳13、绥粳1号
吉粳53	早粳	>27	长白9号、九稻11、双丰8号、吉粳60、新稻2号、东农416、吉粳70、九稻44、丰选2号
红旗12	早粳	>26	宁粳9号、宁粳11、宁粳19、宁粳23、宁粳28、宁稻216
农垦57	中粳	>116	金垦18、双丰4号、南粳11、南粳23、徐稻2号、镇稻4号、盐粳4号、扬粳201、扬粳186、盐粳6号、南粳36、镇稻6号、淮稻6号、扬粳9538、南粳37、阳光200、远杂101、鲁香粳2号
桂花黄	中粳	>97	南粳32、矮粳23、秀水115、徐稻2号、浙粳66、双糯4号、临稻10号、宁粳9号、宁粳23、镇稻2号
西南175	中粳	>42	云粳3号、云粳7号、云粳9号、云粳134、靖粳10号、靖粳16、京黄126、新城糯、楚粳5号、楚粳22、合系41、滇靖8号
武育粳3号	中粳	>22	淮稻5号、淮稻6号、镇稻99、盐稻8号、武运粳11、华粳2号、广陵香粳、武育粳5号、武香粳9号
滇榆1号	中粳	>13	合系34、楚粳7号、楚粳8号、楚粳24、凤稻14、楚粳14、靖粳8号、靖粳优2号、靖粳优3号、云粳优1号
农垦58	晚粳	>506	沪选19、鄂宜105、农虎6号、辐农709、秀水48、农红73、矮粳23、秀水04、秀水11、秀水63、宁67、武运粳7号、武育粳3号、宁粳1号、甬粳18、徐稻3号、武香粳9号、鄂晚5号、嘉991、镇稻99、太湖糯
农虎6号	晚粳	>332	秀水664、嘉湖4号、祥湖47、秀水04、秀水11、秀水48、秀水63、桐青晚、宁67、太湖糯、武香粳9号、甬粳44、香血糯335、辐农709、武运粳7号
测21	晚粳	>254	秀水04、武香粳14、秀水11、宁粳1号、秀水664、武粳15、武运粳8号、秀水63、甬粳18、祥湖84、武香粳9号、武运粳21、宁67、嘉991、矮糯21、常农粳2号、春江026
秀水04	晚粳	>130	武香粳14、秀水122、武运粳23、秀水1067、武粳13、甬优6号、秀水17、太湖粳2号、甬优1号、宁粳3号、皖稻26、运9707、甬优9号、秀水59、秀水620
矮宁黄	晚粳	>31	老来青、沪晚23、八五三、矮粳23、农红73、苏粳7号、安庆晚2号、浙粳66、秀水115、苏稻1号、镇稻1号、航育1号、祥湖25

辽粳5号(丰锦////越路早生/矮脚南特//藤坂5号/BaDa///沈苏6号)是沈阳市浑河农场采用籼、粳稻杂交,后代用粳稻多次复交,于1981年育成的早粳矮秆高产品种。辽粳5号集中了籼、粳稻特点,株高80～90cm,叶片宽、厚、短、直立上举,色浓绿,分蘖力强,株型紧凑,受光姿态好,光能利用率高,适应性广,较抗稻瘟病,中抗白叶枯病,产量高。适宜在东北作早粳种植,1992年最大种植面积达到9.8万hm²。用辽粳5号作亲本共衍生了61个品种,如辽粳326、沈农159、沈农189、松粳10号、辽星1号等。

合江20（早丰/合江16）是黑龙江省农业科学院水稻研究所于20世纪70年代育成的优良广适型早粳品种。合江20全生育期133～138d,叶色浓绿,直立上举,分蘖力较强,抗稻瘟病性较强,耐寒性较强,耐肥,抗倒伏,感光性较弱,感温性中等,株高90cm左右,千粒重23～24g。70年代末至80年代中期在黑龙江省大面积推广种植,特别是推广水稻旱育稀植以后,该品种成为黑龙江省的主栽品种。作为骨干亲本合江20衍生的品种包括松粳3号、合江21、合江23、黑粳5号、吉粳62等。

桂花黄是我国中、晚粳稻育种的一个主要亲源品种,原名Balilla(译名巴利拉、伯利拉、倍粒稻),1960年从意大利引进。桂花黄为1964年江苏省苏州地区农业科学研究所从Balilla变异单株中选育而成,亦名苏粳1号。桂花黄株高90cm左右,全生育期120～130d,对短日照反应中等偏弱,分蘖力弱,穗大,着粒紧密,半直立,千粒重26～27g,一般单产5 000～6 000kg/hm²。桂花黄的显著特点是配合力好,能较好地与各类粳稻配组。据统计,40年来（1965—2004年）桂花黄共衍生了97个品种,种植面积较大的品种有南粳32、矮粳23、秀水115、徐稻2号、浙粳66、双糯4号、临稻10号等。

农垦58是我国最重要的晚粳稻骨干亲本之一。农垦58又名世界一(经考证应该为Sekai系列中的1个品系),1957年农垦部引自日本,全生育期单季晚稻160～165d,连作晚稻135d,株高约110cm,分蘖早而多,株型紧凑,感光,对短日照反应敏感,后期耐寒,抗稻瘟病,适应性广,千粒重26～27g,米质优,作单季晚稻单产一般6 000～6 750kg/hm²。该品种20世纪60～80年代在长江流域稻区广泛种植,1975年种植面积达到345万hm²,1960—1987年累计种植面积超过1 100万hm²。50年来（1960—2010年）以农垦58为亲本衍生的品种超过506个,其中直接经系统选育而成的品种59个。具有农垦58血缘并大面积种植的品种有:鄂宜105、农虎6号、辐农709、农红73、秀水04、秀水11、秀水63、宁67、武运粳7号、武育粳3号、宁粳1号、甬粳18、徐稻3号等。从农垦58田间发现并命名的农垦58S,成为我国两系杂交稻光温敏核不育系的主要亲本之一,并衍生了多个光温敏核不育系如培矮64S等,配组了大量两系杂交稻如两优培九、两优培特、培两优288、培两优986、培两优特青、培杂山青、培杂双七、培杂泰丰、培杂茂三等。

农虎6号是我国著名的晚粳品种和育种骨干亲本,由浙江省嘉兴市农业科学研究所于1965年用农垦58与老虎稻杂交育成,具有高产、耐肥、抗倒伏、感光性较强的特点,仅1974年在浙江、江苏、上海的种植面积就达到72.2万hm²。以农虎6号为亲本衍生的品种超过332个,包括大面积种植的秀水04、秀水63、祥湖84、武香粳14、辐农709、武运粳7号、宁粳1号、甬粳18等。

武育粳3号是江苏省武进稻麦育种场以中丹1号分别与79-51和扬粳1号的杂交后代经复交育成。全生育期150d左右,株高95cm,株型紧凑,叶片挺拔,分蘖力较强,抗倒伏性中等，单产大约 8 700kg/hm²，适宜沿江和沿海南部、丘陵稻区中等或中等偏上肥力条件下种植。1992—2008 年累计推广面积 549 万 hm²，1997 年最大推广面积达到 52.7 万 hm²。以武育粳 3 号为亲本，衍生了一批中粳新品种，如淮稻 5 号、镇稻 99、香粳 111、淮稻 8 号、盐稻 8 号、盐稻 9 号、扬粳 9538、淮稻 6 号、南粳 40、武运粳 11、扬粳 687、扬粳糯 1 号、广陵香粳、华粳 2 号、阳光 200 等。

测 21 是浙江省嘉兴市农业科学研究所用日本种质灵峰（丰沃/绫锦）为母本，与本地晚粳中间材料虎蕾选（金蕾 440/农虎 6 号）为父本杂交育成。测 21 半矮生，叶姿挺拔，分蘖中等，株型挺，生育后期根系活力旺盛，成熟时穗弯于剑叶之下，米质优，配合力好。测 21 在浙江、江苏、上海、安徽、广西、湖北、河北、河南、贵州、天津、吉林、辽宁、新疆等省（自治区、直辖市）衍生并通过审定的常规粳稻新品种 254 个，包括秀水 04、武香粳 14、秀水 11、宁粳 1 号、秀水 664、武粳 15、武运粳 8 号、秀水 63、甬粳 18、祥湖 84、武香粳 9 号、武运粳 21、宁 67、嘉 991、矮糯 21 等。1985—2012 年以上衍生品种累计推广种植达 2 300 万 hm²。

秀水 04 是浙江省嘉兴市农业科学研究所以测 21 为母本，与辐农 70-92/单 209 为父本杂交于 1985 年选育而成的中熟晚粳型常规水稻品种。秀水 04 茎秆矮而硬，耐寒性较强，连晚栽培株高 80cm，单季稻 95～100cm，叶片短而挺，分蘖力强，成穗率高，有效穗多。穗颈粗硬，着粒密，结实率高，千粒重 26g，米质优，产量高，适宜在浙江北部、上海、江苏南部种植，1985—1994 年累计推广面积 180 万 hm²。以秀水 04 为亲本衍生的品种超过 130 个，包括武香粳 14、秀水 122、祥湖 84、武香粳 9 号、武运粳 21、宁 67、武粳 13、甬优 6 号、秀水 17、太湖粳 2 号、宁粳 3 号、皖稻 26 等。

西南 175 是西南农业科学研究所从台湾粳稻农家品种中经系统选择于 1955 年育成的中粳品种，产量较高，耐逆性强，在云贵高原持续种植了 50 多年。西南 175 不但是云贵地区的主要当家品种，而且是西南稻区中粳育种的主要亲本之一。

三、杂交水稻不育系

杂交水稻的不育系均由我国创新育成，包括野败型、矮败型、冈型、印水型、红莲型等三系不育系，以及两系杂交水稻的光敏和温敏不育系。最重要的杂交稻核心不育系有 21 个，衍生的不育系超过 160 个，配组的大面积种植（年种植面积＞6 667hm²）的品种数超过 1 300 个。配组杂交稻品种最多的不育系是：珍汕 97A、Ⅱ-32A、V20A、冈 46A、龙特甫 A、博 A、协青早 A、金 23A、中 9A、天丰 A、谷丰 A、农垦 58S、培矮 64S 和 Y58S 等（表 1-8）。

表 1-8　杂交水稻核心不育系及其衍生的品种（截至 2014 年）

不育系	类　型	衍生的不育系数	配组的品种数	代　表　品　种
珍汕 97A	野败籼型	＞36	＞231	汕优 2 号、汕优 22、汕优 3 号、汕优 36、汕优 36 辐、汕优 4480、汕优 46、汕优 559、汕优 63、汕优 64、汕优 647、汕优 6 号、汕优 70、汕优 72、汕优 77、汕优 78、汕优 8 号、汕优多系 1 号、汕优桂 30、汕优桂 32、汕优桂 33、汕优桂 34、汕优桂 99、汕优晚 3、汕优直龙

（续）

不育系	类型	衍生的不育系数	配组的品种数	代表品种
Ⅱ-32A	印水籼型	＞5	＞237	Ⅱ优084、Ⅱ优128、Ⅱ优162、Ⅱ优46、Ⅱ优501、Ⅱ优58、Ⅱ优602、Ⅱ优63、Ⅱ优718、Ⅱ优725、Ⅱ优7号、Ⅱ优802、Ⅱ优838、Ⅱ优87、Ⅱ优多系1号、Ⅱ优辐819、优航1号、Ⅱ优明86
V20A	野败籼型	＞8	＞158	威优2号、威优35、威优402、威优46、威优48、威优49、威优6号、威优63、威优64、威优647、威优77、威优98、威优华联2号
冈46A	冈籼型	＞1	＞85	冈矮1号、冈优12、冈优188、冈优22、冈优151、冈优188、冈优527、冈优725、冈优827、冈优881、冈优多系1号
龙特甫A	野败籼型	＞2	＞45	特优175、特优18、特优524、特优559、特优63、特优70、特优838、特优898、特优桂99、特优多系1号
博A	野败籼型	＞2	＞107	博Ⅲ优273、博Ⅱ优15、博优175、博优210、博优253、博优258、博优3550、博优49、博优64、博优803、博优998、博优桂44、博优桂99、博优香1号、博优湛19
协青早A	矮败籼型	＞2	＞44	协优084、协优10号、协优46、协优49、协优57、协优63、协优64、协优华联2号
金23A	野败籼型	＞3	＞66	金优117、金优207、金优253、金优402、金优458、金优191、金优63、金优725、金优77、金优928、金优桂99、金优晚3
K17A	K籼型	＞2	＞39	K优047、K优402、K优5号、K优926、K优1号、K优3号、K优40、K优52、K优817、K优818、K优877、K优88、K优绿36
中9A	印水籼型	＞2	＞127	中9优288、中优207、中优402、中优974、中优桂99、国稻1号、国丰1号、先农20
D汕A	D籼型	＞2	＞17	D优49、D优78、D优162、D优361、D优1号、D优64、D汕优63、D优63
天丰A	野败籼型	＞2	＞18	天优116、天优122、天优1251、天优368、天优372、天优4118、天优428、天优8号、天优998、天优华占
谷丰A	野败籼型	＞2	＞32	谷优527、谷优航1号、谷优964、谷优航148、谷优明占、谷优3301
丛广41A	红莲籼型	＞3	＞12	广优4号、广优青、粤优8号、粤优938、红莲优6号
黎明A	滇粳型	＞11	＞16	黎优57、滇杂32、滇杂34
甬粳2A	滇粳型	＞1	＞11	甬优2号、甬优3号、甬优4号、甬优5号、甬优6号
农垦58S	光温敏	＞34	＞58	培矮64S、广占63S、广占63-4S、新安S、GD-1S、华201S、SE21S、7001S、261S、N5088S、4008S、HS-3、两优培九、培两优288、培两优特青、丰两优1号、扬两优6号、新两优6号、粤杂122、华两优103
培矮64S	光温敏	＞3	＞69	培两优210、两优培九、两优培特、培两优288、培两优3076、培两优981、培两优986、培两优特青、培杂山青、培杂双七、培杂桂99、培杂67、培杂泰丰、培杂茂三
安农S-1	光温敏	＞18	＞47	安两优25、安两优318、安两优402、安两优青占、八两优100、八两优96、田两优402、田两优4号、田两优66、田两优9号
Y58S	光温敏	＞7	＞120	Y两优1号、Y两优2号、Y两优6号、Y两优9981、Y两优7号、Y两优900、深两优5814
株1S	光温敏	＞20	＞60	株两优02、株两优08、株两优09、株两优176、株两优30、株两优58、株两优81、株两优839、株两优99

珍汕97A属野败胞质不育系，是江西省萍乡市农业科学研究所以海南普通野生稻的野败材料为母本，以迟熟早籼品种珍汕97为父本杂交并连续回交于1973年育成。该不育系配合力强，是我国使用范围最广、应用面积最大、时间最长、衍生品种最多的不育系。与不同恢复系配组，育成多种熟期类型的杂交水稻供华南早稻、华南晚稻、长江流域的双季早稻和双季晚稻及一季中稻利用。以珍汕97A为母本直接配组的年种植面积超过6 667hm² 的杂交水稻品种有92个，30年来（1978—2007年）累计推广面积13 372万 hm²。

V20A属野败胞质不育系，是湖南省贺家山原种场以野败/6044//71-72后代的不育株为母本，以早籼品种V20为父本杂交并连续回交于1973年育成。V20A一般配合力强，异交结实率高，配组的品种主要作双季晚稻使用，也可用作双季早稻。V20A是全国主要的不育系之一，配组的威优6号、威优63、威优64等系列品种在20世纪80 ~ 90年代曾经大面积种植，其中威优6号在1981—1992年的累计种植面积达到822万 hm²。

Ⅱ-32A属印水胞质不育系。为湖南杂交水稻研究中心从印尼水田谷6号中发现的不育株，其恢保关系与野败相同，遗传特性也属于孢子体不育。Ⅱ-32A是用珍汕97B与IR665杂交育成定型株系后，再与印水珍鼎（糯）A杂交、回交转育而成。全生育期130d，开花习性好，异交结实率高，一般制种产量可达3 000 ~ 4 500kg/hm²，是我国主要三系不育系之一。Ⅱ-32A衍生了优ⅠA、振丰A、中9A、45A、渝5A等不育系，与多个恢复系配组的品种，包括Ⅱ优084、Ⅱ优46、Ⅱ优501、Ⅱ优63、Ⅱ优838、Ⅱ优多系1号、Ⅱ优辐819、Ⅱ优明86等，在我国南方稻区大面积种植。

冈型不育系是四川农学院水稻研究室以西非晚籼冈比亚卡（Gambiaka Kokum）为母本，与矮脚南特杂交，利用其后代分离的不育株杂交转育的一批不育系，其恢保关系、雄性不育的遗传特性与野败基本相似，但可恢复性比野败好，从而发现并命名为冈型细胞质不育系。冈46A是四川农业大学水稻研究所以冈二九矮7号A为母本，用"二九矮7号/V41//V20/雅矮早"的后代为父本杂交、回交转育成的冈型早籼不育系。冈46A在成都地区春播，播种至抽穗历期75d左右，株高75 ~ 80cm，叶片宽大，叶色淡绿，分蘖力中等偏弱，株型紧凑，生长繁茂。冈46A配合力强，与多个恢复系配组的74个品种在我国南方稻区大面积种植，其中冈优22、冈优12、冈优527、冈优151、冈优多系1号、冈优725、冈优188等曾是我国南方稻区的主推品种。

中9A是中国水稻研究所1992年以优ⅠA为母本，优ⅠB/L301B//菲改B的后代作父本，杂交、回交转育成的早籼不育系，属印尼水田谷6号质源型，2000年5月获得农业部新品种权保护。中9A株高约65cm，播种至抽穗60d左右，育性稳定，不育株率100%，感温，异交结实率高，配合力好，可配组早籼、中籼及晚籼3种栽培型杂交水稻，适用于所有籼型杂交稻种植区。以中9A配组的杂交品种产量高，米质好，抗白叶枯病，是我国当前较抗白叶枯病的不育系，与抗稻瘟病的恢复系配组，可育成双抗的杂交稻品种。配组的国稻1号、国丰1号、中优177、中优448、中优208等49个品种广泛应用于生产。

谷丰A是福建省农业科学院水稻研究所以地谷A为母本，以[龙特甫B/宙伊B（V41B/汕优菲一//IRs48B）]F₄作回交父本，经连续多代回交于2000年转育而成的野败型三系不育系。谷丰A株高85cm左右，不育性稳定，不育株率100%，花粉败育以典败为主，异交特性好，较抗稻瘟病，适宜配组中、晚籼类型杂交品种。谷优系列品种已在中国南方稻区大面积推广应用，成为稻瘟病重发区杂交水稻安全生产的重要支撑。利用谷丰A配组育成了谷优527、谷优964、谷优5138等32个品种通过省级以上农作物品种审定委员会审（认）定，其中4个品种通过国家农作物品种审定委员会审定。

甬粳2A是滇粳型不育系，是浙江省宁波市农业科学院以宁67A为母本，以甬粳2号为父本进行杂交，以甬粳2号为父本进行连续回交转育而成。甬粳2A株高90cm左右，感光性强，株型下紧上松，须根发达，分蘖力强，茎韧秆壮，剑叶挺直，中抗白叶枯病、稻瘟病、细菌性条纹病、耐肥，抗倒伏性好。采用粳不/籼恢三系法途径，甬粳2A配组育成了甬优2号、甬优4号、甬优6号等优质高产籼粳杂交稻。其中，甬优6号（甬粳2A/K4806）2006年在浙江省鄞州取得单季稻12 510kg/hm² 的高产，甬优12（甬粳2A/F5032）在2011年洞桥"单季百亩示范方"取得13 825kg/hm² 的高产。

培矮64S是籼型温敏核不育系，由湖南杂交水稻研究中心以农垦58S为母本，籼爪型品种培矮64（培迪/矮黄米//测64）为父本，通过杂交和回交选育而成。培矮64S株高65～70cm，分蘖力强，亲和谱广，配合力强，不育起点温度在13h光照条件下为23.5℃左右，海南短日照（12h）条件下不育起点温度超过24℃。目前已配组两优培九、两优培特、培两优288等30多个通过省级以上农作物品种审定委员会审定并大面积推广的两系杂交稻品种，是我国应用面积最大的两系核不育系。

安农S-1是湖南省安江农业学校从早籼品系超40/H285//6209-3群体中选育的温敏型两用核不育系。由于控制育性的遗传相对简单，用该不育系作不育基因供体，选育了一批实用的两用核不育系如香125S、安湘S、田丰S、田丰S-2、安农810S、准S360S等，配组的安两优25、安两优318、安两优402、安两优青占等品种在南方稻区广泛种植。

Y58S(安农S-1/常菲22B//安农S-1/Lemont///培矮64S)是光温敏不育系，实现了有利多基因累加，具有优质、高光效、抗病、抗逆、优良株叶形态和高配合力等优良性状。Y58S目前已选配Y两优系列强优势品种120多个，其中已通过国家、省级农作物品种审定委员会审（认）定的有45个。这些品种以广适性、优质、多抗、超高产等显著特性迅速在生产上大面积推广，代表性品种有Y两优1号、Y两优2号、Y两优9981等，2007—2014年累计推广面积已超过300万hm²。2013年，在湖南隆回县，超级杂交水稻Y两优900获得14 821kg/hm² 的高产。

四、杂交水稻恢复系

我国极大部分强恢复系或强恢复源来自国外，包括IR24、IR26、IR30、密阳46等，它们均含有我国台湾省地方品种低脚乌尖的血缘（*sd1*矮秆基因）。20世纪70～80年代，IR24、IR26、IR30、IR36、IR58直接作恢复系利用，随着明恢63（IR30/圭630）的育成，我国的杂交稻恢复系走上了自主创新的道路，育成的恢复系其遗传背景呈现多元化。目前，主要的已广泛应用的核心恢复系17个，它们衍生的恢复系超过510个，配组的种植面积较大（年种植面积＞6 667hm²）的杂交品种数超过1 200个（表1-9）。配组品种较多的恢复系有：明恢63、明恢86、IR24、IR26、多系1号、测64-7、蜀恢527、辐恢838、桂99、CDR22、密阳46、广恢3550、C57等。

表 1-9 我国主要的骨干恢复系及配组的杂交稻品种（截至 2014 年）

骨干亲本名称	类型	衍生的恢复系数	配组的杂交品种数	代 表 品 种
明恢63	籼型	>127	>325	D优63、II优63、博优63、冈优12、金优63、马协优63、全优63、油优63、特优63、威优63、协优63、优I63、新香优63、八两优63
IR24	籼型	>31	>85	矮优2号、南优2号、油优2号、四优2号、威优2号
多系1号	籼型	>56	>78	D优68、D优多系1号、II优多系1号、K优5号、冈优多系1号、油优多系1号、特优多系1号、优I多系1号
辐恢838	籼型	>50	>69	辐优803、B优838、II优838、长优838、川香838、辐优838、绵5优838、特优838、中优838、绵两优838、天优838
蜀恢527	籼型	>21	>45	D奇宝优527、D优13、D优527、II优527、辐优527、冈优527、红优527、金优527、绵5优527、协优527
测64-7	籼型	>31	>43	博优49、威优49、协优49、油优49、D优64、油优64、威优64、博优64、常优64、协优64、优I64、枝优64
密阳46	籼型	>23	>29	油优46、D优46、II优46、I优46、金优46、油优10、威优46、协优46、优I46
明恢86	籼型	>44	>76	II优明86、华优86、两优2186、油优明86、特优明86、福优86、D297优86、T优8086、Y两优86
明恢77	籼型	>24	>48	油优77、威优77、金优77、优I77、协优77、特优77、福优77、新香优77、K优877、K优77
CDR22	籼型	24	34	油优22、冈优22、冈优3551、冈优363、绵5优3551、宜香3551、冈优1313、D优363、II优936
桂99	籼型	>20	>17	油优桂99、金优桂99、中优桂99、特优桂99、博优桂99（博优903）、华优桂99、秋优桂99、枝优桂99、美优桂99、优I桂99、培两优桂99
广恢3550	籼型	>8	>21	II优3550、博优3550、油优3550、油优桂3550、特优3550、天丰优3550、威优3550、协优3550、优优3550、枝优3550
IR26	籼型	>3	>17	南优6号、油优6号、四优6号、威优6号、威优辐26
扬稻6号	籼型	>1	>11	红莲优6号、两优培九、扬两优6号、粤优938
C57	粳型	>20	>39	黎优57、丹粳1号、辽优3225、9优418、辽优5218、辽优5号、辽优3418、辽优4418、辽优1518、辽优3015、辽优1052、泗优422、皖稻22、皖稻70
皖恢9号	粳型	>1	>11	70优9号、培两优1025、双优3402、80优98、III优98、80优9号、80优121、六优121

明恢63是我国最重要的育成恢复系，由福建省三明市农业科学研究所以IR30/圭630于1980年育成。圭630是从圭亚那引进的常规水稻品种，IR30来自国际水稻研究所，含有IR24、IR8的血缘。明恢63衍生了大量恢复系，其衍生的恢复系占我国选育恢复系的65%～70%，衍生的主要恢复系有CDR22、辐恢838、明恢77、多系1号、广恢128、恩恢58、明恢86、绵恢725、盐恢559、镇恢084、晚3等。明恢63配组育成了大量优良的杂交稻品种，包括油优63、D优63、协优63、冈优12、特优63、金优63、油优桂33、油优多系1号等，这些杂交稻品种在我国稻区广泛种植，对水稻生产贡献巨大。直接以明恢63为恢复系配组的年种植面积超过6 667hm²的杂交水稻品种29个，其中，油优63（珍汕97A/

明恢63）1990年种植面积681万hm²，累计推广面积（1983—2009年）6 289万hm²；D优63（D珍汕97A/明恢63）1990年种植面积111万hm²，累计推广面积（1983—2001年）637万hm²。

密阳46（Miyang 46）原产韩国，20世纪80年代引自国际水稻研究所，其亲本为统一/IR24//IR1317/IR24，含有台中本地1号、IR8、IR24、IR1317（振兴/IR262//IR262/IR24）及韩国品种统一（IR8//蜢/台中本地1号）的血缘。全生育期110d左右，株高80cm左右，株型紧凑，茎秆细韧、挺直，结实率85%～90%，千粒重24g，抗稻瘟病力强，配合力强，是我国主要的恢复系之一。密阳46衍生的主要恢复系有蜀恢6326、蜀恢881、蜀恢202、蜀恢162、恩恢58、恩恢325、恩恢995、恩恢69、浙恢7954、浙恢203、Y111、R644、凯恢608、浙恢208等；配组的杂交品种汕优46(原名汕优10号)、协优46、威优46等是我国南方稻区中、晚稻的主栽品种。

IR24，其姐妹系为IR661，均引自国际水稻研究所（IRRI），其亲本为IR8/IR127。IR24是我国第一代恢复系，衍生的重要恢复系有广恢3550、广恢4480、广恢290、广恢128、广恢998、广恢372、广恢122、广恢308等；配组的矮优2号、南优2号、汕优2号、四优2号、威优2号等是我国20世纪70～80年代杂交中晚稻的主栽品种，IR24还是人工制恢的骨干亲本之一。

测64是湖南省安江农业学校从IR9761-19中系选测交选出。测64衍生出的恢复系有测64-49、测64-8、广恢4480（广恢3550/测64）、广恢128（七桂早25/测64）、广恢96（测64/518）、广恢452（七桂早25/测64//早特青）、广恢368（台中籼育10号/广恢452）、明恢77（明恢63/测64）、明恢07（泰宁本地/圭630//测64///777/CY85-43）、冈恢12（测64-7/明恢63）、冈恢152（测64-7/测64-48）等。与多个不育系配组的D优64、汕优64、威优64、博优64、常优64、协优64、优I64、枝优64等是我国20世纪80～90年代杂交稻的主栽品种。

CDR22（IR50/明恢63）系四川省农业科学院作物研究所育成的中籼迟熟恢复系。CDR22株高100cm左右，在四川成都春播，播种至抽穗历期110d左右，主茎总叶片数16～17叶，穗大粒多，千粒重29.8g，抗稻瘟病，且配合力高，花粉量大，花期长，制种产量高。CDR22衍生出了宜恢3551、宜恢1313、福恢936、蜀恢363等恢复系24个；配组的汕优22和冈优22强优势品种在生产中大面积推广。

辐恢838是四川省原子能应用技术研究所以226（糯）/明恢63辐射诱变株系r552育成的中籼中熟恢复系。辐恢838株高100～110cm，全生育期127～132d，茎秆粗壮，叶色青绿，剑叶硬立，叶鞘、节间和稃尖无色，配合力高，恢复力强。由辐恢838衍生出了辐恢838选、成恢157、冈恢38、绵恢3724等新恢复系50多个；用辐恢838配组的Ⅱ优838、辐优838、川香9838、天优838等20余个杂交品种在我国南方稻区广泛应用，其中Ⅱ优838是我国南方稻区中稻的主栽品种之一。

多系1号是四川省内江市农业科学研究所以明恢63为母本，Tetep为父本杂交，并用明恢63连续回交育成，同时育成的还有内恢99-14和内恢99-4。多系1号在四川内江春播，播种至抽穗历期110d左右，株高100cm左右，穗大粒多，千粒重28g，高抗稻瘟病，且配合力高，花粉量大，花期长，利于制种。由多系1号衍生出内恢182、绵恢2009、绵恢2040、明恢1273、明恢2155、联合2号、常恢117、泉恢131、亚恢671、亚恢627、航148、晚R-1、中恢8006、宜恢2308、宜恢2292等56个恢复系。多系1号先后配组育成了汕优多系1号、Ⅱ优多系1号、冈优多系1号、D优多系1号、D优68、K优5号、特优多系1号等品种，在我国南方稻区广泛作中稻栽培。

明恢77是福建省三明市农业科学研究所以明恢63为母本，测64作父本杂交，经多代选择于1988年育成的籼型早熟恢复系。到2010年，全国以明恢77为父本配组育成了11个组合通过省级以上农作物品种审定委员会审定，其中3个品种通过国家农作物品种审定委员会审定，从1991—2010年，用明恢77直接配组的品种累计推广面积达744.67万 hm^2。到2010年，全国各育种单位利用明恢77作为骨干亲本选育的新恢复系有R2067、先恢9898、早恢9059、R7、蜀恢361等24个，这些新恢复系配组了34个品种通过省级以上农作物品种审定委员会审定。

明恢86是福建省三明市农业科学研究所以P18（IR54/明恢63//IR60/圭630）为母本，明恢75（粳187/IR30//明恢63）作父本杂交，经多代选择于1993年育成的中籼迟熟恢复系。到2010年，全国以明恢86为父本配组育成了11个品种通过省级以上农作物品种审定委员会品种审定，其中3个品种通过国家农作物品种审定委员会审定。从1997—2010年，用明恢86配组的所有品种累计推广面积达221.13万 hm^2。到2011年止，全国各育种单位以明恢86为亲本选育的新恢复系有航1号、航2号、明恢1273、福恢673、明恢1259等44个，这些新恢复系配组了65个品种通过省级以上农作物品种审定委员会审定。

C57是辽宁省农业科学院利用"籼粳架桥"技术，通过籼（国际水稻研究所具有恢复基因的品种IR8）/籼粳中间材料（福建省具有籼稻血统的粳稻科情3号）//粳（从日本引进的粳稻品种京引35），从中筛选出的具有1/4籼核成分的粳稻恢复系。C57及其衍生恢复系的育成和应用推动了我国杂交粳稻的发展，据不完全统计，约有60%以上的粳稻恢复系具有C57的血缘，如皖恢9号、轮回422、C52、C418、C4115、徐恢201、MR19、陆恢3号等。C57是我国第一个大面积应用的杂交粳稻品种黎优57的父本。

参考文献

陈温福,徐正进,张龙步,等,2002.水稻超高产育种研究进展与前景[J].中国工程科学,4(1):31-35.

程式华,曹立勇,庄杰云,等,2009.关于超级稻品种培育的资源和基因利用问题[J].中国水稻科学,23(3):223-228.

程式华,2010.中国超级稻育种[M].北京:科学出版社:493.

方福平,2009.中国水稻生产发展问题研究[M].北京:中国农业出版社:19-41.

韩龙植,曹桂兰,2005.中国稻种资源收集、保存和更新现状[J].植物遗传资源学报,6(3):359-364.

林世成,闵绍楷,1991.中国水稻品种及其系谱[M].上海:上海科学技术出版社:411.

马良勇,李西民,2007.常规水稻育种[M]//程式华,李健.现代中国水稻.北京:金盾出版社:179-202.

闵捷,朱智伟,章林平,等,2014.中国超级杂交稻组合的稻米品质分析[J].中国水稻科学,28(2):212-216.

庞汉华,2000.中国野生稻资源考察、鉴定和保存概况[J].植物遗传资源科学,1(4):52-56.

汤圣祥,王秀东,刘旭,2012.中国常规水稻品种的更替趋势和核心骨干亲本研究[J].中国农业科学,5(8):1455-1464.

万建民,2010.中国水稻遗传育种与品种系谱[M].北京:中国农业出版社:742.

魏兴华,汤圣祥,余汉勇,等,2010.中国水稻国外引种概况及效益分析[J].中国水稻科学,24(1):5-11.

魏兴华,汤圣祥,2011.中国常规稻品种图志[M].杭州:浙江科学技术出版社:418.

谢华安,2005.汕优63选育理论与实践[M].北京:中国农业出版社:386.

杨庆文,陈大洲,2004.中国野生稻研究与利用[M].北京:气象出版社.

杨庆文,黄娟,2013.中国普通野生稻遗传多样性研究进展[J].作物学报,39(4):580-588.

袁隆平,2008.超级杂交水稻育种进展[J].中国稻米(1):1-3.

Khush G S, Virk P S, 2005. IR varieties and their impact[M]. Malina, Philippines: IRRI: 163.

Tang S X, Ding L, Bonjean A P A, 2010. Rice production and genetic improvement in China[M]//Zhong H, Bonjean Alain A P A. Cereals in China. Mexico: CIMMYT.

Yuan L P, 2014. Development of hybrid rice to ensure food security[J]. Rice Science, 21(1): 1-2.

第二章
辽宁省稻作区划与品种
改良概述

辽宁省主要稻作区属东北早熟单季稻稻作区中的辽河沿海平原早熟亚区，而辽西北稻作区则属于西北干燥区单季稻稻作区中的甘宁晋蒙高原早中熟亚区。辽宁省北至北纬43°26′，南至北纬38°43′，北南之间跨度为4°43′，东北接吉林省，西北邻内蒙古自治区，西南与河北省相连，东南以鸭绿江为界与朝鲜隔江相望，南临黄海、渤海。东部山脉是长白山支脉哈达岭和龙岗山的延续部分，由南北两列平行山地组成，海拔500～800m，最高山峰海拔1300m。境内有大小河流300多条，其中，流域面积在5000km^{2}以上的有17条，在1000～5000km^{2}的有31条。主要有辽河、浑河、大凌河、太子河、绕阳河及中朝两国共有的界河鸭绿江等，形成了辽宁省的主要水系。辽河是省内第一大河流，全长1390km，境内河道长约480km，流域面积6.9万km^2。全省陆地总面积14.8万km^2，占全国陆地总面积的1.5%。现有耕地410万hm^2，其中水稻面积66.8万hm^2，占粮食作物的21.7%，居辽宁省粮食作物第二位（玉米居首位）。

第一节　辽宁省稻作区划

辽宁省稻作区划原则为：①采取影响稻作发展和产量水平的主要因素为主、其他相关因素为辅的综合区划法；②以发展水稻生产的主要限制因子——降水量、水资源和地貌等为主要依据；③亚区划分以气温和土壤类型等影响水稻产量水平的重要因素为依据；④稻作区域连片以乡（镇）级行政单位为界。

根据以上原则，本省可划分为4个稻作区，8个亚区。

一、东南部沿黄海平原稻作区

本稻作区包括东港和庄河、普兰店沿海平原地区及丹东市郊区。本稻作区地势平坦，土壤中有不同程度的盐分，年平均降水量859.2mm，无霜期167d，气候受海洋潮湿气候影响明显，春季增温和秋季降温较慢；年平均气温8.6℃，≥10℃活动积温3314.1℃，插秧至开花期≥18℃的有效积温较低，仅400℃左右；幼穗分化期至开花期<17℃气温出现频率较低，一般为15%左右。夏季自然日照长度比全省其他稻区短，5～9月实际日照时数为1091.3h，太阳辐射总量28.9万J/cm^2。7月阴雨天多，日照百分率低（33%～35%），空气相对湿度较大（90%左右）。以鸭绿江、碧流河及水库水灌溉，水源条件好，土壤渗漏量少，稻田需水量较少。水稻安全抽穗期在8月15日左右。本稻作区由于气候温和、水质好、水源充足，所以稻米品质较好。生产上突出的问题是易发稻瘟病，延迟性冷害发生频率较高。注意选用抗病耐冷优良品种，加强水肥管理，改善土壤通透性和防治稻瘟病，以提高单产。

二、辽东山地丘陵稻作区

本稻作区位于辽宁东部山区，包括凤城、岫岩、宽甸、新宾、清原、西丰、本溪、桓仁、金州、瓦房店的全部，庄河、普兰店的北部，盖州、营口、海城、辽阳、灯塔、抚顺、铁岭、开原的部分地区等稻区。本区海拔100～500m，稻田多分布在河流两岸谷地和山间小盆地。本稻作区土壤瘠薄，漏水地较多，土壤多呈微酸性至中性；水稻产量低于东南沿海平原稻作区，面积比历史最高年份显著减少。本区划分为3个亚区。

1. 辽南丘陵亚区　本亚区位于辽阳、本溪太子河以南，千山山脊以西，包括灯塔、辽阳、海城、营口、盖州的东部山区，普兰店北部，庄河北部山区，瓦房店市和金州。本亚区光、温资源较好，年平均气温9.6℃，≥10℃活动积温3 580.2℃，插秧至开花期≥18℃有效积温在500℃以上，此期间很少出现<17℃低温，水稻受冷害较轻。5～9月日照时数为1 220.7h，太阳辐射总量为31.4万J/cm²。年平均降水量653.8mm，降水量相对少，灌溉水源多为山间河水和小水库水。本亚区水源不充足，土质较差，新技术普及率较低。本地区适合水稻旱作以扩大稻田面积，同时大力推广新技术，提高单产。本区保温育苗播种期在4月初，安全抽穗期在8月10日左右，可栽培生育期需≥10℃活动积温3 200～3 400℃的品种。

2. 东南部山地丘陵亚区　本亚区包括凤城、岫岩、宽甸和桓仁县雅河以南地区。年平均气温7.2℃，≥10℃活动积温为3 137.3℃；日照时数较少，5～9月为1 013.4h，日照百分率低，7月仅35%～40%，太阳辐射总量低，5～9月为27.7万J/cm²；日温差大，无霜期为144.7d；水稻插秧至开花期≥18℃有效积温为400℃左右，幼穗形成至开花期<17℃低温出现频率10%左右，是全省延迟型冷害发生较重的地区。本亚区降水量多，水源丰富，水质较好，但水温较低。本亚区可以栽培生育期需≥10℃活动积温2 900～3 200℃的品种。薄膜保温育秧播种期在4月上旬，安全抽穗期在8月10日左右。

3. 东北部山地丘陵亚区　本亚区包括西丰、清原、新宾、本溪、抚顺东部、桓仁北部、铁岭和开原的东部山区。本亚区是全省气温最低的山间冷凉稻作区，年平均气温5.7℃，≥10℃活动积温2 921.3℃，插秧至开花期≥18℃的有效积温在400℃左右，幼穗分化至开花期<17℃低温出现概率20%左右，延迟型冷害发生较重，障碍性冷害也常发生，无霜期136.3d。本亚区水稻产量低而不稳，可以栽培生育期需≥10℃活动积温2 700～2 900℃的品种。薄膜保温育秧在4月中旬播种，安全抽穗期在8月5日左右。

三、辽河平原稻作区

本稻作区南起辽河三角洲，北至昌图、康平县，东部边缘为哈大高速公路左右，西界至医巫闾山脚下。区内土地辽阔，土质肥沃，地势平坦，海拔多在50 m以下。辽河、浑河、太子河、清河、柳河、绕阳河和大凌河纵贯区中，上游大型水库8座，水源较丰富。本稻作区水稻面积大、产量高、商品率高，是辽宁省水稻主产区和商品粮基地。目前用水虽较紧张，但地下水资源丰富，地表径流也有一定潜力，稻田规模还有一定的发展空间。

1. 辽河三角洲盐碱地亚区　本亚区包括盘锦市的大洼和盘山、营口市郊区、大石桥西部和盖州西部，凌海沿渤海地区，是辽宁省第二大稻作亚区。本亚区气象条件优越，年平均气温8.5℃，≥10℃活动积温3 471.5℃，插秧至开花期≥18℃有效积温500℃以上，幼穗分化至开花期很少出现<17℃的低温，冷害轻；无霜期较长，为175.4d；日照充足，5～9月日照时数为1 273.5h，年降水量630.6mm，热量充足，5～9月太阳辐射总量为31.9万J/cm²。土壤含盐量高是本亚区的突出特点。

本亚区可以栽培生育期需≥10℃活动积温3 200～3 300℃的品种。保温育苗播种期在4月初，安全抽穗期8月10日左右。本亚区主要靠上游水库由辽河输水灌溉。该区经过多年的建设，水利工程形成库、河水联合运用的灌溉体系，排水工程健全，使土壤盐分逐步下降，而栽培技术不断提升，单产水平居全省首位。

2.辽宁中部平原亚区 本亚区包括辽阳市的辽阳县、灯塔市和太子河区的平原地区，鞍山市的台安县，海城及鞍山郊区的平原地区，沈阳市的苏家屯区、浑南区、于洪区、辽中区和新民市，抚顺市区以西，黑山和北镇的平原区。本亚区稻田分布在辽河、太子河、浑河和绕阳河沿岸，稻田土层深厚，土壤肥沃，以水库和深井供水，灌排方便。本亚区年降水量657.5mm；≥10℃活动积温3 433.3℃，水稻插秧至开花期≥18℃以上的有效积温500℃左右，幼穗分化至开花期<17℃低温出现概率为10%左右；无霜期150～170d；5～9月的日照时数1 224.5h，太阳辐射总量31.1万J/cm²。自然条件较好，各县区的水稻平均产量都已超过9 750kg/hm²，水稻商品率高，是辽宁省的主要稻作区之一。本亚区水稻保温育苗播种适期在4月上旬，安全抽穗期在8月10日，可栽培要求≥10℃活动积温3 200～3 300℃的中熟、中晚熟品种。

目前水稻生产的主要问题是纹枯病和稻曲病严重，高产田水稻结实率和成熟率较低。本亚区地下水的开发尚有潜力，水稻面积呈快速发展趋势。

3.辽北平原丘陵亚区 本亚区包括沈阳市的新城子区西部，昌图、铁岭、康平、法库的全部，开原的西部，彰武的部分地区。稻田主要分布在辽河沿岸平原和丘陵地带。年平均气温6.9℃，≥10℃活动积温3 249.2℃；5～9月日照时数为1 259.2h，太阳辐射总量为31.1万J/cm²，热量较高；水稻插秧至开花期≥18℃有效积温450℃左右，<17℃低温出现概率为15%左右，有时发生障碍型冷害。可选择生育期需≥10℃活动积温3 100～3 200℃的品种，薄膜保温育苗播种期在4月10日左右，水稻安全抽穗期在8月5日。

四、辽西山地丘陵稻作区

本稻作区包括锦州、义县、葫芦岛、兴城、阜新、朝阳、绥中的全部，北镇、黑山县的西部山区。本区为多山地，水源有限。

1.辽西走廊平原亚区 本亚区包括锦州、葫芦岛、绥中、兴城。产量水平不高，水源较少，以发展水稻旱作为主。

2.辽西半干旱山地丘陵亚区 本亚区包括朝阳和阜新市郊区。本亚区稻田少、水源紧张，除局部山间平原或沿河低地可种植部分稻田外，一般均不宜发展。

综上，辽宁省水稻种植区划与不同种植区品种的熟期及生态类型分布见表2-1、表2-2。

表2-1 辽宁省水稻种植区划

水稻种植区名称	区内所含县（市、区）	面积（万hm²）
东南部沿黄海平原稻作区	沿海平原种植区：丹东市振安区、东港市；大连庄河市南部，普兰店市东南部	8.33
辽东山地丘陵稻作区	山地丘陵种植区：大连市金州区、瓦房店市、普兰店市西北部；营口盖州市、大石桥市东部；鞍山海城市东部；辽阳市辽阳县东部；丹东凤城市、宽甸县；鞍山岫岩县	6.3
	辽北山地丘陵种植区：本溪市明山区、本溪县、桓仁县，抚顺市抚城区、抚顺县、清原县、新宾县，铁岭市铁岭县东部、西丰县、开原市东部	0.92

（续）

水稻种植区名称	区内所含县（市、区）	面积（万hm²）
辽河平原稻作区	滨海盐碱种植区：盘锦市兴隆台区、大洼县、盘山县；营口老边区、大石桥市、盖州市西部；锦州凌海市中西南部	14.7
	中部平原种植区：鞍山市旧堡区、台安县、海城市中西部；辽阳市太子河区、辽阳县、灯塔市及抚顺县西部；沈阳市苏家屯区、于洪区、东陵区、辽中县、新民市；锦州北宁市及黑山县东部	23.3
	辽北平原丘陵种植区：铁岭开原市、铁岭县西部、昌图县；沈阳北新区、康平县、法库县；阜新彰武县东南部	6.32
辽西山地丘陵稻作区	辽西山地丘陵种植区：包括辽西走廊平原地区葫芦岛市连山区、南票区、兴城及绥中县南部；锦州市西部和辽西半干旱山地丘陵亚区葫芦岛兴城市及绥中县北部；朝阳建平县、凌源市、朝阳县；阜新彰武县	1.61

表2-2　辽宁省不同种植区品种的熟期及生态类型分布

品种类型	要求≥10℃活动积温（℃）	生育日数（d）	纬度	地区
晚熟早粳	2 700	130～139	北纬43°～46°	辽宁北山区，吉林中、北部
早熟中早粳	2 900	140～145	北纬42°～45°	辽宁北山区，吉林中、北部
中熟中早粳	3 100	146～154	北纬41°～43°	辽宁中、北部，吉林中、南部
迟熟中早粳	3 300	155～164	北纬39°～41°	辽宁中、西部
早熟中粳	3 500	165～174	北纬39°～40°	辽宁南、西南部

第二节　辽宁省稻作历史演变简况

辽宁省是北方水稻生产历史较悠久的稻作区。据1988年辽宁省大连湾遗址出土的炭化稻米，其年代属青铜时期，至今已有2 400多年，是东北地区有稻米的最早记录。据《新唐书·渤海传》记载，辽宁省清源、沈阳、宽甸以东地区在唐朝时期已开始种植水稻。

1949年，辽宁省水稻种植面积只有6.46万hm²，1958年，全省一跃发展到34.25万hm²。到1969年又有一个大发展，面积达到37.2万hm²。此后逐年平稳增加，到1989年扩大到54.2万hm²。在连年严重干旱缺水的情况下，采取节水栽培法，于1998年全省达到69.67万hm²。到20世纪末，全省水稻种植面积基本稳定在这个水平。

1. **辽宁省水稻品种更替**　中华人民共和国成立以来，特别是20世纪70年代末以来，辽宁省的水稻育种工作取得了突破性的进展，杂交粳稻及理想株型常规品种的培育成功，以及栽培技术的改进，使水稻的单产显著提高，总产成倍增长。按水稻单产达到3t/hm²、4t/hm²、5t/hm²、6t/hm²、7t/hm²、8t/hm²、9t/hm²、10t/hm²的时间划分，并参考突破性品种的审定时间，中华人民共和国成立初期，在沿用当地农家品种和外引品种的基础上，逐步开展水稻新品种的选育活动，1949年以来的水稻育种即品种演替过程划分为1949—1954年、

1955—1959年、1960—1968年、1969—1974年、1975—1978年、1979—1984年、1985—1994年、1995—2000年和2001年以后9个时期。

1949—1954年，这一时期是辽宁省水稻生产恢复时期，当时主栽品种为京租、兴亚、嘉笠、青森5号、农林1号、陆羽132、元子2号等，多为从日本和朝鲜引入的品种。这些品种产量较低，一般产量低于3t/hm^2。

1955—1959年，这一时期主栽品种为卫国、卫国7号和宁丰等，代替了陆羽、陆羽132等老品种。这些品种的推出凝聚着老一辈科技工作者的艰辛努力，品种的单产水平基本达到3t/hm^2。

1960—1968年，这一时期主栽品种是藤坂5号、十和田和越路早生等耐肥、抗倒伏、抗病、适应性强的品种，多数从日本引进。并推广了农垦19、农垦20、农垦21、公交13等新品种，为当时水稻面积的扩大和产量的提高起到了重要作用。全省水稻平均产量都达到了3t/hm^2。

1969—1974年，应用从日本新引进的半矮秆品种三好、日本海、藤稔、黎明等，同时搭配本省选育的熊岳613、白金16、辽粳152、京引35、京引47和粘13等品种。结合塑料薄膜保温湿润育苗、旱育苗等育苗技术在生产中大面积应用，以及大搞农田基本建设，改善生产条件，使全省水稻单产上到4t/hm^{2}的新台阶。

1975—1978年，由于辽宁省农作物品种审定委员会正式成立，使水稻新品种的选育、试验和审定走上了规范化的道路。从日本引进的半矮秆优质品种丰锦、秀岭等为主栽品种，丰锦通过辽宁省农作物品种审定委员会认定；优良品种结合栽培技术措施的推广，使全省水稻单产达到了5t/hm^2。

1979—1984年，辽宁省水稻育种工作取得了突破性进展。1980年，第一个粳型杂交稻黎优57通过辽宁省农作物品种审定委员会审定，单产达到7.7t/hm^2。1981年，第一个直立穗的理想株型品种辽粳5号通过辽宁省农作物品种审定委员会审定，之后几年辽宁省水稻中熟组和中晚熟组通过审定的水稻品种平均单产都超7.0t/hm^2。这一时期育成了辽粳6号、辽粳10号、铁粳1号、清杂1号等品种，这些品种（组合）在生产上大面积推广种植，单产均达到7t/hm^2，从此，结束了日本品种占主导的历史。在生产上，这些高产品种较耐肥抗倒伏，穗大粒多，采用了减少基本苗数及扩大株行距为特色的稀植栽培技术，产量水平比对照品种增加10%～20%，使全省水稻单产在1980年和1983年实现了6.0t/hm^{2}和7.0t/hm^{2}两次跨越。

1985—1994年，1985年杂交粳稻地优57通过辽宁省农作物品种审定委员会审定，平均单产达到8.0t/hm^2。这一时期辽宁省先后育成株型理想、高产稳产、耐肥、抗倒伏的新品种辽粳287、辽盐2号、营丰1号、沈农91、辽粳326、辽开79、铁粳4号等高产品种，诸多品种产量都接近这一水平。配合水稻数学调优模式化栽培技术的推广、软盘育苗手插秧技术的应用、辽河平原水稻高产高效益配套技术开发和水稻抛秧栽培技术开发，水稻平均产量在1993年又实现了8.0t/hm^{2}的突破。

1995—2000年，1995年通过辽宁省农作物品种审定委员会审定的辽粳244单产突破9.0t/hm^2，之后中熟组和中晚熟组品种辽粳454、辽粳294、辽粳207、沈农8801、辽粳135、沈农8718、盐粳48等品种的产量均接近这个水平，且米质有所改进。

2001—2010年，通过辽宁省农作物品种审定委员会审定的铁粳7号、辽优1518、辽优

20、辽盐166等单产突破10.0t/hm^2，但多数中熟组和中晚熟组品种的产量水平在9.0 ～ 10.0t/hm^2。随着市场化的需求，品种的选育逐渐注重米质和适口性的改进，如辽粳9号、辽星1号、辽星3号、沈稻9号、沈稻6号等品种的品质都能达到国标二级米以上的标准。

综上所述，自1974年辽宁省农作物品种审定委员会成立，至2006年年底，辽宁省先后共审定水稻品种和旱作稻品种180个（表2-3）。从品种类型分析，其中水稻常规粳稻品种148个，杂交组合14个，普通糯稻品种8个，香型糯稻品种1个；旱作粳稻品种8个，旱作糯稻品种1个。其中1974—1979年期间通过辽宁省农作物品种审定委员会审定品种4个，平均每年审定品种0.7个；1980—1984年期间通过辽宁省农作物品种审定委员会审定品种7个，平均每年审定品种1.4个；1985—1994年期间通过辽宁省农作物品种审定委员会审定品种38个，平均每年审定品种3.8个；1995—2000年期间通过辽宁省农作物品种审定委员会审定品种33个，平均每年审定品种5.5个；2001—2005年期间通过国家和辽宁省农作物品种审定委员会审定品种76个，平均每年审定品种15.2个；2006—2010年期间通过国家和辽宁省农作物品种审定委员会审定品种73个，平均每年审定品种14.6个；年均通过审定的品种数呈上升趋势。

表2-3　1974年以来辽宁省农作物品种审定委员会审定的水稻品种

年份	品种名称
1974	丰锦、旱丰
1977	公字1号
1979	中丹1号
1980	黎优57（杂）
1981	辽粳5号、辽粳6号、中丹2号、铁粳1号、抚粳1号
1982	辽粳10号
1985	地优57（杂）、迎春2号
1986	秀优57（杂）、中花9号、丹粳1号、辽糯1号（糯）
1987	盐粳1号、铁粳2号、抚粳2号
1988	辽盐2号、辽粳287、铁粳3号、营丰1号
1989	丹粳2号、丹粳3号、旱72（旱）、旱152（旱）
1990	沈农91、辽粳421、辽盐糯（糯）
1991	辽开79、沈农129、兴粳2号、辽盐282
1992	辽粳326、铁粳4号、辽盐241、旱58（旱）
1993	辽盐283、辽选180、丹粳4号、铁粳5号、沈东1号
1994	沈农611、辽盐16、抗盐100、丹粳5号（旱）、沈农87-913（旱、糯）
1995	辽粳244、沈农514、沈农90-17、花粳45
1996	辽粳454、港辐1号、丹粳6号（旱）、沈糯1号（糯）、沈农香糯1号（糯）
1997	东选2号、营8433、沈农8801、抚粳3号、辽盐9号、丹粳7号、辽盐糯10号（糯）
1998	屉优418（杂）、辽优3225（杂）、辽粳294、辽粳207、辽盐12、辽农938
1999	辽粳135、盐粳48、沈农8718、沈农159、开粳1号、丹粳8号（旱）、浑糯3号（糯）

（续）

年份	品种名称
2000	辽优7号（杂）、中辽9502、中作58、早946（旱）
2001	开粳2号、辽粳371、沈农265、辽粳288、辽农968、丹糯2号、辽优4218（杂）、辽优5号（杂）、抚粳4号、辽粳30、辽粳931、辽农979、盐丰47、沈农315、丹早稻1号（早）、丹粳9号
2003	辽优3015（杂）、辽粳9号、辽粳28、盐粳68、沈988、雨田6号、富禾5号、丹粳11、丹粳12、沈农606
2004	抚105、铁粳7号、辽粳912、沈稻6号、辽优1052（杂）、辽优3072（杂）、沈稻2号、沈稻3号、沈农016、盐粳34、抚粳5号、辽粳29、抚218、辽星1号、辽星2号、辽星7号、沈农604、辽优2006（杂）、添丰9681、富禾70、丰民2102、花粳8号、辽星3号、辽星5号、辽星6号、辽盐166、港源3号、津9540、祥丰00-93、中丹4号、庄育3号、辽星4号
2005	吉粳88、元丰6号、苏粳2号、千重浪1号、沈稻8号、盐粳98、富禾66、铁粳8号、盐粳188、辽星10、沈农2100、田丰202、沈稻9号、千重浪2号、丹粳10号、民喜9号、港育2号、富禾99
2006	沈稻1号、富禾90、沈农014、沈稻10号、辽星15、辽星14、沈191、福粳2103、辽星12、辽河糯（糯）、沈粳4311、富禾80、福粳3号、辽星13、辽优20（杂）、辽河5号、辽星16、庄粳2号、港育10号、丹137、祥育3号、辽优5224（杂）
2008	富禾77、锦稻104、辽星20、富禾998、铁粳9号、营稻1号、桥粳818、辽星19、辽星18、营9207、沈农9816、晨宏36、港源8号、庄研5号
2009	辽星21、美锋1号、辽优1498（杂）、锦稻106、华单998、沈稻29、沈农9903、辰禾168、营盐3号、盐粳218、沈稻18、辽优9573（杂）、锦稻105、辽河1号、盐粳228、黄海6号、庄研6号、庄研7号、港育129
2010	抚粳9号、铁粳10号、新育3号、抚粳8号、福星90、袁粳9238、美锋9号、富粳357、沈稻47、富田2100、沈优1号（杂）、盐粳456、东壮1018、桥育8号、辽粳101、辽优9906（杂）、美锋1158、稻峰1号

2. 辽宁省水稻品种选育单位简介

（1）沈阳农业大学水稻研究所。前身为沈阳农业大学稻作研究室，成立于20世纪50年代初，是国家级重点学科"作物栽培学与耕作学"、国家一级学科博士点"作物学"的主要实验室；也是农业部东北地区唯一水稻专业重点实验室，同时还是教育部和辽宁省重点开放实验室。研究所现有综合实验楼8 000m^2，下设常规育种研究室、栽培生理研究室、生物技术研究室、杂种优势利用研究室、成果转化与开发研究室，同时，建有校内成果转化基地和辽中水稻试验站。

研究所现有正式专职人员19人，其中，中国工程院院士1人，客座人员10人。现职人员中有教授7人，副教授4人，讲师5人，其中5人为留学归国人员，6人为博士生导师。该单位从1957年开始招收研究生，至今为国家培养了一大批水稻专业技术人才。该所2006年入选辽宁省高等学校创新团队，2013年入选教育部创新团队。

研究所长期从事籼粳稻杂交、理想株型及超高产育种等应用基础理论和应用研究，"十五"以来先后承担国家"863"计划、国家"973"计划、国家自然科学基金（重点、面上、青年）、国家科技攻关、国家科技支撑计划、教育部跨世纪优秀人才培养计划、农业部农业科技跨越计划及辽宁省科技攻关等各级各类科研项目100多项；先后与国际水稻研究所、日本和韩国等分别开展了水稻分子育种合作研究、超级稻穿梭育种研究。研究成果先后获国家科技进步二等奖（2项）、何梁何利科学与技术进步奖、辽宁省科技功勋奖、辽宁省科技进步一等奖、辽宁省自然科学二等奖、教育部科技进步二等奖等各级科技奖励近20项。

沈阳农业大学水稻研究所是我国开展水稻超高产育种研究最早的单位，也是我国超级粳稻的发祥地，在常规超级粳稻育种研究领域居世界领先地位。研究确立的"通过籼粳亚种间杂交或地理远缘创造新株型和优势，再经过优化性状组配使理想株型与有利优势相结合"的超级稻育种理论与技术路线已成为全国超级稻育种的指导思想。目前，研究所已经育成并通过辽宁省农作物品种审定委员会审定超级稻品种沈农265、沈农606、沈农016、千重浪2号、沈农9816、沈农604、沈农2100、千重浪1号、沈农9903等优质粳稻品种，并在北方稻区推广种植，取得了巨大的经济效益和社会效益。已成为北方特别是东北地区稻作科学研究中心、学术交流中心、人才培养中心和成果转化中心。

(2) 辽宁省水稻研究所。该研究所始建于1956年，是从事北方杂交粳稻、常规粳稻研究和产业开发的省级专业所；是国家水稻改良分中心、国家水稻加工技术研发分中心、国家水稻原原种繁育基地、北方杂交粳稻工程技术中心、辽宁省重点科研院所。2006年、2011年在"十五"和"十一五"全国农业科研综合能力评估中均进入"农业科研百强所"行列。建所以来，全所共承担总理基金、国家自然科学基金、国家"863"计划、国家科技攻关、国家成果转化基金、跨越计划和省科技攻关等各级各类科研课题350余项；获得科技奖励成果110余项，其中育成的杂交粳稻黎优57获国家发明三等奖，水稻群体数学调优栽培技术研究获国家科学技术进步三等奖，育成的常规稻优良品种辽粳326、辽粳454、辽粳294、辽粳9号和辽星1号分别获得辽宁省科技进步一等奖，水稻节水增效栽培技术研究与应用获辽宁省科技进步一等奖。辽宁省水稻研究所是我国杂交粳稻的发祥地，在北方杂交粳稻育种研究中居国际领先水平，在理想株型粳型常规稻育种方面居国内领先地位。育成的辽粳（星）系列常规水稻新品种和辽优系列杂交粳稻新组合的种植面积占辽宁水稻种植面积的60%～70%，取得了巨大的经济效益和社会效益。

(3) 辽宁省盐碱地利用研究所。该研究所创建于1958年，是以盐碱地改良利用为中心、以水稻研究为重点的省属专业科研所，辽宁省两系杂交粳稻工程研究中心。建所以来，在土壤改良、农田水利、水稻（抗盐）育种、高产栽培、植物保护、水稻新品种开发推广等方面进行研究。"十五"至"十二五"期间共承担国家、省（部）级科研及开发项目100余项。共取得218项科研成果，其中获国家级奖励4项、省（部）级奖励54项。"中国东北地区盐渍土形成与改良"获国家科技进步三等奖、水稻品种辽盐2号和辽盐糯获国家发明三等奖。水稻品种盐粳48和桥科951是辽宁省农作物品种审定委员会审定的第一个优质米品种和第一个通过航天育种技术育成的水稻品种；盐两优2818是北方第一个两系杂交粳稻组合，盐丰47自育成10余年来长盛不衰，现已成为辽宁省、河北省水稻主栽品种之一，取得了巨大的经济和社会效益。目前，该研究所育成的水稻品种在滨海盐碱地稻区推广应用面积很大，耐盐高产育种在我国北方处于先进水平，两系杂交粳稻育种研究在我国北方处于领先地位。

(4) 铁岭市农业科学院。该院始建于1958年，1959年成立水稻课题组，2014年设立水稻研究所。从1972年开始进行水稻育种方面研究，先后承担国家、省、市科研项目43项，其中国家3项、省级7项、市级34项。育成铁粳系列水稻新品种14个（其中国家审定的品种2个）。取得科研成果15项，获奖成果9项；其中获辽宁省科技进步二等奖1项；获辽宁省科技进步三等奖1项，获辽宁省科技成果转化三等奖1项，发表科技论文43篇。育成的铁粳系列常规水稻品种种植面积占辽北水稻种植面积的50%～60%，取得了显著的经济效益和社会效益。

（5）丹东农业科学院稻作研究所。该所水稻育种工作始于1948年，主要开展水（旱）稻常规育种、水稻抗病育种、杂交粳稻育种等方面研究工作。该所旱稻室1986年组建，主要开展优异种质资源引进、评价与利用，水稻常规育种和诱变育种及杂交粳稻新组合选育等研究。1949—2013年水稻所累计开展各类水（旱）稻研究项目（课题）82项，其中，列入省、市各类课题的研究项目36项（1980年以后）。至2013年年底，经国家农作物品种审定委员会审定的旱稻品种4个；经辽宁省农作物品种审定委员会审定的水稻品种14个、旱稻品种4个；与旱稻品种相配套的栽培技术4项。获奖成果19项，其中，省部级奖励6项、市（厅）级13项。旱稻品种丹粳8号2000年获科技部、农业部"九五"主要农作物新品种后补助奖励（二等）。丹粳系列水（旱）稻品种，主要服务于辽宁东部、南部及京、津、唐等地区，截至2013年累计推广水（旱）稻品种304余万hm²，增产稻谷超过180万t，增加经济效益超过27亿元。1998—2008年，连续被列为丹东市重点研究所（室），并得到财政资金补助。

沈阳农业大学农学院、抚顺市农业科学院、种业公司及县（市）级水稻育种推广单位和个人育种也为水稻新品种选育做出了重要贡献。盘锦北方农业技术开发有限公司、开原市农业科学研究所、新宾县农业科学研究所、大石桥市农业推广中心、东港市农业技术推广中心、东港示范场、庄河市农业推广中心等单位和个人选育的抚粳系列、锦丰系列、开粳系列、营字号系列、港育系列、庄选系列等水稻品种，在生产上也发挥了重要作用，为满足多元化的稻米市场需求提供了重要保障，也为农民增收、农村经济发展做出了重要贡献。

参考文献

斐淑华，卢庆善，王伯伦，1999.辽宁省农作物品种志[M].沈阳：辽宁科学技术出版社.

耿文良，冯瑞英，1994.中国北方粳稻品种志[M].石家庄：河北科学技术出版社.

倪善君，路洪彪，张战，等，2001.辽宁省水稻品种分布与思考[J].垦殖与稻作(3):6-8.

农业部种植业管理司，中国水稻研究所，2002.中国稻米品质区划及优质栽培[M].北京：中国农业出版社.

宋克贵，李玉林，王光复，1998.粮食作物的区域化与产业化[M].北京：科学出版社.

王樟土，吴吉人，1992.北方农垦稻作[M].沈阳：辽宁科学技术出版社.

王之旭，2009.辽宁省水稻品种更替过程中生理与产量性状的演替规律研究[D].北京：中国农业科学院.

王一凡，邵国军，2001.北方优质稻品种及栽培[M].北京：中国农业出版社.

王一凡，周毓珩，2000.北方节水稻作[M].沈阳：辽宁科学技术出版社.

杨新华，何尔立，雷树德，1999.中国农业全书(辽宁卷)[M].北京：中国农业出版社.

游修龄，1995.中国稻作史[M].北京：中国农业出版社.

中国农业科学院农业自然资源和农业区划研究所，中华人民共和国农业部优质农产品开发服务中心，1998.中国北方粳稻资源调查与开发[M].北京：气象出版社.

周毓珩，陈振野，孙天石，等，1996.辽宁省水稻种植区划研究[J].辽宁农业科学(3):3-7.

周毓珩，马一凡，1998.水稻栽培[M](修订本).沈阳：辽宁科学技术出版社.

第三章
品种介绍

ZHONGGUO SHUIDAO PINZHONGZHI·LIAONING JUAN

第一节　常规粳稻

辰禾168（Chenhe 168）

品种来源：辽宁省盖州市辰禾种子有限公司以盐丰47系选而成。原品系号为辰禾1号。2009年通过辽宁省农作物品种审定委员会审定，审定编号为辽审稻2009215。

形态特征和生物学特性：粳型常规水稻，感光性弱，感温性中等，基本营养生长期短，属迟熟早粳。株型紧凑，分蘖力强，叶片宽而厚，叶色浓绿，半紧穗型。颖壳黄色，种皮白色，中芒。全生育期163d，株高93.4cm，穗长16.5cm，穗粒数118.4粒，千粒重25.2g。

品质特性：糙米粒长4.1mm，糙米长宽比1.6，糙米率80.8%，精米率72%，整精米率62.1%，垩白粒率29%，垩白度4.5%，胶稠度82mm，直链淀粉含量16.7%，蛋白质含量8.5%。

抗性：中感穗颈瘟。

产量及适宜地区：2007—2008年两年辽宁省中晚熟区域试验，平均单产9 877.5kg/hm²，比对照辽粳9号增产7.3%。2008年生产试验，平均单产9 420kg/hm²，比对照辽粳9号增产10.4%。适宜在辽宁沈阳以南稻区种植。

栽培技术要点：4月5～15日播种，播种量为200g/m²；5月15～25日插秧，行株距30cm×16.6cm，或33.3cm×（16.6～19.9）cm，每穴栽插3～4苗；施硫酸铵1 050kg/hm²，磷酸二铵262.5kg/hm²或过磷酸钙900kg/hm²，钾肥150kg/hm²，锌肥22.5kg/hm²，硅肥300kg/hm²；浅水层管理；注意防治稻瘟病。

晨宏36（Chenhong 36）

品种来源：辽宁省大连市农丰高新技术开发有限公司东港分公司以港辐3号/丹粳4号为杂交组合，采用系谱法选育而成。原品系号为农丰1号。2008年通过辽宁省农作物品种审定委员会审定，审定编号为辽审稻2008205。

形态特征和生物学特性：粳型常规水稻，感光性弱，感温性中等，基本营养生长期短，属迟熟早粳。株型紧凑，分蘖力较强，叶片上冲，叶色浓绿，散穗型。颖壳黄白，种皮白色，稀短芒。全生育期162d，株高113cm，穗长22cm，穗粒数129.3粒，千粒重26.5g。

品质特性：糙米粒长5.1mm，糙米长宽比1.8，糙米率82.1%，精米率74.8%，整精米率72.4%，垩白粒率6%，垩白度0.6%，胶稠度64mm，直链淀粉含量16.2%，蛋白质含量9.1%。

抗性：中感穗颈瘟。

产量及适宜地区：2005—2006年两年辽宁省晚熟区域试验，平均单产6 615kg/hm²，比对照中辽9052增产0.3%。2007年生产试验，平均单产7 666.5kg/hm²，比对照庄育3号增产4.2%。适宜在辽宁大连、丹东等沿海稻区种植。

栽培技术要点：4月中下旬播种，播种量为200g/m²；5月下旬插秧，行株距30cm×13.3cm，每穴栽插3～4苗。一般施硫酸铵750kg/hm²，磷肥150kg/hm²，钾肥225kg/hm²。根据不同生育期，水层管理采取浅、干、湿相结合的灌溉原则，后期断水不宜过早；6月末至7月初，注意防治二化螟、稻瘟病。

丹137 (Dan 137)

品种来源：丹东农业科学院稻作研究所水稻试验站以中作9052/龙粳8号为杂交组合，采用系谱法选育而成。2006年通过辽宁省农作物品种审定委员会审定，审定编号为辽审稻2006191。

形态特征和生物学特性：粳型常规水稻，感光性弱，感温性中等，基本营养生长期短，属迟熟早粳。幼苗健壮，根系发达，株型紧凑，分蘖力强，叶片上耸，茎叶淡绿，散穗型。颖色及颖尖均呈黄色，种皮白色，稀短芒。全生育期167d，株高108.6cm，穗长19cm，穗粒数102.6粒，结实率93.3%，千粒重26.9g。

品质特性：糙米率83.3%，精米率75.4%，整精米率72.9%，糙米粒长5mm，糙米长宽比1.7，垩白粒率2%，垩白度0.2%，透明度1级，碱消值7级，胶稠度64mm，直链淀粉含量16.7%，蛋白质含量8.4%，米质优。

抗性：高抗稻瘟病，中抗白叶枯病，抗纹枯病，抗稻曲病。

产量及适宜地区：2005年辽宁省晚熟区域试验，平均单产7 180.5kg/hm²，比对照（中辽9052、庄育3号）增产9.1%；2006年续试，平均单产6 730.5kg/hm²，比对照（中辽9052、庄育3号）增产1.8%；两年平均单产6 955.5kg/hm²，比对照增产5.4%。2006年生产试验，平均单产6 514.5kg/hm²，比对照庄育3号增产0.3%。适宜在辽宁南部稻区种植。

栽培技术要点：在丹东和大连地区以4月10～15日育苗，5月20～25日插秧为宜。普通旱育苗播量200g/m²，盘育苗手插秧每盘播量60～70g，机器插秧每盘播量100g。行株距33cm×10cm，每穴栽插3～5苗。施硫酸铵750kg/hm²，磷酸二铵150kg/hm²，硫酸钾120kg/hm²。磷肥可一次底施，氮肥三段5次施。注意后肥不可偏多偏晚，以免贪青而造成迟熟。采取浅、湿、干相结合的管水方法，以浅为主。在拔节初期可排水晾田或烤田。在稻瘟病易发地块，在分蘖期和破口期各喷一次三环唑和井冈霉素混合液；在白叶枯易发地块，用噻枯唑等加强防治，条纹叶枯病较重田块，用吡虫啉对宁南霉素防治，注意防治二化螟、稻水象甲、稻纵卷叶螟等危害。

丹旱稻1号 （Danhandao 1）

品种来源：丹东农业科学院稻作研究所以 IR24/旱丰Y// 中系 8834/// 峰光/胜利糯为杂交组合，采用系谱法选育而成。2001 年通过辽宁省农作物品种审定委员会审定，审定编号为辽审稻 2001097。

形态特征和生物学特性：粳型常规旱稻，感光性弱，感温性中等，基本营养生长期短，属中熟早粳。株型紧凑，分蘖力较强，根系发达，叶片坚挺上举，叶色较绿，叶片较短，半直立穗型，主蘖穗整齐。颖壳黄色，种皮白色，稀短芒。旱地种植从出苗至成熟全生育期 130d，株高 95cm，穗长 15.6cm，有效穗数 360 万穗/hm²，穗粒数 92.0 粒，结实率 95%，千粒重 26.2g。

品质特性：糙米长宽比 1.7，糙米率 84.5%，整精米率 70.1%，垩白粒率 16%，垩白度 1.6%，胶稠度 75mm，直链淀粉含量 17.2%，国标二级优质米标准。

抗性：抗稻瘟病，耐旱性较强。

产量及适宜地区：1997—1998 年两年辽宁省旱稻中晚熟区域试验，平均单产 6 477kg/hm²，比对照旱 72 增产 25.3%。1999—2000 年两年生产试验，平均单产 7 200kg/hm²，比对照旱 72 增产 18.6%。适宜在辽宁、河北等低洼地、缺水的水稻田及有一定灌水条件的旱平地种植。

栽培技术要点：丹旱稻 1 号通常是旱地直播栽培，尤其适于低洼地和缺水的水稻田种植，一生无需水层，全靠自然降雨或在干旱至一定程度时辅以适量灌水的稻作，其种植管

理方式与小麦相似。平作或畦作开沟条播，播种量 112.5kg/hm²，在辽宁播种时间同当地玉米。耙地前施农家肥 30 000kg/hm²。开沟后施水稻专用复合肥 300kg/hm² 和尿素 150kg/hm² 及多元微肥 37.5kg/hm²。分蘖期追施尿素 150kg/hm²，视长势和气候条件酌情补肥。有条件的地区可结合旋耕将化肥量的 60% 实行全层施肥，余量用作播种时施肥和追肥。视杂草种类和基数，选用不同除草剂配方。用种衣剂包种或用甲基异柳磷拌种防治地下害虫。

丹旱稻2号 （Danhandao 2）

品种来源：丹东农业科学院从丹粳5号中选育，采用系谱法选育而成。原品系号为K150。2004年通过国家农作物品种审定委员会审定，审定编号为国审稻2004060。

形态特征和生物学特性：粳型常规旱稻，感光性弱，感温性中等，基本营养生长期短，属迟熟早粳。株型紧凑，叶片坚挺上举，茎叶浓绿，半直立穗型。颖壳黄色，种皮白色，稀短芒。在北方作一季旱稻种植全生育期平均为153.7d，比对照旱72长10d，株高78.5cm，穗长13.7cm，有效穗数520.5万穗/hm²，穗粒数99.6粒，结实率84.9%，千粒重21.9g。

品质特性：整精米率71.4%，垩白粒率62%，垩白度7.9%，胶稠度87mm，直链淀粉14.4%。

抗性：抗旱性2.4级，叶瘟1.9级，穗颈瘟2.5级，抗旱，中感稻瘟病。

产量及适宜地区：2001年北方旱稻一季稻区中晚熟区域试验，平均单产4 342.5kg/hm²，比对照旱72增产3.8%；2002年续试，平均单产5 436kg/hm²，比对照旱72增产10.7%；两年平均单产4 890kg/hm²，比对照旱72增产7.5%。2003年生产试验，平均单产6 139.5kg/hm²，比对照旱72增产。适宜在辽宁中南部以及京津唐地区旱作种植。

栽培技术要点：播种前整平土地，施农家肥30 000kg/hm²，开沟后施复合肥300kg/hm²，尿素225kg/hm²，多元微肥30kg/hm²；条播行距30cm，播深2～3cm，播种量112.5kg/hm²。播后镇压或踩格子；出苗后用二氯喹啉酸、60%丁草胺4.5kg/hm²、噁草酮4.5kg/hm²，混合对水喷雾；在出苗、分蘖、孕穗、灌浆期如遇干旱应及时灌溉，在拔节、孕穗至抽穗期视苗情追施尿素225kg/hm²；注意防治稻瘟病和稻曲病。

丹旱稻4号（Danhandao 4）

品种来源：丹东农业科学院从丹粳5号辐射诱变，采用系谱法选育而成。原品系号为旱G-107。2005年通过国家农作物品种审定委员会审定，审定编号为国审稻2005059。

形态特征和生物学特性：粳型常规旱稻，感光性弱，感温性中等，基本营养生长期短，属迟熟早粳。株型紧凑，叶片坚挺上举，茎叶淡绿，半直立穗型。颖壳黄色，种皮白色，稀短芒。在辽宁、河北等地作一季旱稻种植全生育期平均145d，比对照旱稻297早熟4d，株高88.2cm，穗长16.8cm，穗粒数117.7粒，结实率86.4%，千粒重26.3g。

品质特性：整精米率57.2%，垩白粒率42%，垩白度5.7%，胶稠度82mm，直链淀粉含量15.5%。

抗性：苗期抗旱性5级，叶瘟5级，穗颈瘟5级，中感稻瘟病。

产量及适宜地区：2003年北方旱稻一季稻区中晚熟区域试验，平均单产5 425.5kg/hm²，比对照旱72增产40.7%，比对照旱稻297增产3.9%；2004年续试，平均单产5 874kg/hm²，比对照旱稻297增产17.2%；两年平均单产5 650.5kg/hm²，比对照旱稻297增产10.4%。2004年生产试验，平均单产6 370.5kg/hm²，比对照旱稻297增产10.4%。适宜在辽宁及河北中北部作一季春播旱作种植。

栽培技术要点：适时播种，播种量112.5kg/hm²，条播，行距30cm。基肥施三元复合肥300kg/hm²、尿素120kg/hm²、多元微肥30kg/hm²；追肥施尿素180kg/hm²，分两次追肥。少雨干旱地区一般灌水3～4次，每次灌透。采用化学除草，进行播后苗前土壤封闭或苗后茎叶处理，辅以人工拔草；注意防治黏虫、二化螟及纹枯病等病虫害。

丹旱糯3号 （Danhannuo 3）

品种来源：丹东农业科学院从丹粳5号中选择，采用系谱法选育而成。原品系号为旱糯3号。2004年通过国家农作物品种审定委员会审定，审定编号为国审稻2004056。

形态特征和生物学特性：粳型常规糯性旱稻，感光性弱，感温性中等，基本营养生长期短，属中熟中粳。株型紧凑，分蘖力较强，叶片坚挺上举，茎叶浓绿，半散穗型。颖壳黄色，种皮白色，无芒。在黄淮地区麦茬旱直播全生育期平均为114d，比对照郑州早粳晚熟4d，株高94.8cm，穗长19.4cm，有效穗数187.5万穗/hm²，穗粒数101.2粒，结实率82.2%，千粒重24.5g。

品质特性：整精米率64.6%，糙米长宽比1.8，胶稠度100mm，直链淀粉含量1.6%。

抗性：抗旱性1级，稻瘟病3级，胡麻叶斑病3级，中抗稻瘟病及胡麻叶斑病。

产量及适宜地区：2001年黄淮海麦茬稻区中晚熟旱稻区域试验，平均单产4 072.5kg/hm²，比对照郑州早粳增产8.4%；2002年续试，平均单产4 044kg/hm²，比对照郑州早粳增产5.9%；两年平均单产4 059kg/hm²，比对照郑州早粳增产7.1%。2003年生产试验，平均单产4 506kg/hm²，比对照郑州早粳增产19.6%，比对照旱稻277增产8.8%。适宜在黄淮地区（徐州除外）和陕西南部地区接麦茬或油菜茬旱作种植。

栽培技术要点：播种前晾晒，用种衣剂包衣；播种前整平土地，施农家肥15 000kg/hm²，随种施肥磷酸二铵150kg/hm²，硫酸钾150kg/hm²，硫酸铵225kg/hm²。条播、穴播均可，播种量120kg/hm²。行距30cm，播深2～3cm，播后镇压或踩格子；出苗后用二氯喹啉酸、60%丁草胺4.5kg/hm²、噁草酮4.5kg/hm²，混合对水喷雾；在出苗、分蘖、孕穗、灌浆期如遇干旱应及时灌溉，在拔节、孕穗至抽穗期视苗情追施硫酸铵150kg/hm²；注意防治稻曲病。

丹粳1号（Dangeng 1）

品种来源：丹东农业科学院以早丰A/C57-11为杂交组合，采用系谱法选育而成。原品系号为早杂选。1986年通过辽宁省农作物品种审定委员会审定，审定编号为辽审稻1986016。

形态特征和生物学特性：粳型常规水稻，感光性弱，感温性中等，基本营养生长期短，属迟熟早粳。秧苗长势较强，秧苗素质好，株型紧凑，叶片坚挺上举，茎叶淡绿，散穗型。颖色及颖尖均呈黄色，种皮白色，无芒。全生育期160d，株高105cm，穗长18cm，有效穗数420万穗/hm²，穗粒数85.0粒，结实率95%，千粒重25g。

品质特性：糙米率84.5%，精米率78.9%，整精米率76.7%，垩白粒率15%，碱消值5级，胶稠度52mm，直链淀粉含量16.3%，蛋白质含量7.6%，赖氨酸含量0.3%，粗脂肪含量1.6%。

抗性：抗稻瘟病和稻曲病，中抗白叶枯病和纹枯病，耐肥，抗倒伏，耐盐碱，抗旱。

产量及适宜地区：1982—1983年两年辽宁省晚熟区域试验，平均单产7 158kg/hm²，比对照丰锦减产3%。1984—1985年两年生产试验，平均单产6 948kg/hm²，比对照丰锦增产14.3%。适宜在辽宁丹东、大连、营口南部，甘肃徽县、陕西汉中稻区种植。

栽培技术要点：4月中下旬播种，5月下旬至6月上旬插秧，每穴栽插3～4苗。在增施农家肥的基础上，注意氮、磷、钾肥的配合施用，重施基肥，促蘖壮秆争大穗，轻施补肥，增加粒重，提高结实率。分蘖期要保持足够的水层，以水保肥，以肥促蘖，控制无效分蘖。成熟前不宜撒水过早，确保活秆成熟。

丹粳10号 （Dangeng 10）

品种来源：丹东农业科学院稻作研究所水稻试验站以丹粳5号/丹粳4号为杂交组合，采用系谱法选育而成。2005年通过辽宁省农作物品种审定委员会审定，审定编号为辽审稻2005168。

形态特征和生物学特性：粳型常规水稻，感光性弱，感温性中等，基本营养生长期短，属早熟中粳。幼苗健壮，根系发达，分蘖力强，株型紧凑，茎秆健壮叶片坚挺上举，茎叶淡绿，半直立穗型，主蘖穗整齐。颖壳黄色，种皮白色。全生育期171d，株高106.5cm，穗长18.3cm，穗粒数90.6粒，结实率93%，千粒重25g。

品质特性：糙米率83.6%，精米率76.8%，整精米率75.5%，垩白粒率2%，垩白度0.2%，胶稠度66mm，直链淀粉含量15.2%，蛋白质含量8.4%。

抗性：抗稻瘟病和稻曲病，中抗纹枯病。

产量及适宜地区：2003—2005年两年辽宁省晚熟区域试验，平均单产7 279.5kg/hm²，比对照中辽9052增产6.1%。2005年生产试验，平均单产7 410kg/hm²，比对照中辽9052增产6.2%。适宜在辽宁南部及河北、河南等稻区种植。

栽培技术要点：在丹东和大连地区以4月10～15日播种，5月20～25日插秧为宜。普通旱育苗200g/m²，盘育苗手插秧每盘播量60～70g，机器插秧每盘播量100g。行株距30cm×10cm，每穴栽插3～5苗。一般肥力地块，施硫酸铵675kg/hm²、磷酸二铵150kg/hm²、硫酸钾112.5kg/hm²。磷肥可一次底施，氮肥三段5次施。注意后肥不可偏多偏晚，以免贪青而造成迟熟。采取浅、湿、干相结合的管水方法，以浅为主。在拔节初期可排水晾田或烤田。在稻瘟病易发地块，在分蘖期和破口期各喷一次三环唑和井冈霉素混合液；在白叶枯易发地块，用噻枯唑等加强防治。注意防治二化螟、稻水象甲、稻纵卷叶螟等危害。

丹粳11 (Dangeng 11)

品种来源：丹东农业科学院稻作研究所从丹粳3号变异株中选择，采用系谱法选育而成。2003年通过辽宁省农作物品种审定委员会审定，审定编号为辽审稻2003118。

形态特征和生物学特性：粳型常规水稻，感光性弱，感温性中等，基本营养生长期短，属迟熟早粳。幼苗根系发达，株型紧凑，分蘖力较强，叶片短宽、直立，叶色浓绿，半直立穗型。颖壳黄色，种皮白色，无芒。全生育期161d，株高99.4cm，穗粒数113.8粒，结实率89.5%，千粒重25.7g。

品质特性：糙米率82.9%，精米率73%，整精米率63.2%，垩白粒率12%，垩白度1%，透明度1级，碱消值7级，胶稠度92mm，直链淀粉含量18.3%，蛋白质含量7.6%。

抗性：高抗穗颈瘟，中抗纹枯病、白叶枯病和稻曲病。

产量及适宜地区：2001年辽宁省晚熟区域试验，平均单产7 918.5kg/hm²，比对照东选2号平均增产12.9%；2002年续试，平均单产8 356.5kg/hm²，比对照东选2号增产9.7%；两年平均单产8 137.5kg/hm²，比对照东选2号增产11.2%。2002年生产试验，平均单产8 055kg/hm²，比对照东选2号增产10%。适宜在丹东、鞍山等辽宁南部地区种植。

栽培技术要点：丹东地区4月15日育苗，5月末至6月初插秧。旱育苗播量200g/m²，盘育苗手插秧每盘播种量60~70g，机器插秧每盘插量100g，行距30~33cm，株距14~18cm，每穴栽插3~4苗。施硫酸铵600kg/hm²，磷酸二铵150kg/hm²，硫酸钾112.5kg/hm²。磷肥一次底施，氮肥以底肥和分蘖肥为主，穗肥视长势和天气情况灵活掌握。采取浅、湿、干相结合的管水方法，以浅为主，在拔节初期可排水晾田或烤田，不宜深灌，严防倒伏。在稻瘟病和白叶枯病易发地块，用稻瘟灵、噻枯唑等药剂及时防治。注意要及时防治二化螟和稻水象甲、稻纵卷叶螟等。

丹粳12 (Dangeng 12)

品种来源：丹东农业科学院稻作研究所以丹粳7号/中丹2号为杂交组合，采用系谱法选育而成。原品系号为丹9818。2003年通过辽宁省农作物品种审定委员会审定，审定编号为辽审稻2003119。

形态特征和生物学特性：粳型常规水稻，感光性弱，感温性中等，基本营养生长期短，属早熟中粳。株型紧凑，叶片坚挺上举，茎叶淡绿，散穗型，主蘖穗整齐。颖壳黄色，种皮白色，长芒。全生育期170d，比对照东选2号晚熟7d，株高105.3cm，穗长20cm，穗粒数90.5粒。

品质特性：糙米率83.8%，精米率69.3%，垩白粒率19%，垩白度1.6%，胶稠度94mm，直链淀粉含量18.1%。

抗性：中感穗颈瘟病。

产量及适宜地区：2001—2002年两年辽宁省晚熟区域试验，平均单产7 938kg/hm²，比对照东选2号增产8.5%；2002年生产试验，平均单产8 245.5kg/hm²，比对照东选2号增产12.6%。一般单产7 500kg/hm²。适宜在黄渤海沿岸稻区种植。

栽培技术要点：稀播培育带蘖壮秧，适宜播种期为4月15～20日。5月20～25日插秧，行株距为30cm×13.3cm，每穴栽插3～4苗。全生育期施硫酸铵600kg/hm²，磷酸二铵150kg/hm²，硫酸钾112.5kg/hm²。磷、钾肥一次作为底肥施入，氮肥以底肥（50%）和分蘖肥（40%）肥为主，穗肥视长势和天气情况灵活掌握。化学并辅以人工除草。

丹粳2号 （Dangeng 2）

品种来源：丹东农业科学院从京引83变异株83-1-5中选择，采用系谱法选育而成。原品系号为69-2。1989年通过辽宁省农作物品种审定委员会审定，审定编号为辽审稻1989026。

形态特征和生物学特性：粳型常规旱稻，感光性弱，感温性中等，基本营养生长期短，属迟熟早粳。株型紧凑，叶片坚挺上举，茎叶浅淡绿，半直立穗型。颖壳黄色，种皮白色，无芒。全生育期150d，株高95cm，穗长16cm，有效穗数390万穗/hm²，穗粒数75粒，结实率90%，千粒重25g。

品质特性：糙米长宽比1.7，糙米率80%，精米率70%，整精米率65%。

抗性：中抗稻瘟病和白叶枯病，抗寒。

产量及适宜地区：1977—1978年两年辽宁省晚熟区域试验，平均单产5 235kg/hm²，比对照白金16增产8.5%。1979—1980年两年生产试验，平均单产7 440kg/hm²，比对照白金16增产13.5%。适宜在辽宁南部、东部、西部地区种植。

栽培技术要点：精细整地，全层一次施肥，做到氮、磷、钾配合；适时播种，覆膜旱种可在4月8～20日，裸地旱种可在4月中旬至5月初，根据秧苗长势，适当追补化肥，及时防治病虫害。

丹粳3号 (Dangeng 3)

品种来源：丹东农业科学院以关东60/黎明////红旗12/70-523//下北///砦1号为杂交组合，采用系谱法选育而成。1989年通过辽宁省农作物品种审定委员会审定，审定编号为辽审稻1989027。

形态特征和生物学特性：粳型常规水稻，感光性弱，感温性中等，基本营养生长期短，属迟熟早粳。株型紧凑，叶片披直，茎叶深绿，散穗型，分蘖力强，颖壳黄色，谷粒黄白，无芒。全生育期160d，株高105cm，穗长18cm，有效穗数390万穗/hm²，穗粒数100粒，结实率90%，千粒重25g。

品质特性：糙米长宽比1.9，糙米率85.2%，精米率79.3%，整精米率78.5%，垩白粒率4%，碱消值5级，胶稠度49mm，直链淀粉含量16.4%，蛋白质含量7.3%。

抗性：抗稻瘟病、白叶枯病、中抗纹枯病、稻曲病，抗倒伏中等。

产量及适宜地区：1984—1985年两年辽宁省晚熟区域试验，平均单产6 171kg/hm²，比对照中丹2号增产19.6%。1986—1987年两年生产试验，平均单产6 750kg/hm²，比对照中丹2号增产8.8%。适宜在辽宁东南沿海及北京、天津地区种植。

栽培技术要点：4月10～15日播种，采用旱育秧，播种量催芽种子250g/m²；5月25～30日插秧，行株距30cm×（13.2～16.5）cm，每穴栽插3苗。农家肥与化肥配合施用，中等肥力田块施硫酸铵600kg/hm²、磷酸二铵150kg/hm²、硫酸钾112.5kg/hm²、复合微肥45kg/hm²。施行浅水灌溉，干湿结合的灌水方法；7月上中旬注意防治二化螟，抽穗前及时防治稻瘟病等病虫害。

丹粳4号 （Dangeng 4）

品种来源：丹东农业科学院稻作研究所水稻试验站从B74中选出的变异株，采用系谱法选育而成。原品系号为85-3。1993年通过辽宁省农作物品种审定委员会审定。审定编号为辽审稻1993042。

形态特征和生物学特性：粳型常规水稻，感光性弱，感温性中等，基本营养生长期短，属迟熟早粳。株型紧凑，顶叶上竖，叶色较浓，散穗型，分蘖期集中，颖壳黄白，稀顶芒。全生育期160d，比晚熟品种京越1号早熟10d，株高105cm，穗长18.7cm，有效穗数375万穗/hm^2，穗粒数90.0粒，结实率90%，千粒重25g。

品质特性：糙米率82.7%，精米率72.7%，整精米率68.5%，垩白度1.8%，直链淀粉含量13.3%，蛋白质含量7.7%。

抗性：抗稻瘟病、纹枯病和稻曲病，中抗恶苗病和白叶枯病，耐肥，抗倒伏，耐盐碱，抗寒。

产量及适宜地区：1989年辽宁省晚熟区域试验，平均单产7 351.5kg/hm^2，比对照丹粳1号平均单产7 129.5kg/hm^{2}增产3.1%；1990年续试，平均单产6 955.5kg/hm^2，比对照丹粳1号平均单产6 439.5kg/hm^{2}增产8%；两年平均单产7 140kg/hm^2，比对照丹粳1号平均单产6 784.5kg/hm^{2}增产5.4%。1991—1992年两年生产试验，平均单产7 897.5kg/hm^2，比对照丹粳3号平均单产7 428kg/hm^{2}增产6.3%。适宜在辽宁东港、振安、凤城、岫岩、庄河、普兰店、瓦房店等地和陕西、新疆阿拉尔及京津冀等地稻区种植。

栽培技术要点：4月15～20日播种，采用旱育秧，播种量200g/m^2。5月25～30日插秧，行株距30cm×（13～17）cm，施硫酸铵750kg/hm^2，磷酸二铵135kg/hm^2，硫酸钾105kg/hm^2。磷肥全部作底肥，钾肥作底肥和追肥。氮肥本着重施底肥，早施蘖肥，分4次施，各次的比例为40%、25%、15%和20%。灌溉应采取分蘖期浅、孕穗期深、籽粒灌浆期浅的灌溉方法；7月上中旬注意防治二化螟，抽穗前及时防治稻瘟病等病虫害。

丹粳5号（Dangeng 5）

品种来源：丹东农业科学院以5057//IR26/早丰R为杂交组合，采用系谱法选育而成。原品系号为旱5-55。1992年通过辽宁省农作物品种审定委员会审定，审定编号为辽审稻1992039。

形态特征和生物学特性：粳型常规旱稻，感光性弱，感温性中等，基本营养生长期短，属迟熟早粳。茎秆粗壮，叶片较宽短、上冲，叶色浓绿，株型较理想，根系发达，分蘖力较强。半紧穗型，成熟时穗半垂，粒椭圆形，颖壳黄色，种皮白色，无芒。旱田种植从出苗至成熟生育日数140d，株高90cm，穗长14.4cm，穗粒数119.2粒，结实率80%，千粒重24g。

品质特性：糙米率80%，垩白粒率0.3%。

抗性：抗稻瘟病，较抗纹枯病，中抗稻曲病。

产量及适宜地区：1990—1991年两年辽宁省旱稻中晚熟区域试验，平均单产5 875.5kg/hm²，比对照旱72增产24.4%。1991—1992年两年生产试验，平均单产7 719kg/hm²，比对照旱72增产27.4%。适宜在辽宁丹东、兴城、绥中及辽阳以南的低洼易涝地、水稻望天田或有灌水条件的旱平地栽培。在河南等省可作麦茬稻栽培。

栽培技术要点：平作或畦作开沟条播，沟深5cm，行距30cm，播幅6cm。播种量112.5kg/hm²。播种后必须踩好底格子，覆土（2cm）后压实。播种时间同当地玉米。播种前浸种3～5d（包衣种子除外）。连作地块应增施农家肥。开沟后施种肥磷酸二铵180kg/hm²和硫酸铵225kg/hm²，分蘖始期施硫酸铵450kg/hm²，视长势酌情补肥，并应重视硅、钾肥的施用。施除草剂两次，第一次在出苗前进行土壤封闭，丁草胺4.5kg/hm²加农时它4.5kg/hm²，喷洒（土干时必须加大水量）；第二次在出苗后稗草2叶时选晴天消露后进行茎叶处理，敌稗12kg/hm²加丁草胺3kg/hm²和二甲四氯1.5kg/hm²喷洒。用种衣剂包种或用辛硫磷拌种防治地下害虫。

丹粳6号（Dangeng 6）

品种来源：丹东农业科学院以里穗波/BL1///IR26/丰锦//57-167为杂交组合，采用系谱法选育而成。原品系号为旱6-37。1996年通过辽宁省农作物品种审定委员会审定，审定编号为辽审稻1996055。

形态特征和生物学特性：粳型常规旱稻，感光性弱，感温性中等，基本营养生长期短，属迟熟早粳。株型紧凑，叶片较宽长，前期披弯，后期叶片上举。叶色绿，分蘖力中等，根系发达。散穗型，颖壳黄色，种皮白色，稀短芒。旱田种植从出苗到成熟全生育期130d，株高89cm，穗长15.4cm，有效穗数390万穗/hm^2，穗粒数104.4粒，结实率85%，千粒重25g。

品质特性：整精米率71%，胶稠度91mm，直链淀粉含量15.4%，蛋白质含量9.9%，赖氨酸含量0.5%。

抗性：中抗稻瘟病，抗稻曲病，耐旱。

产量及适宜地区：1991—1992年两年辽宁省旱稻中晚熟区域试验，平均单产6 145.5kg/hm^2，比对照旱72增产14.7%。1993—1994年两年生产试验，平均单产7 114.5kg/hm^2，比对照旱72增产23.4%。适宜在辽宁兴城、绥中、朝阳、沈阳、营口、大连及河北低洼易涝地、水稻"望天田"或有灌水条件的旱平地种植。

栽培技术要点：平作或畦作开沟条播，沟深5cm，行距30cm，播幅6cm。播种量112.5kg/hm^2。播种后必须踩好底格子，覆土（2cm）后压实。播种时间同当地玉米。播种前，浸种3～5d（包衣种子除外）。连作地块应增施农家肥。开沟后施种肥磷酸二铵180kg/hm^{2}和硫酸铵225kg/hm^2，分蘖始期追施硫酸铵375kg/hm^2，视长势酌情补肥，并应重视硅、钾肥的施用。丹东等稻瘟病重发区，氮肥用量应酌减。施除草剂两次，第一次在出苗前进行土壤封闭，丁草胺4.5kg/hm^{2}加农时它4.5kg/hm^{2}对水喷洒（土干时必须加大水量）；第二次在出苗后稗草2叶时选晴天消露后进行茎叶处理，敌稗12kg/hm^{2}加丁草胺3kg/hm^{2}和二甲四氯1.5 kg/hm^{2}对水喷雾。

丹粳7号 （Dangeng 7）

品种来源：丹东农业科学院稻作研究所水稻试验站以中花9号/7041为杂交组合，采用系谱法选育而成。原品系号为88-4-119。1997年通过辽宁省品种审定委员会审定，审定编号为辽审稻1997062。

形态特征和生物学特性：粳型常规水稻，感光性弱，感温性中等，基本营养生长期短，属早熟中粳。株型紧凑，叶片清秀，剑叶上举，半松散穗型，分蘖力强。颖壳黄白，稀短芒。全生育期170d，株高105cm，穗长16.8cm，穗粒数83.0粒，结实率85%，千粒重26.6g。

品质特性：糙米率83.1%，精米率74.7%，整精米率68.3%，垩白粒率11%，胶稠度96mm，直链淀粉含量14.7%，蛋白质含量7%。

抗性：苗期抗寒，中抗稻瘟病，抗稻曲病，中抗纹枯病和白叶枯病，中抗倒伏。

产量及适宜地区：1992年北方稻区中粳中熟区域试验，平均单产8 257.5kg/hm²，比对照中花8号增产14.3%；1993年续试，平均单产8 176.5kg/hm²，比对照中花8号增产16.1%；两年平均单产8 220kg/hm²，比对照中花8号增产15.2%。1994年生产试验，平均单产7 411.5kg/hm²，比对照京越1号增产13.2%；1995年生产试验，平均单产7 308kg/hm²，比对照京越1号增产10.4%；两年平均单产7 360.5kg/hm²，比对照京越1号增产11.8%。适宜辽宁东南沿海及京津唐地区，可作一季稻栽培。

栽培技术要点：4月10～15日播种，采用旱育秧，播种量旱育苗200g/m²；5月20～25日移栽，行株距30cm×18cm，每穴栽插2～3苗。施硫酸铵600kg/hm²，磷酸二铵112.5kg/hm²，硫酸钾90kg/hm²。磷肥一次底施，氮肥三段分5次施。采取浅、湿、干相结合的灌溉方法，以浅为主，在拔节初期可排水晾田或烤田，不宜深灌，严防倒伏。7月上中旬注意防治二化螟，抽穗前及时防治稻瘟病等病虫害。

丹粳8号 （Dangeng 8）

品种来源：丹东农业科学院稻作研究所以丹粳2号/中院P237为杂交组合，采用系谱法选育而成。1999年通过辽宁省农作物品种审定委员会审定，审定编号为辽审稻1999074。

形态特征和生物学特性：粳型常规旱稻，感光性弱，感温性中等，基本营养生长期短，属迟熟早粳。株型紧凑，分蘖力较强，根系发达，叶色较浓绿，叶片较短，茎叶浅淡绿，半直立穗型，颖壳黄色，种皮白色，无芒。旱田种植从出苗至成熟全生育期130d，株高95cm，穗长15.2cm，有效穗数360万穗/hm²，穗粒数90.3粒，结实率95%，千粒重25g。

品质特性：糙米率84.4%，精米率77.5%，整精米率73.2%，垩白粒率9%，胶稠度95mm，直链淀粉含量17.8%，蛋白质含量9.6%，国标一级优质米标准。

抗性：抗稻瘟病，抗旱性较强。

产量及适宜地区：1995—1996年两年辽宁省旱稻中晚熟区域试验，平均单产5 565kg/hm²，比对照旱72增产13.6%。1997—1998年两年生产试验，平均单产6 388.5kg/hm²，比对照旱72增产24.4%。适宜在辽宁丹东、营口、庄河、兴城等地及河北等低洼地、缺水的水稻"望天田"及有一定灌水条件的旱平地种植。

栽培技术要点：4月末至5月初播种，5月中下旬出苗，8月中旬抽穗，9月下旬成熟。通常是在旱地直播栽培，尤其适于低洼地和缺水的水稻田种植，整个生长季不需水层，全靠自然降雨或在干旱发生到一定程度时辅以适量灌水的稻作，其种植管理方式与小麦相似。平

作或畦作开沟条播，播种量112.5kg/hm²，在辽宁播种时间同当地玉米。耙地前施农家肥30 000kg/hm²。开沟后施水稻专用复合肥300kg/hm²和尿素150kg/hm²及多元微肥37.5kg/hm²。分蘖期追施尿素150kg/hm²，视长势和气候条件酌情补肥。有条件的地区可结合旋耕将化肥量的60%实行全层施肥，余量用作播种时施肥和追肥。视杂草种类和基数，选用不同除草剂配方。用种衣剂包种或用甲基异柳磷拌种防治地下害虫。

丹粳9号 (Dangeng 9)

品种来源：丹东农业科学院稻作研究所水稻试验站和东港市示范繁殖农场以丹繁4号/丹253为杂交组合，采用系谱法选育而成。原品系号为丹9334。2001年通过辽宁省农作物品种审定委员会审定，审定编号为辽审稻2001098。

形态特征和生物学特性：粳型常规水稻，感光性弱，感温性中等，基本营养生长期短，属迟熟早粳。株型紧凑，顶叶上举，茎叶淡绿，半散穗型，分蘖力强。颖壳黄色，种皮白色，无芒。全生育期165d，株高115cm，穗长18.5cm，穗粒数108.0粒，结实率84.2%，千粒重26.6g。

品质特性：糙米粒长5.1mm，糙米长宽比1.8，糙米率83.1%，精米率75.4%，整精米率74.1%，垩白粒率30%，垩白度3.9%，胶稠度71mm，直链淀粉含量18.3%，蛋白质含量7.9%。

抗性：中抗纹枯病、稻瘟病、稻曲病和白叶枯病。

产量及适宜地区：1998—1999年两年辽宁省晚熟区域试验，平均单产8 020.5kg/hm²，比对照京越1号增产13.5%。2000年生产试验，平均单产8 092.5kg/hm²，比对照东选2号增产16.4%。2000年北方稻区中早粳晚熟区域试验，平均单产8 691kg/hm²，比对照中丹2号增产0.8%。适宜在辽宁南部、河北中部、山西北部、陕西西部及新疆中部等区域种植，在京津唐地区可作一季稻栽培。

栽培技术要点：在丹东地区以4月10～15日育苗，5月20～25日插秧为宜。壮秧稀插：普通旱育苗播量200g/m²，盘育苗手插秧每盘播量60～70g/m²，机器插秧每盘播量100g/m²。行株距以33cm×14cm或30cm×18cm，每穴栽插2～3苗。一般肥力地块，施硫酸铵600kg/hm²、磷酸二铵112.5kg/hm²、硫酸钾112.5kg/hm²。注意后肥不可偏多偏晚，以免贪青而造成迟熟或倒伏等。采取浅、湿、干相结合的灌溉方法，以浅为主，在拔节初期可排水晾田或烤田，不宜深灌，严防倒伏。在稻瘟病易发地块，在分蘖期和破口期各喷一次三环唑和井冈霉素混合液；在白叶枯病易发地块，用噻枯唑等加强防治。注意防治二化螟、稻水象甲、稻纵卷叶螟等危害。

丹糯2号 （Dannuo 2）

品种来源：丹东农业科学院稻作研究所水稻试验站以丹粳4号/辽盐糯4号为杂交组合，采用系谱法选育而成。2001年通过辽宁省农作物品种审定委员会审定，审定编号为辽审稻2001088。

形态特征和生物学特性：粳型常规糯性水稻，感光性弱，感温性中等，基本营养生长期短，属迟熟早粳。株型紧凑，叶片清秀上举，茎叶深淡绿，直立穗型，分蘖力强。颖壳黄色，种皮白色，无芒。全生育期162d，株高100cm，穗长15cm，穗粒数100.0粒，结实率85%，千粒重23.5g。

品质特性：糙米粒长4.6mm，糙米长宽比1.6，糙米率82.6%，精米率73.6%，整精米率63.6%，胶稠度100mm，直链淀粉含量1.5%，蛋白质含量7.5%。

抗性：中抗叶瘟病，抗穗颈瘟病，中抗纹枯病、稻曲病。

产量及适宜地区：1997—1998年两年辽宁省晚熟区域试验，平均单产6 864kg/hm^2，比对照京越1号增产5.6%，比对照丹粳4号增产2.1%。1999—2000年两年生产试验，平均单产7 794kg/hm^2，比对照品种（京越1号、丹粳4号）增产9.9%。一般单产7 500kg/hm^2。适宜在辽宁南部、河北中部、山西北部、陕西西部及新疆中部等地种植。

栽培技术要点：4月20～25日播种，采用旱育秧，播种量干种200g/m^2；5月末至6月初移栽，行株距30cm×14cm，每穴栽插3～5苗。施硫酸铵675kg/hm^2，磷酸二铵112.5kg/hm^2，磷肥一次底施，氮肥分三段5次施，切忌后肥偏多偏晚。灌溉应采取浅、湿、干相结合的灌溉方法，以浅为主，在拔节初期可排水晾田或烤田；7月上中旬注意防治二化螟，抽穗前及时防治稻瘟病等病虫害。

稻峰1号 （Daofeng 1）

品种来源：庄河市新玉种业有限公司辽粳454/中辽9052为杂交组合，采用系谱法选育而成。原品系号为DX-8。2010年通过辽宁省农作物品种审定委员会审定，审定编号为辽审稻2010244。

形态特征和生物学特性：粳型常规水稻，感光性弱，感温性中等，基本营养生长期短，属迟熟早粳。株型紧凑，分蘖力中上等，叶片坚挺上举，茎叶深绿，半直立穗型。颖色及颖尖均呈黄色，种皮白色，稀顶芒。全生育期163d，株高112.2cm，穗长20.2cm，穗粒数137.0粒，结实率90.2%，千粒重25.2g。

品质特性：糙米长宽比1.8，糙米率81.7%，精米率73.3%，垩白粒率9%，垩白度0.7%，胶稠度62mm，直链淀粉含量17.7%，蛋白质含量8.9%，部颁一级优质米标准。

抗性：高抗白叶枯，轻感稻曲病，轻感纹枯病，抗条纹叶枯病、穗颈瘟。

产量及适宜地区：2008年辽宁省晚熟区域试验，平均单产7 060.5kg/hm²，比对照庄育3号增产9.3%；2009年续试，平均单产8 541kg/hm²，比对照港源8号增产10.7%；两年平均单产7 801.5kg/hm²，比对照增产10.1%。2009年生产试验，平均单产8 004kg/hm²，比对照港源8号增产3%。适宜在大连、丹东等辽宁南部稻区种植。

栽培技术要点：庄河地区4月20日播种，5月末插秧。旱育苗播种量200g/m²，盘育苗手插秧每盘播种量60～70g，行距30cm，株距14～16cm，每穴栽插2～3苗。硫酸铵825kg/hm²，磷酸二铵187.5kg/hm²，硫酸钾150kg/hm²。于移栽前施入氮肥总量的30%和50%的钾肥及全部的磷酸二铵。6月10日施入氮肥总量的35%。6月25日施入氮肥总量的20%和余下的钾肥。7月20日前后，施入氮肥总量的15%。水分管理做到浅水插秧，寸水缓苗，浅水分蘖，有效分蘖末期适时晒田，采取浅、湿、干间歇灌溉。防治病虫于6月上旬防治稻水象甲、稻飞虱，6月下旬至7月上旬，注意防治二化螟、稻飞虱，8月防治卷叶虫、稻飞虱。

东选2号 （Dongxuan 2）

品种来源：东港市农业技术推广中心农科所以辽粳5//C20/丰锦为杂交组合，采用系谱法选育而成。原品系区号为76。1997年通过辽宁省农作物品种审定委员会审定，审定编号为辽审稻1997059。

形态特征和生物学特性：粳型常规水稻，感光性弱，感温性中等，基本营养生长期短，属迟熟早粳。株型紧凑，叶片直立，茎叶深绿，散穗型，分蘖力较强。颖壳黄白，无芒。全生育期165d，株高100cm，穗长17cm，有效穗数375万穗/hm²，穗粒数100.0粒，结实率90%，千粒重25g。

品质特性：糙米率82.1%，精米率76.1%，整精米率72.9%，垩白粒率14%，胶稠度95mm，直链淀粉含量16.8%，蛋白质含量7.6%。

抗性：抗稻瘟病，轻感纹枯病，中感稻曲病，耐肥，抗倒伏。

产量及适宜地区：1994—1995年两年辽宁省晚熟区域试验，平均单产6 745.5kg/hm²，比对照京越1号增产10.6%。1995—1996年两年生产试验，平均单产7 263kg/hm²，比对照京越1号增产12.8%。适宜在辽宁丹东、大连等地区种植，省外可向北京、天津、河北等地推荐试种。

栽培技术要点：4月10～15日播种，5月25～30日插秧。旱育苗播种150g/m²。水源好、地力中等的田块插秧密度30cm×（16.6～20）cm，水源或地力差的田块，插秧密度30cm×13.3cm，每穴3苗。农家肥与化肥配合施用，中等肥力田块施硫酸铵555kg/hm²，磷酸二铵150kg/hm²，硫酸钾112.5kg/hm²，复合微肥45kg/hm²。采用浅水灌溉、干湿结合的灌溉方法。

东壮1018（Dongzhuang 1018）

品种来源：大石桥市农业技术推广中心与辽宁丰华发展集团东壮种业有限公司以营8433/盐丰47为杂交组合选育而成。2010年通过辽宁省农作物品种审定委员会审定，审定编号为辽审稻2010239。

形态特征和生物学特性：粳型常规水稻，感光性弱，感温性中等，基本营养生长期短，属迟熟早粳。苗期叶色浓绿，叶片直立，株型紧凑，分蘖力强，颖壳黄色，有芒。全生育期162d，株高95.8cm，穗长15.4cm，穗粒数127.9粒，千粒重24.9g。

品质特性：糙米粒长4.7mm，糙米长宽比1.6，糙米率82.6%，精米率73.7%，整精米率70.7%，垩白粒率26%，垩白度5%，透明度2级，碱消值7级，胶稠度80mm，直链淀粉含量16.4%，蛋白质含量9.5%。

抗性：中抗苗瘟和叶瘟，感穗颈瘟，孕穗期耐冷，抗旱中等，耐盐中等。

产量及适宜地区：2008—2009年两年辽宁省中晚熟区域试验，平均单产10 222.5kg/hm²，比对照辽粳9号增产10.6%。2009年生产试验，平均单产10 074kg/hm²，比对照辽粳9号增产11.7%。适宜在沈阳以南稻区种植。

栽培技术要点：4月10～15日播种，5月20～25日插秧，行株距30cm×（13.3～16.6）cm，每穴栽插3～4苗；施硫酸铵1 275 kg/hm²，磷酸二铵240kg/hm²或过磷酸钙900kg/hm²、钾肥135kg/hm²、锌肥30kg/hm²、硅肥420kg/hm²；生育期间采取浅水灌溉和干湿交替的水层管理；注意防治病虫害。

丰锦 (Fengjin)

品种来源：辽宁省1970年从日本引进原名为农林199，系谱为屉锦/奥羽239。1974年经辽宁省农作物品种审定委员会审定推广，审定编号为辽审稻1974002。

形态特征和生物学特性：属粳型常规水稻。感光性弱，感温性中等，基本营养生长期短，属迟熟早粳。分蘖力强，株型紧凑，茎秆细韧，叶片稍长，叶鞘、叶缘、叶枕均为浅绿色。抽穗整齐，成穗率高，穗弧形，谷粒椭圆形，稀短芒，颖壳黄色，颖尖棕黄色，米青白色。全生育期160d，株高105cm，主茎16片叶，穗长18cm，有效穗数450万穗/hm^2，穗粒数65粒，结实率89.2%，千粒重25g。

品质特性：糙米率83.5%，蛋白质含量7.5%，脂肪含量1.5%。

抗性：中抗稻瘟病和纹枯病，轻感稻曲病，耐低温，耐肥，抗倒伏。

产量及适宜地区：一般单产7 500kg/hm^2。适宜在辽宁沈阳、辽阳、鞍山、营口、盘锦、锦州等地种植。

栽培技术要点：适宜在中上等肥力条件下种植，在增施农家肥的基础上，全生育期施纯氮135kg/hm^2。播前种子严格消毒，防治恶苗病。4月上旬播种，5月中旬插秧，行株距30cm×13cm，每穴栽插3～4苗。浅水灌溉为主，干湿结合，以防倒伏。及时防治病、虫、草害。

丰民 2102 (Fengmin 2102)

品种来源：辽宁丰民农业高新技术有限公司以294/盐丰47///1032/旱72//越之华为杂交组合，采用系谱法选育而成。原品系号为丰民2102。2005年通过辽宁省农作物品种审定委员会审定，审定编号为辽审稻2005142。

形态特征和生物学特性：粳型常规水稻，感光性弱，感温性中等，基本营养生长期短，属迟熟早粳。株型紧凑，分蘖力较强，叶片直立，叶色浓绿，半直立穗型。颖壳黄白，种皮白色，黄白色芒。全生育期160d，株高110cm，穗长20cm，穗粒数140.0粒，千粒重26g。

品质特性：糙米粒长4.8mm，糙米长宽比1.7，糙米率82.5%，精米率72.3%，整精米率64.2%，垩白粒率8%，垩白度0.8%，胶稠度76mm，直链淀粉含量16.6%，蛋白质含量8.3%。

抗性：抗穗颈瘟。

产量及适宜地区：2003—2004年两年辽宁省中晚熟区域试验，平均单产9 310.5kg/hm²，比对照辽粳294增产6.1%。2004年生产试验，平均单产9 736.5kg/hm²，比对照辽粳294增产8.5%。适宜在沈阳以南稻区种植。

栽培技术要点：4月上旬播种，培育壮秧，播种量为150～200g/m²；5月中下旬插秧，肥力一般时行株距30cm×16.6cm，肥力高时行株距33cm×16.6cm，每穴栽插3～4苗。全生育期施硫酸铵1 050kg/hm²、磷酸二铵225kg/hm²、硫酸钾210kg/hm²（分3次施入）。节水栽培，浅、湿、干相结合灌溉。化学并辅以人工除草。注意防治二化螟和稻曲病。

福粳2103（Fugeng 2103）

品种来源：辽宁省沈阳仙禾种业有限公司从辽粳294繁殖田中的一穴早熟大穗变异株系选育而成。原品系号为2103。2006年通过辽宁省农作物品种审定委员会审定，审定编号为辽审稻2006179。

形态特征和生物学特性：粳型常规水稻，感光性弱，感温性中等，基本营养生长期短，属中熟早粳。株型紧凑，分蘖力强，叶片直立上耸，叶色浓绿，半松散穗型。颖壳黄白，种皮白色，有稀短芒。全生育期154d，株高105cm，穗长18cm，穗粒数130粒，千粒重27g。

品质特性：糙米粒长4.9mm，糙米长宽比1.7，糙米率83.4%，精米率75.3%，整精米率67.8%，垩白粒率8%，垩白度0.8%，胶稠度72mm，直链淀粉含量16.2%，蛋白质含量8.6%。

抗性：中感穗颈瘟。

产量及适宜地区：2004—2005年两年辽宁省中熟区域试验，平均单产8 469kg/hm²，比对照辽盐16增产1.8%。2006年生产试验，平均单产8 703kg/hm²，比对照辽粳371增产8.5%。适宜在沈阳以北稻区种植。

栽培技术要点：4月初播种，培育壮秧，播种量为200g/m²；5月中旬插秧，行株距30cm×16.6cm，每穴栽插3～4苗。一般施硫酸铵900kg/hm²，磷肥150kg/hm²，钾肥225kg/hm²。水层管理采取浅、湿、干间歇节水灌溉技术，生育后期不能断水过早，以防早衰；注意防治稻瘟病。在出穗前初期和齐穗期各喷一次稻瘟灵防治稻瘟病。注意防治稻水象甲、二化螟和稻纵卷叶螟等虫害。

福粳8号 （Fugeng 8）

品种来源：沈阳仙禾种业有限公司以辽粳294/籼粳交后代S247为杂交组合，采用系谱法选育而成。原品系号为仙S38。2006年通过辽宁省农作物品种审定委员会审定，审定编号为辽审稻2006184。

形态特征和生物学特性：粳型常规水稻，感光性弱，感温性中等，基本营养生长期短，属迟熟早粳。株型紧凑，分蘖力极强，叶片短直，叶色浓绿，半松散穗型。颖壳黄白，种皮白色，有稀短芒。全生育期160d，株高102cm，穗长16.5cm，穗粒数125.0粒，千粒重23.5g。

品质特性：糙米粒长5mm，糙米长宽比1.8，糙米率82.1%，精米率72.8%，整精米率67.2%，垩白粒率6%，垩白度0.6%，胶稠度84mm，直链淀粉含量16.9%，蛋白质含量7.8%。

抗性：中抗穗颈瘟。

产量及适宜地区：2005—2006年两年辽宁省中晚熟区域试验，平均单产9 607.5kg/hm²，比对照辽粳294增产11.4%。2006年生产试验，平均单产9 750kg/hm²，比对照辽粳294增产9.5%。适宜在沈阳以南稻区种植。

栽培技术要点：4月初播种，培育壮秧，播种量为200g/m²；5月中旬插秧，行株距30cm×（13.3～16.6）cm，每穴栽插3～4苗。一般施硫酸铵900kg/hm²，磷肥150kg/hm²，钾肥225kg/hm²。水稻生育期间，采用浅水灌溉和干干湿湿的水层管理；注意综合防治病虫害。在出穗前初期和齐穗期各喷一次稻瘟灵防治稻瘟病。注意防治稻水象甲、二化螟和稻纵卷叶螟等虫害。

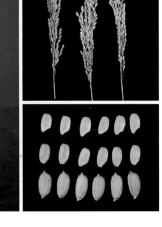

福星90 (Fuxing 90)

品种来源：开原市好收成农作物研究所以通丰9/通丰8//通丰6为杂交组合，采用系谱法选育而成。2010年通过辽宁省农作物品种审定委员会审定，审定编号为辽审稻2010231。

形态特征和生物学特性：中早熟品种，感光性弱，感温性中等，基本营养生长期短，属早熟早粳。苗期叶色绿，叶片短宽直立，株型紧凑，分蘖力强，散穗型，颖壳黄色，有稀短芒。全生育期148d，株高95.2cm，穗长19～21cm，穗粒数131.4粒，结实率83.5%，千粒重23.4g。

品质特性：糙米粒长4.6mm，糙米长宽比1.7，糙米率84.4%，精米率75.6%，整精米率72.3%，垩白粒率14%，垩白度2.5%，透明度1级，碱消值7级，胶稠度78mm，含直链淀粉16.7%、蛋白质7.8%。

抗性：抗穗颈瘟。

产量及适宜地区：2008—2009年两年辽宁省中早熟区域试验，平均单产8 350.5kg/hm²，比对照沈农315增产9%。2009年生产试验，平均单产8 317.5kg/hm²，比对照沈农315增产12.6%。适宜在辽宁东部及北部稻区种植。

栽培技术要点：4月10日播种，5月20日移栽，行株距30cm×（13.2～16.5）cm，每穴栽插3～5苗；施硫酸铵825kg/hm²、磷肥600kg/hm²、钾肥225kg/hm²；采取浅、湿、干交替灌溉；注意防治纹枯病、二化螟。

抚105 (Fu 105)

品种来源：辽宁省抚顺市农业科学研究院以新香糯/抚8510为杂交组合，采用系谱法选育而成。原品系号为抚105。2005年通过辽宁省农作物品种审定委员会审定，审定编号为辽审稻2005121。

形态特征和生物学特性：粳型常规水稻，感光性弱，感温性中等，基本营养生长期短，属早熟早粳。株型紧凑，分蘖力较强，叶片坚挺上举，茎叶淡绿，散穗型。颖壳黄色，种皮白色，无芒。全生育期145d，株高103.2cm，穗长16cm，穗粒数89.0粒，结实率88.1%，千粒重26.2g。

品质特性：糙米粒长5mm，糙米长宽比1.8，糙米率82.3%，精米率74.3%，整精米率68.7%，垩白粒率6%，垩白度0.7%，透明度2级，碱消值7级，胶稠度70mm，直链淀粉含量17.5%，糙米蛋白质含量8.6%。

抗性：抗穗颈瘟病。

产量及适宜地区：2002—2003年两年辽宁省中早熟区域试验，平均单产8 676kg/hm²，比对照铁粳5号增产8.4%；2003年生产试验，平均单产8 193kg/hm²，比对照铁粳5号增产12.5%。适宜在辽宁东北部冷凉稻区种植。

栽培技术要点：4月上中旬播种，旱育稀播育壮秧；5月中下旬移栽，行株距30cm×16.5cm，每穴栽插3～4苗。施硫酸铵825kg/hm²，并配合施用农家肥，化学并辅以人工除草，浅、湿、干相结合灌水，及时防治病虫害。

抚218 (Fu 218)

品种来源：辽宁省抚顺市农业科学研究院以辽盐6/抚8510为杂交组合，采用混合系谱法选育而成。原品系号为抚218。2005年通过辽宁省农作物品种审定委员会审定，审定编号为辽审稻2005134。

形态特征和生物学特性：粳型常规水稻，感光性弱，感温性中等，基本营养生长期短，属早熟早粳。株型紧凑，分蘖力中等，叶片坚挺上举，叶色较绿，松散弯曲穗型。颖壳黄色，种皮白色，无芒。全生育期149d，株高100.1cm，穗粒数113.7粒，结实率90.3%，千粒重25.8g。

品质特性：糙米粒长4.9mm，糙米长宽比1.8，糙米率83.2%，精米率75%，整精米率73.3%，垩白粒率18%，垩白度2.4%，透明度1级，碱消值7级，胶稠度86 mm，直链淀粉含量17%，蛋白质含量7.4 %。

抗性：中抗穗颈瘟。

产量及适宜地区：2003—2004年两年辽宁省中早熟区域试验，平均单产8 740.5kg/hm²，比对照铁粳5号增产13.7%；2004年生产试验，平均单产8 970kg/hm²，比对照铁粳5号增产18.9%。适宜在辽宁东北部冷凉稻区种植。

栽培技术要点：4月上旬播种，旱育稀播育壮秧；5月下旬移栽，行株距30cm×16.6cm，每穴栽插2～3苗。施硫酸铵825kg/hm²，并配合施用磷钾肥，其中底肥占45%，返青肥占25%，蘖肥占20%，穗粒肥占10%。主要用丁草胺、苄嘧磺隆等防除杂草，并辅以人工除草。浅、湿、干相结合灌水，及时防治潜叶蝇、负泥虫和象甲等病虫害。

抚粳1号（Fugeng 1）

品种来源：中国农林科学院农业研究所以城堡1号/黎明为杂交组合，采用系谱法选育而成。原代号为清杂54。1981年通过辽宁省农作物品种审定委员会审定，统一编号为辽粳7号，审定编号辽审稻1981009。

形态特征和生物学特性：粳型常规水稻。感光性弱，感温性中等，基本营养生长期短，属早熟早粳。分蘖力强，株型紧凑，茎秆坚硬，叶片较直立，叶色深绿，半散穗型，主蘖穗整齐，灌浆速率快。颖壳黄色，种皮白色，无芒。全生育期145d，株高94cm，穗长18cm，有效穗数450万穗/hm²，穗粒数80粒，结实率90%，千粒重27g。

品质特性：糙米率82%，精米率75%。

抗性：抗稻瘟病，轻感纹枯病和稻曲病，耐冷，耐肥，抗倒伏。

产量及适宜地区：1979—1980年两年辽宁省中早熟区域试验，平均单产7 368kg/hm²，比对照京引127增产6.64%。1980—1981年两年生产试验，平均单产7 470kg/hm²，比对照京引127增产22.3%。一般单产8 250kg/hm²。适宜在辽宁东北部新宾、桓仁、清原、西丰、抚顺、铁岭、开原、宽甸、岫岩等地和沈阳、辽阳部分地区及河北涿鹿、怀来，吉林辉南、梅河、集安、永吉等地种植。

栽培技术要点：选择中等肥力地块栽植。适时早播、稀播旱育秧。4月中旬播种育苗，播种量150g/m²；行株距30cm×10cm，每穴栽插3～4苗。施足农家肥，氮、磷、钾配方施肥，施纯氮135kg/hm²，基肥占40%～50%，追肥分期早施，施好穗肥。浅水灌溉为主，干湿结合。根据长相适当晒田，保持活秆成熟，撤水不宜过早。

抚粳2号（Fugeng 2）

品种来源：辽宁省抚顺市农业科学研究院以黎明/BL1为杂交组合，采用系谱法选育而成。原品系号为7530-4-3-2。1987年通过辽宁省农作物品种审定委员会审定，审定编号为辽审稻1987020。

形态特征和生物学特性：粳型常规水稻，感光性弱，感温性中等，基本营养生长期短，属中熟早粳。株型紧凑，茎秆坚韧，分蘖力较强，叶片直立，叶色浓绿，半散穗型。颖壳黄白，种皮白色，稀短芒。全生育期150d，株高95cm，穗长18cm，有效穗数450万穗/hm²，穗粒数95粒，结实率85%，千粒重26g。

品质特性：糙米率82.6%，精米率74.2%，整精米率69.8%，直链淀粉含量15.2%，蛋白质含量8.1%。

抗性：抗稻瘟病、稻曲病和纹枯病，耐冷，耐肥，抗倒伏。

产量及适宜地区：一般单产8 250kg/hm²。适宜在辽宁东北部开原、铁岭、沈阳、抚顺、辽阳、本溪、清原、新宾、桓仁等地及河北北部稻区种植。

栽培技术要点：适时早播，稀播种育壮秧。4月上中旬播种，播干种子150g/m²。5月末插秧，行株距30cm×13cm，每穴栽插4～5苗。加强肥水管理，促进早分蘖，增加有效穗数。防治病虫害，促进早熟，提高结实率。施足农家肥，氮、磷、钾配方施肥，施硫酸铵750kg/hm²，基肥占40%～50%，追肥分期早施，施好穗肥，做到前促早生快发，中控稳而不脱肥，后保健而不贪青，活秆成熟。以浅水灌溉为主，干湿结合，适时晒田，成熟阶段间歇灌溉。

抚粳3号 （Fugeng 3）

品种来源：辽宁省抚顺市农业科学研究院水稻研究所以科普1号/粳75-2-3-2为杂交组合，采用系谱法选育而成。原品系号为辽粳64。1997年通过辽宁省农作物品种审定委员会审定，审定编号为辽审稻1997064。

形态特征和生物学特性：粳型常规水稻，感光性弱，感温性中等，基本营养生长期短，属中熟早粳。株型紧凑，叶片上冲，茎叶深绿，散穗型。颖壳黄色，种皮白色，稀芒。全生育期151d，株高91cm，穗长17.6cm，穗粒数105.0粒，结实率90%，千粒重26.4g。

品质特性：糙米率83.2%，精米率76.5%，整精米率64.6%，垩白粒率8.6%，垩白度7.3%，透明度3级，碱消值7级，胶稠度72mm，直链淀粉含量17.6%，蛋白质含量7.7%。

抗性：中抗稻瘟病，轻感纹枯病、稻曲病，抗寒，抗倒伏。

产量及适宜地区：1993—1994年两年辽宁省中熟区域试验，平均单产8 349kg/hm²，比对照秋光增产7.2%。1995—1996年生产试验，平均单产8 533.5kg/hm²，比对照秋光增产13.8%。适宜在辽宁清原、新宾、桓仁、西丰、开原、昌图、抚顺等稻区种植。

栽培技术要点：施农家肥37 500kg/hm²，硫酸铵225kg/hm²，磷酸二铵150kg/hm²作基肥；追肥施硫酸铵525kg/hm²。采取浅、湿、干相结合的灌溉方法，切勿始终连续深水灌溉，在成熟前10d撤水。播前进行浸种消毒，防治恶苗病，生长期间注意防治潜叶蝇、负泥虫、二化螟及卷叶螟等的危害。

抚粳4号（Fugeng 4）

品种来源：抚顺市农业科学研究院从抚85101（C57-1×色江克）中经多代系统选育而成。原品系号为抚85101。分别通过辽宁省（2001）和国家（2003）农作物品种审定委员会审定，审定编号分别为辽审稻2001091和国审稻2003022。

形态特征和生物学特性：粳型常规水稻，感光性弱，感温性中等，基本营养生长期短，属早熟早粳。株型紧凑，茎秆坚韧，叶色浓绿，松散弯曲穗型，分蘖力强。颖壳黄白，无芒。全生育期143d，与对照吉玉粳相当，株高95.6cm，穗长20cm，穗粒数86.4粒，结实率82.4%，千粒重26.4g。

品质特性：糙米粒长5.2mm，糙米长宽比1.8，糙米率83.9%，精米率76.6%，整精米率74.2%，垩白粒率38.5%，垩白度5.4%，胶稠度69.5mm，直链淀粉含量17.6%，蛋白质含量7.5%。

抗性：高抗稻瘟病，抗稻曲病，耐肥、抗倒伏、抗旱。

产量及适宜地区：1999年北方稻区中早粳早熟区域试验，平均单产9 453kg/hm²，比对照吉玉粳增产3.5%；2000年续试，平均单产9 318kg/hm²，比对照吉玉粳增产4.8%。2001年生产试验，平均单产7 921.5kg/hm²，比对照吉玉粳减产2.2%；2004年生产试验，平均单产7 614kg/hm²，比对照吉玉粳增产0.1%。适宜在黑龙江南部、内蒙古东部、辽宁北部及吉林、宁夏稻区种植。

栽培技术要点：4月上中旬播种，采用营养土保温旱育苗，播种量种子150～175g/m²；5月中下旬移栽，行株距30cm×（15～16.7）cm，每穴栽插3苗。氮磷钾施用配比1∶0.5∶0.5，一般施硫酸铵900kg/hm²，其中底肥45%，返青肥25%，分蘖肥20%，穗肥10%，配合施用农家肥更好。灌溉应采取插秧后浅水分蘖，够苗晾田，浅水孕穗，浅水抽穗，寸水开花，浅水灌浆至成熟；7月上中旬注意防治二化螟，抽穗前及时防治稻瘟病等病虫害。

抚粳5号（Fugeng 5）

品种来源：辽宁省抚顺市农业科学研究院以79-159-8-1/寒七为杂交组合，采用系谱法选育而成。原品系号为抚9813。2005年通过辽宁省农作物品种审定委员会审定，审定编号为辽审稻2005132。

形态特征和生物学特性：粳型常规水稻，感光性弱，感温性中等，基本营养生长期短，属早熟早粳。株型紧凑，分蘖力较强，叶片坚挺上举，叶色较绿，散穗型。颖壳黄色，种皮白色，无芒。全生育期146d，株高100.8cm，穗长18cm，穗粒数89.7粒，千粒重27.5g。

品质特性：糙米粒长5mm，糙米长宽比1.7，糙米率83%，精米率74.7%，整精米率70.5%，垩白粒率21%，垩白度1.5%，透明度1级，碱消值7级，胶稠度76mm，直链淀粉含量19.9%，蛋白质含量8.4%。

抗性：感穗颈瘟，耐肥，抗倒伏，耐冷。

产量及适宜地区：1999—2000年两年辽宁省中早熟区域试验，平均单产7 645.5kg/hm^2，比对照铁粳5号增产7.8%；2001年生产试验，平均单产8 157kg/hm^2，比对照铁粳5号增产8.7%。适宜在辽宁东北部冷凉稻区种植。

栽培技术要点：4月上旬播种，旱育稀播育壮秧；5月中旬移栽，行株距30cm×13.3cm，每穴栽插3～4苗。施硫酸铵825kg/hm^2，化学并辅以人工除草。浅、湿、干相结合灌水，及时防治病虫害，注意防治稻瘟病。

抚粳8号 （Fugeng 8）

品种来源：抚顺市农业科学研究院水稻研究所以五优1号/抚粳4号为杂交组合，采用系谱法选育而成。2010年通过辽宁省农作物品种审定委员会审定，审定编号为辽审稻2010230。

形态特征和生物学特性：粳型常规水稻，感光性弱，感温性中等，基本营养生长期短，属早熟早粳。株型紧凑，叶片坚挺上举，茎叶淡绿，松散穗型。颖壳色黄色，种皮白色，稀顶芒。全生育期148d，需活动积温2 750℃，株高97.7cm，穗长18.5cm，穗粒数113.3粒，千粒重26.2g。

品质特性：糙米粒长4.9mm，糙米长宽比1.7，糙米率83.2%，精米率74.6%，整精米率73.2%，垩白粒率16%，垩白度2.1%，胶稠度82mm，直链淀粉含量18.1%，蛋白质含量8.3%。

抗性：抗寒，高抗稻瘟病，中抗纹枯病轻、稻曲病，抗倒伏。

产量及适宜地区：2008年辽宁省中早熟区域试验，平均单产8 302.5kg/hm²，比对照沈农315增产4.8%；2009年续试，平均单产8 148kg/hm²，比对照沈农315增产10.1%；两年平均单产8 224.5kg/hm²，比对照沈农315增产7.4%。2009年生产试验，平均单产7 824kg/hm²，比对照沈农315增产5.9%。适宜在辽宁东部及北部稻区种植。

栽培技术要点：旱育稀播育壮秧，种子精选后用药剂浸种消毒防治恶苗病等，采用营养土保温旱育苗，应用床土调制剂或壮秧剂，播种150～175g/m²，出苗后酌情及时通风炼苗、施肥、喷药。在中早熟地区5月末插秧为宜，插秧密度30cm×（15～20）cm，每穴栽插2～4苗，也可抛秧，必须保证插秧质量。根据地力情况，中肥地块施农家肥30 000kg/hm²，化肥施硫酸铵900kg/hm²，其中底肥占45%，返青肥占25%～35%，分蘖肥占20%，穗粒肥占0～10%；同时配施足量的磷肥、钾肥及微肥。灌水要浅、湿、干相结合，浅水间歇灌溉。以化学除草为主、人工拔草为辅，插秧前苗床喷施杀虫剂；插秧后及时用药防治潜叶蝇、负泥虫、稻飞虱、稻水象甲等。稻瘟病重的地区地块，在抽穗前后用稻瘟灵等加以特殊防治。

抚粳9号 (Fugeng 9)

品种来源：抚顺市农业科学研究院1999年以98省抗131/抚粳4号进行有性杂交，采用混合系谱法经过6代选育而成的水稻新品种。2010年通过辽宁省农作物品种审定委员会审定，审定编号为辽审稻2010227。

形态特征和生物学特性：中早熟品种，感光性弱，感温性中等，基本营养生长期短，属早熟早粳。苗期生长健壮，株型紧凑，植株清秀，抽穗整齐，叶片上举且宽度适中，剑叶内卷，光能利用率高，茎秆粗壮坚韧，高抗倒伏、分蘖力强。穗型松散，颖壳黄白，无芒。全生育期149d，与沈农315相当，株高97.4cm，穗粒数118.0粒，结实率82.2%，千粒重25.5g。

品质特性：糙米率82.8%，精米率74.7%，整精米率70.6%，糙米粒长5mm，糙米长宽比1.7，垩白粒率17%，垩白度1.6%，透明度1级，碱消值7级，胶稠度72mm，直链淀粉含量17.8%，蛋白质含量8.3%，国标二级优质米标准。

抗性：抗穗颈瘟。

产量及适宜地区：2008年辽宁省中早熟区域试验，平均单产8 305.5kg/hm²，比对照沈农315平均单产7 918.5kg/hm²增产4.9%；2009年续试，平均单产8 179.5kg/hm²，比对照沈农315平均单产7 401kg/hm²增产10.5%；两年平均单产8 242.5kg/hm²，比对照沈农315平均单产7 660.5kg/hm²增产7.6%。2009年生产试验，平均单产8 104.5kg/hm²，比对照沈农315平均单产7 386kg/hm²增产9.7%。在辽宁北部稻区种植。

栽培技术要点：旱育稀播育壮秧，采用营养土保温旱育苗，应用床土调制剂或壮秧剂，一般4月上旬播种，播种量150～175g/m²。5月下旬插秧，插秧密度30cm×16.8cm，每穴栽插3苗，保证插秧质量。因地制宜平衡施肥，施硫酸铵900kg/hm²，配合施用磷钾肥及农家肥，其中底肥占45%，返青肥占25%，蘖肥占20%，穗粒肥占10%。节水灌溉，管水要浅、湿、干相结合，切勿连续深水灌溉；浅水插秧，深水活根，浅水分蘖，适时晒田，晒田后及时灌水，后期间歇灌溉。综合防治病、虫、草害，秧田用丁草胺等进行土壤封闭，本田用丁草胺、苄嘧磺隆等，并辅以人工拔草，分蘖期及抽穗前用杀虫剂防治各种虫害。

富禾5号 (Fuhe 5)

品种来源：辽宁省开原市农业科学研究所以省抗34/中系237为杂交组合，采用系谱法选育而成。2003年通过辽宁省农作物品种审定委员会审定，审定编号为辽审稻2003117。

形态特征和生物学特性：粳型常规水稻，感光性弱，感温性中等，基本营养生长期短，属中熟早粳。株型紧凑，叶片直立，茎叶淡绿，半直立穗型，主蘖穗整齐。颖壳黄色，种皮白色，短芒。全生育期155d，株高97cm，穗长16.2cm，穗粒数125.8粒，结实率90.3%，千粒重25.5g。

品质特性：糙米率82.8%，整精米率68.8%，垩白粒率20%，垩白度2.3%，直链淀粉含量17.4%。

抗性：抗苗瘟病和叶瘟病，抗穗颈瘟病。

产量及适宜地区：1999—2000年两年辽宁省中熟区域试验，平均单产8 527.5kg/hm²，比对照铁粳4号增产7.4%；2001年生产试验，平均单产7 431kg/hm²，比对照辽粳207增产2.94%。一般单产7 500kg/hm²。适宜在沈阳以北中熟稻区种植。

栽培技术要点：稀播培育带蘖壮秧，适宜4月上中旬播种，采用大棚旱育秧，播种量催芽种子200g/m²；5月中旬移栽，行株距30cm×13.3cm，每穴栽插3～4苗。氮、磷、钾配方施肥，施硫酸铵870kg/hm²，磷酸二铵180kg/hm²，硫酸钾150kg/hm²。灌溉应采取分蘖期浅、孕穗期深、籽粒灌浆期浅的方法；6月下旬至7月上中旬注意防治二化螟和纹枯病，抽穗前及时防治稻曲病等病虫害。

富禾6号 (Fuhe 6)

品种来源：辽宁省盘锦水稻研究所以盘锦4号/辽粳5号为杂交组合，采用系谱法选育而成。原品系号为盘锦96-20。2005年通过辽宁省农作物品种审定委员会审定，审定编号为辽审稻2005129。

形态特征和生物学特性：粳型常规水稻，感光性弱，感温性中等，基本营养生长期短，属中熟早粳。株型紧凑，分蘖力强，叶片坚挺上举，茎叶淡绿，紧穗型。颖壳黄色，种皮白色，无芒。全生育期159d，株高95cm，穗长16cm，穗粒数108.0粒，千粒重25.8g。

品质特性：糙米粒长4.9mm，糙米长宽比1.6，糙米率81.8%，精米率73%，整精米率66.6%，垩白粒率23%，垩白度3.2%，透明度2级，碱消值7级，胶稠度76mm，直链淀粉含量16.5%，蛋白质含量8.4%。

抗性：中感穗颈瘟。

产量及适宜地区：2001—2002年两年辽宁省中晚熟区域试验，平均单产9 073.5kg/hm²，比对照辽粳294增产6.4%；2003年生产试验，平均单产9 744kg/hm²，比对照辽粳294增产13.7%。适宜在沈阳以南中晚熟稻区种植。

栽培技术要点：4月上中旬播种，播前种子严格进行消毒，旱育稀播育壮秧；5月中旬移栽，行株距30cm×16.6cm，每穴栽插3～4苗。施农家肥30 000kg/hm²，施硫酸铵780kg/hm²、磷酸二铵150kg/hm²、硫酸钾112.5kg/hm²。化学并辅以人工除草，注意6月下旬至7月上旬防治二化螟，8月下旬防治稻瘟病及稻蝗发生。

富禾66 (Fuhe 66)

品种来源：辽宁东亚种业有限公司辽北水稻研究所以辽粳294/开21号为杂交组合，采用系谱法选育而成。原品系号开227。2005年通过辽宁省农作物品种审定委员会审定，审定编号为辽审稻2005160。

形态特征和生物学特性：粳型常规水稻，感光性弱，感温性中等，基本营养生长期短，属中熟早粳。株型紧凑，分蘖力强，叶片上冲，叶色浓绿，半直立穗型。颖壳黄褐色，种皮白色，无芒。全生育期156d，株高99.3cm，穗长16.5cm，穗粒数122.7粒，结实率84.1%，千粒重22.2g。

品质特性：糙米粒长4.9mm，糙米长宽比2，糙米率83.5%，精米率75.3%，整精米率67.9%，垩白粒率20%，垩白度2.4%，胶稠度76mm，直链淀粉含量16.8%，蛋白质含量8.4%。

抗性：中抗穗颈瘟。

产量及适宜地区：2004—2005年两年辽宁省中熟区域试验，平均单产9 043.5kg/hm²，比对照辽盐16增产8.7%。2005年生产试验，平均单产9 777kg/hm²，比对照辽盐16增产11.5%。适宜在沈阳以北稻区种植。

栽培技术要点：4月上旬播种，种子严格消毒，培育壮秧，播种量为150～200g/m²；5月中旬插秧，行株距30cm×13.3cm，每穴栽插3～4苗。一般施硫酸铵900kg/hm²，磷酸二铵150kg/hm²，钾肥150kg/hm²，锌肥30kg/hm²，6月末至7月初，注意防治二化螟，在齐穗后用稻瘟灵或三环唑防治稻瘟病。

富禾70 （Fuhe 70）

品种来源：辽宁东亚种业有限公司从沈阳市农科院引入农林727/沈91-641杂交组合，在杂交后代F6中系谱法选育而成。原品系号为东亚434。2005年通过辽宁省农作物品种审定委员会审定，审定编号为辽审稻2005141。

形态特征和生物学特性：粳型常规水稻，感光性弱，感温性中等，基本营养生长期短，属迟熟早粳。株型紧凑，分蘖力强，叶片挺直，茎叶淡绿，紧穗型。颖壳黄色，种皮淡黄色，无芒。全生育期160d，株高99cm，穗长16cm，穗粒数94.0粒，结实率91.3%，千粒重26.4g。

品质特性：糙米粒长4.8 mm，糙米长宽比1.6，糙米率83.7%，精米率74.6%，整精米率66.2%，垩白粒率15%，垩白度1.3%，透明度1级，碱消值7级，胶稠度74mm，直链淀粉含量15.8%，蛋白质含量8.4%。

抗性：中感穗颈瘟。

产量及适宜地区：2002—2003年两年辽宁省中晚熟区域试验，平均单产9 124.5kg/hm²，比对照辽粳294增产5.3%。2004年生产试验，平均单产9 577.5kg/hm²，比对照辽粳294增产6.7%。适宜在沈阳以南稻区种植。

栽培技术要点：4月上旬播种，旱育稀播培育带蘖壮秧，播种量为200g/m²；5月中旬移栽，行株距30cm×16.6cm。全生育期施硫酸铵975kg/hm²，配合施用磷、钾肥，灌溉应采取分蘖期浅、孕穗期深、籽粒灌浆期浅的灌溉方法；出穗前5～7d用络氨铜防治稻曲病。

富禾77 (Fuhe 77)

品种来源：辽宁东亚种业有限公司以丰优518/铁9467为杂交组合，采用系谱法选育而成。原品系号为HD65。2008年通过辽宁省农作物品种审定委员会审定，审定编号为辽审稻2008194。

形态特征和生物学特性：粳型常规水稻，感光性弱，感温性中等，基本营养生长期短，属中熟早粳。株型紧凑，分蘖力较强，叶片直立，叶色浓绿，弯曲穗型。颖壳黄白，种皮白色，无芒。全生育期149.5d，株高106cm，穗长20cm，穗粒数138.6粒，千粒重24.9g。

品质特性：糙米粒长5.1mm，糙米长宽比1.8，糙米率86.3%，精米率78.4%，整精米率76.5%，垩白粒率19%，垩白度2.8%，胶稠度66mm，直链淀粉含量16.9%，蛋白质含量8.7%。

抗性：抗穗颈瘟。

产量及适宜地区：2006—2007年两年辽宁省中早熟区域试验，平均单产9 085.5kg/hm²，比对照沈农315增产11.5%。2007年生产试验，平均单产9 108kg/hm²，比对照沈农315增产10.5%。适宜在辽宁东部及北部稻区种植。

栽培技术要点：4月10日播种，培育壮秧，播种量为200g/m²；5月20日插秧，行株距30cm×（13.3～16.6）cm，每穴栽插2～4苗。一般施硫酸铵750kg/hm²，磷肥750kg/hm²，钾肥150kg/hm²。水层管理采用浅、湿、干间歇灌溉技术。注意防治纹枯病、稻曲病和稻瘟病。

富禾80 (Fuhe 80)

品种来源：辽宁东亚种业有限公司以454/DL6//富禾1号为杂交组合，采用系谱法选育而成。原品系号为农实99-3。2006年通过辽宁省农作物品种审定委员会审定，审定编号为辽审稻2006183。

形态特征和生物学特性：粳型常规水稻，感光性弱，感温性中等，基本营养生长期短，属迟熟早粳。株型紧凑，分蘖力强，叶片直立，叶色浓绿，半散穗型。颖壳黄白，种皮白色，有稀短芒。全生育期161d，株高108.4cm，穗长19cm，穗粒数120.0粒，千粒重25.1g。

品质特性：糙米粒长4.9mm，糙米长宽比1.8，糙米率82.8%，精米率74.6%，整精米率68.8%，垩白粒率10%，垩白度1%，胶稠度89mm，直链淀粉含量17.5%，蛋白质含量8.2%。

抗性：抗穗颈瘟。

产量及适宜地区：2004—2005年两年辽宁省中晚熟区域试验，平均单产9 153kg/hm²，比对照辽粳294增产1.9%。2006年生产试验，平均单产9 964.5kg/hm²，比对照辽粳294增产11.9%。适宜在沈阳以南稻区种植。

栽培技术要点：4月初播种，培育壮秧，播种量为200g/m²；5月中下旬插秧，行株距30cm×（14～16）cm，每穴栽插2～3苗。一般施硫酸铵900kg/hm²，磷肥180kg/hm²，钾肥180kg/hm²。水层管理采用浅、湿、干相结合的办法；注意综合防治病、虫、草害。在出穗前初期和齐穗期各喷一次稻瘟灵防治稻瘟病。注意防治稻水象甲、二化螟和稻纵卷叶螟等虫害。

富禾90 (Fuhe 90)

品种来源：辽宁东亚种业有限公司辽北水稻所以超产1号/辽粳244为杂交组合，采用系谱法选育而成。原品系号为开229。2006年通过辽宁省农作物品种审定委员会审定，审定编号为辽审稻2006173。

形态特征和生物学特性：粳型常规水稻，感光性弱，感温性中等，基本营养生长期短，属中熟早粳。株型紧凑，分蘖力较强，叶片直立，叶色浓绿，弯曲穗型。颖壳黄白，种皮白色，有短芒。全生育期152d，株高109.2cm，穗长18.5cm，穗粒数101.0粒，千粒重26.6g。

品质特性：糙米粒长4.8mm，糙米长宽比1.7，糙米率81.9%，精米率74.5%，整精米率71.1%，垩白粒率15%，垩白度1.2%，胶稠度67mm，直链淀粉含量17.6%，蛋白质含量7.9%。

抗性：感穗颈瘟。

产量及适宜地区：2004—2005年两年辽宁省中早熟区域试验，平均单产8 296.5kg/hm²，比对照铁粳5号增产6.8%。2006年生产试验，平均单产8 197.5kg/hm²，比对照沈农315增产8.1%。适宜在辽宁东部及北部稻区种植。

栽培技术要点：4月10播种，播前种子要严格消毒，培育壮秧，播种量为150～200g/m²；5月20日插秧，行株距30cm×（13.3～16.6）cm，每穴栽插2～4苗。一般施硫酸铵750kg/hm²，磷肥750kg/hm²，钾肥150kg/hm²。以浅、湿、干间歇灌溉的原则；重点防治稻瘟病。

富禾99 (Fuhe 99)

品种来源：辽宁东亚种业有限公司以丰锦/东选2号为杂交组合，采用系谱法选育而成。原品系号为城选2号。2005年通过辽宁省农作物品种审定委员会审定，审定编号为辽审稻2005171。

形态特征和生物学特性：粳型常规水稻，感光性弱，感温性中等，基本营养生长期短，属迟熟早粳。株型紧凑，分蘖力强，叶片宽厚，叶色浓绿，紧穗型。颖壳黄色，种皮白色，顶芒。全生育期167d，株高122.2cm，穗长19cm，穗粒数168.0粒，结实率89.7%，千粒重23.7g。

品质特性：糙米粒长5.2mm，糙米长宽比2，糙米率82.5%，精米率74.9%，整精米率70.2%，垩白粒率15%，垩白度1.5%，胶稠度76mm，直链淀粉含量15.2%，蛋白质含量8.2%。

抗性：抗穗颈瘟。

产量及适宜地区：2004—2005年两年辽宁省晚熟区域试验，平均单产7 224.9kg/hm^2，比对照中辽9052增产5.3%。2005年生产试验，平均单产6 942kg/hm^2，比对照中辽9052增产5.9%。适宜在辽宁大连、丹东等沿海稻区种植。

栽培技术要点：4月上旬播种，播前种子要严格消毒，培育壮秧，播种量为150～200g/m^2；5月下旬插秧，行株距30cm×16.5cm，每穴栽插3～4苗。一般施硫酸铵750kg/hm^2，磷肥120kg/hm^2，钾肥90kg/hm^2。在破口和齐穗期用三环唑喷雾防治穗颈瘟。注意防治稻水象甲、二化螟和稻纵卷叶螟等虫害。

富禾998 (Fuhe 998)

品种来源：辽宁东亚种业有限公司兴隆台水稻所以珍珠1号/美国籼稻//奇丰1号/107为杂交组合，采用系谱法选育而成。原品系号为农实99-1。2008年通过辽宁省农作物品种审定委员会审定，审定编号为辽审稻2008197。

形态特征和生物学特性：粳型常规水稻，感光性弱，感温性中等，基本营养生长期短，属中熟早粳。株型紧凑，分蘖力较强，叶片直立，叶色浓绿，弯曲穗型。颖壳黄白，种皮白色，有短芒。全生育期159d，株高115.1cm，穗长20cm，穗粒数134.5粒，千粒重27.3g。

品质特性：糙米粒长5.1mm，糙米长宽比1.8，糙米率82.9%，精米率72.5%，整精米率69.7%，垩白粒率4%，垩白度0.3%，胶稠度88mm，直链淀粉含量17.3%，蛋白质含量8%。

抗性：中感穗颈瘟。

产量及适宜地区：2005—2006年两年辽宁省中熟区域试验，平均单产8 355kg/hm²，比对照辽盐16增产3.6%。2007年生产试验，平均单产9 520.5kg/hm²，比对照沈稻6号增产6.5%。适宜在沈阳以北稻区种植。

栽培技术要点：4月10日播种，播种量为200g/m²；5月20日插秧，行株距30cm×（13.3～16.6）cm，每穴栽插2～4苗。一般施硫酸铵750kg/hm²，磷肥750kg/hm²，钾肥150kg/hm²。水层管理采用浅、湿、干间歇节水灌溉技术。注意防治纹枯病、稻曲病、稻瘟病。

富粳 357 （Fugeng 357）

品种来源：沈阳富田种业科技有限公司以辽粳207／兴粳2号为杂交组合，采用系谱法选育而成。原品系号为F2005-11。2010年通过辽宁省农作物品种审定委员会审定，审定编号为辽审稻2010234。

形态特征和生物学特性：粳型常规水稻，感光性弱，感温性中等，基本营养生长期短，属中熟早粳。苗期叶色浓绿，分蘖力中等，株型紧凑，叶片直立上举，茎叶深绿，半直立穗型。颖壳黄色，种皮白色，稀短芒。全生育期156d，株高104.3cm，穗长15cm，穗粒数122.4粒，千粒重23.7g。

品质特性：糙米粒长5mm，糙米长宽比1.9，糙米率82.8%，精米率74.4%，整精米率72.9%，垩白粒率4%，垩白度0.4%，透明度1级，碱消值7级，胶稠度88mm，直链淀粉量19.5%、蛋白质含量7.4%。

抗性：抗穗颈瘟。

产量及适宜地区：2008—2009年两年辽宁省中熟区域试验，平均单产9 258kg/hm²，比对照沈稻6号增产5.6%。2009年生产试验，平均单产9 309kg/hm²，比对照沈稻6号增产7.3%。适宜在沈阳以北稻区种植。

栽培技术要点：4月10～15日播种，5月20～25日插秧，行株距30cm×（13.3～16.6）cm，每穴栽插3～5苗；施硫酸铵900kg/hm²、磷肥（磷酸二铵）240kg/hm²或施过磷酸钙900kg/hm²、钾肥180kg/hm²、锌肥30kg/hm²、硅肥300 kg/hm²；生育期间水层管理采取浅水灌溉和干湿交替方法；注意防治病虫害。

富田2100 (Futian 2100)

品种来源：沈阳富田种业科技有限公司以辽粳454/盐丰479号为杂交组合采用系谱法选育而成。2010年通过国家农作物品种审定委员会审定，审定编号为国审稻2010236。

形态特征和生物学特性：粳型常规水稻，感光性弱，感温性中等，基本营养生长期短，属中熟早粳。株型紧凑，叶片坚挺上举，茎叶淡绿，半直立穗型。颖壳黄色，种皮白色，无芒。全生育期平均156.9d，比对照津原85短3.1d，株高118.8cm，穗长21cm，有效穗数268.5万穗/hm²，穗粒数161.9粒，结实率84%，千粒重25g。

品质特性：整精米率69.1%，垩白粒率48%，垩白度5.9%，直链淀粉含量17%，胶稠度80mm。

抗性：中感稻瘟病，抗条纹叶枯病。

产量及适宜地区：2010年北方稻区中早粳晚熟区域试验，平均单产9 459kg/hm²，比对照津原85增产9%；2011年续试，平均单产9 715.5kg/hm²，比对照津原45增产6.7%；两年平均单产9 597kg/hm²，比对照津原45增产7.7%。2012年生产试验，平均单产9 394.5kg/hm²，比对照津原45增产5.4%。适宜在辽宁南部、北京、天津稻区种植。

栽培技术要点：一般4月上旬播种，培育壮秧。秧龄30～35d移栽，宽行窄株栽插，株行距30cm×13.3cm或26.7cm×16.7cm。多施有机肥，适当配施磷、钾肥，施复合肥375kg/hm²、碳铵375kg/hm²作基肥，早施追肥，尿素与氯化钾混合施用；看苗情适时施穗粒肥。

浅水活棵，薄水促蘖，孕穗至齐穗期田间有水层，齐穗后间歇灌溉，湿润管理。重点防治螟虫、稻飞虱、纹枯病、稻曲病、稻瘟病等病虫害。

港辐1号（Gangfu 1）

品种来源：辽宁省东港市种子公司对中丹2号进行核辐射诱变技术，采用系谱法选育而成。原品系号为H8185。1996年通过辽宁省农作物品种审定委员会审定，审定编号为辽审稻1996058。

形态特征和生物学特性：粳型常规水稻，感光性弱，感温性中等，基本营养生长期短，属早熟中粳。株型紧凑，叶片宽厚，色泽浓绿，叶片直立，半散穗型，分蘖能力较强。谷粒椭圆形，淡黄色，并着有紫红色稀顶芒。全生育期170d，株高100cm，穗长15cm，穗粒数134.2粒，结实率81.5%，千粒重22.5g。

品质特性：糙米率81.8%，精米率74%，整精米率66.3%，垩白粒率18%，胶稠度100mm，直链淀粉含量16.4%，蛋白质含量5.9%。

抗性：中抗稻瘟病，白叶枯和纹枯病，易感稻曲病，抗倒伏，耐盐碱。

产量及适宜地区：1992—1993年两年辽宁省晚熟区域试验，平均单产7 822.5kg/hm²，比对照京越1号增产11.4%。1994—1995年两年生产试验，平均单产7 192.5kg/hm²，比对照京越1号增产12.9%。适宜在辽宁黄海稻区（丹东、大连市）的东港、凤城、振安、庄河、普兰店、瓦房店种植。辽宁省外可在河北、山西、四川及天津的部分地区种植。

栽培技术要点：4月15日播种，采用旱育秧，播种量催芽种子150～200g/m²；5月20日插秧，行株距30cm×（13～15）cm，每穴栽插3～4苗。科学施肥，氮肥要按前重后轻的原则，分段施用；磷肥分底肥和保蘖肥两次施用；钾肥分底肥和穗肥两次施用。灌溉应采取分蘖期浅、孕穗期深、籽粒灌浆期浅的灌溉方法；在始稳期和齐穗期各防一次穗颈瘟，出穗前防治稻曲病。

港育10号 （Gangyu 10）

品种来源：辽宁省东港市农业技术推广中心以中辽905/丹粳4号//丹粳7号为杂交组合，采用系谱法选育而成。原品系号为港育10号。2006年通过辽宁省农作物品种审定委员会审定，审定编号为辽审稻2006190。

形态特征和生物学特性：粳型常规水稻，感光性弱，感温性中等，基本营养生长期短，属迟熟早粳。株型紧凑，分蘖力强，叶片直立，叶色浓绿，散穗型。颖壳黄白，种皮白色，有芒。全生育期165d，株高115cm，穗长21cm，穗粒数125.0粒，千粒重26.5g。

品质特性：糙米粒长5.2mm，糙米长宽比1.8，糙米率85.3%，精米率78.4%，整精米率73.3%，垩白粒率16%，垩白度1.5%，胶稠度72mm，直链淀粉含量18.1%，蛋白质含量8.7%。

抗性：抗穗颈瘟。

产量及适宜地区：2005—2006年两年辽宁省晚熟区域试验，平均单产7 249.5kg/hm²，比对照庄育3号增产9.9%。2006年生产试验，平均单产6 867kg/hm²，比对照庄育3号增产5.7%。适宜在辽宁大连、丹东等沿海稻区种植。

栽培技术要点：4月20日播种，培育壮秧，播种量为200g/m²；5月30日插秧，行株距30cm×15cm，每穴3苗。一般施硫酸铵750kg/hm²，磷肥150kg/hm²，钾肥150kg/hm²。浅水层管理。在出穗前初期和齐穗期各喷一次稻瘟灵水剂防治稻瘟病。注意防治稻水象甲、二化螟和稻纵卷叶螟等虫害。

港育129（Gangyu 129）

品种来源：辽宁省东港市农业技术推广中心以辽粳454/中丹4号为杂交组合，采用系谱法选育而成。2009年通过辽宁省农作物品种审定委员会审定，审定编号为辽审稻2009226。

形态特征和生物学特性：粳型常规水稻，感光性弱，感温性中等，基本营养生长期短，属迟熟早粳。株型紧凑，叶片坚挺上举，茎叶淡绿，半直立穗型。颖壳黄色，种皮白色，稀短芒。全生育期165d，株高110cm，穗粒数180.0粒，千粒重26.5g。

品质特性：糙米粒长5.1mm，糙米长宽比1.8，糙米率81.6%，精米率73.1%，整精米率67.3%，垩白粒率6%，垩白度0.4%，胶稠度64mm，直链淀粉含量17.8%，蛋白质含量7.9%，国标一级优质米标准。

抗性：抗条纹叶枯病，抗叶瘟和穗颈瘟，抗白叶枯病，中抗稻曲病。

产量及适宜地区：2007年辽宁省晚熟区域试验，平均单产7 899kg/hm²，比对照庄育3号增产7.2%，2008年续试，平均单产7 687.5kg/hm²，比对照庄育3号增产19%。2008年生产试验，平均单产7 375.5kg/hm²，增产12.2%。一般单产9 750kg/hm²。适宜在辽宁南部稻区种植。

栽培技术要点：4月上中旬播种，采用旱育秧，人工插秧播种量在200～250g/m²，机插秧播种量550～600g/m²。5月中下旬移栽，行株距30cm×（13.5～15）cm，施用纯氮217.5kg/hm²，纯磷82.5kg/hm²，纯钾67.5kg/hm²。施肥总的原则是：磷肥一次性作底肥施入，钾肥可分两次施入，即在第一次底肥时施入50%；第二次可在蘖肥或穗肥施入。氮肥的施入可分为3～4次，一般底肥施总量的30%～50%；蘖肥施40%～25%；穗肥施30%～25%；即底肥、蘖肥、穗肥分别为30%、40%和30%，前后期的比例为7：3；另一种也可底肥施50%，蘖肥施25%，穗肥施25%；前后肥的比例为7.5：2.5。另外氮肥的施用还要根据水稻的长势和天气情况适当调整。同时可根据土壤养分状况增施硅肥、钙肥、锌肥等中微量元素肥料。灌溉应采取分蘖期浅、孕穗期深、籽粒灌浆期浅的灌溉方法；7月上中旬注意防治二化螟，抽穗前及时防治稻瘟病等病虫害。

港育2号（Gangyu 2）

品种来源：辽宁省东港市农业技术推广中心农科所以丹粳7号/垦育2号为杂交组合，采用系谱法选育而成。原品系号辽东128。2005年通过辽宁省农作物品种审定委员会审定，审定编号为辽审稻2005170。

形态特征和生物学特性：粳型常规水稻，感光性弱，感温性中等，基本营养生长期短，属迟熟早粳。株型紧凑，分蘖力较强，叶片宽厚，叶色淡绿，散穗型。颖壳黄白，种皮白色，稀顶芒。全生育期165d，株高112.5cm，穗长23cm，穗粒数120.0粒，结实率90%，千粒重28.5g。

品质特性：糙米粒长5.3mm，糙米长宽比1.9，糙米率83.8%，整精米率73.7%，垩白粒率10%，垩白度0.8%，胶稠度66mm，直链淀粉含量15.1%，蛋白质含量8.6%。

抗性：中感穗颈瘟。

产量及适宜地区：2004—2005年两年辽宁省晚熟区域试验，平均单产7 459.5kg/hm²，比对照中辽9052增产8.7%。2005年生产试验，平均单产6 978kg/hm²，比对照中辽9052增产6.5%。适宜在辽宁大连、丹东等沿海稻区种植。

栽培技术要点：4月中旬播种，播前种子要严格消毒，培育壮秧，播种量为200～225g/m²；5月中下旬插秧，行株距30cm×10cm，每穴3～4苗。一般施硫酸铵720kg/hm²，磷肥150kg/hm²，钾肥112.5kg/hm²。分蘖期和破口期各喷一次三环唑和井冈霉素混合防治稻瘟病。注意防治稻水象甲、二化螟和稻纵卷叶螟等虫害。

港源3号（Gangyuan 3）

品种来源：辽宁省东港市示范繁殖农场与东港市农业技术应用研究所合作，从尚处于分离的88-188品系中，经多年集团选育而成。2005年通过辽宁省农作物品种审定委员会审定，审定编号为辽审稻2005148。

形态特征和生物学特性：粳型常规水稻，感光性弱，感温性中等，基本营养生长期短，属早熟中粳。幼苗根系发达，叶色浓绿，整齐苗壮，分蘖力强，有效穗多，成穗率高；主蘖茎秆坚韧有弹性，17片叶，叶片清秀；颖壳黄白带有褐色星点，颖尖为褐色，稀顶芒。全生育期170d，株高115cm，平均穗长18cm，穗粒数100.0粒，结实率90%，千粒重28.3g。

品质特性：糙米率85.4%，精米率75.2%，整精米率69.7%，垩白粒率18%，垩白度2.5%，胶稠度82mm，直链淀粉含量17.7%，蛋白质含量7.7%。

抗性：高抗稻瘟病、稻曲病、白叶枯病，中抗纹枯病，中抗倒伏，抗寒，耐盐碱，耐瘠薄，抗旱。

产量及适宜地区：2002年辽宁省晚熟区域试验，平均单产8 539.5kg/hm²，比对照东选2号增产12.1%；2003年续试，平均单产7 731kg/hm²，比对照中辽9052增产8.3%；两年平均单产8 136kg/hm²，比对照增产10.3%。2004年生产试验，平均单产7 777.5kg/hm²，对照中辽9052增产9.8%。适宜在东港中部地区及庄河、风城等沙壤土质地区种植。

栽培技术要点：播种前用恶线清对种子进行消毒。播干种量150～200g/m²，稀播种育壮秧。出苗后及早通风炼苗，提高秧苗素质。栽插行株距一般为30cm×（13.3～16.7）cm，每穴栽插2～4苗。本着前促、中控、后补的原则，增施有机肥，增施磷、钾肥。一般施硫酸铵675kg/hm²，磷酸二铵150kg/hm²，硫酸钾225kg/hm²。在具体管理中，注意后期切忌施肥偏晚过量，以免引起贪青迟熟或发生倒伏。前期以浅水为主，中后期浅、湿、干交替灌溉，分蘖末期至拔节初期排水晾田。扬花期建立浅水层，完熟期不可断水过早。用施用恶草酮进行插前封闭杂草。6月初预防潜叶蝇和稻水象甲，6月末至7月初、7月末至8月初，用杀虫双防治二化螟，抽穗后依实际发生情况预防稻纵卷叶螟。用井冈霉素预防纹枯病。

港源8号（Gangyuan 8）

品种来源：辽宁省东港市示范繁殖农场以辽粳294/丹粳4号为杂交组合，采用系谱法选育而成。2008年通过辽宁省农作物品种审定委员会审定，审定编号为辽审稻2008206。

形态特征和生物学特性：粳型常规水稻，感光性弱，感温性中等，基本营养生长期短，属迟熟早粳。株型紧凑，分蘖力强，叶片直立，叶色浅绿，散穗型。颖壳黄色，种皮白色，无芒。全生育期166d，株高115cm，穗长19.5cm，穗粒数103粒，千粒重26.5g。

品质特性：糙米粒长4.8mm，糙米长宽比1.6，糙米率84.1%，精米率76%，整精米率67.9%，垩白粒率2%，垩白度0.4%，胶稠度64mm，直链淀粉含量16.9%，蛋白质含量7.9%。

抗性：抗穗颈瘟。

产量及适宜地区：2005—2006年两年辽宁省晚熟区域试验，平均单产7 147.5kg/hm²，比对照中辽9052增产8.4%。2007年生产试验，平均单产7 416kg/hm²，比对照庄育3号增产0.8%。适宜在辽宁大连、丹东等沿海稻区种植。

栽培技术要点：4月15～20日播种，播种量为200g/m²；5月末插秧，行株距33.3cm×（13.3～16.6）cm，每穴栽插2～4苗。一般施硫酸铵750kg/hm²，磷肥75kg/hm²，钾肥97.5kg/hm²。水层管理以浅水层为主，在分蘖盛期和拔节初期排水晾田，不宜深灌，严防倒伏。注意防治稻曲病及各种虫害。

公字1号（Gongzi 1）

品种来源：辽宁省新宾县良种场1967年从松辽4号天然变异株中选育而成。1977年通过辽宁省农作物品种审定委员会审定，审定编号为辽审稻1977003。

形态特征和生物学特性：属粳型常规水稻。感光性弱，感温性中等，基本营养生长期短，属早熟早粳。幼苗齐壮，长势强，株型较紧凑。叶片宽大，直立、色浓绿，主茎13片叶。分蘖力中等，秆硬，穗型弯曲，谷粒黄色，颖壳有小褐斑点，颖尖红褐色。全生育期135d，株高100cm，穗长16cm，有效穗数420万穗/hm²，每穗颖花数90个，穗粒数85.0粒，结实率83%，千粒重27g。

品质特性：糙米率81%。

抗性：中抗稻瘟病和白叶枯病，中抗纹枯病，耐肥，抗倒伏，抗寒。

产量及适宜地区：一般单产6 000kg/hm²。适宜辽宁新宾、清原、桓仁、宽甸、抚顺、西丰及吉林梅河口、辉南、柳河、通化等地种植。

栽培技术要点：适于选中等肥力地块种植，多施农家肥。在施足农家肥的基础上，纯氮135kg/hm²，播前种子严格消毒，防治恶苗病。4月上旬播种，5月中旬插秧，行株距30cm×30cm，每穴栽插3～4苗。浅水灌溉为主，干湿结合，以防倒伏，生长过旺时要排水晒田。及时防治病虫害。

旱152 (Han 152)

品种来源：辽宁省水稻研究所以多元杂交法配制组合，采用系谱法选育而成。原品系号为76-152。1989年通过辽宁省农作物品种审定委员会审定，审定编号为辽审稻1989024。

形态特征和生物学特性：粳型常规旱稻，感光性弱，感温性中等，基本营养生长期短，属早熟早粳。分蘖力强，株型矮壮，茎秆坚韧，叶片直立，叶色淡绿，弯曲穗型。颖壳黄白，种皮白色，无芒。全生育期140d，株高75cm，穗长15.5cm，有效穗数570万穗/hm^2，穗粒数60.0粒，结实率95%，千粒重23g。

品质特性：糙米率83%，精米率71.5%，整精米率62.7%，垩白粒率3.5%，透明度2级，碱消值6.4级，直链淀粉含量20.5%，蛋白质含量9.2%。

抗性：苗期抗寒，中抗稻瘟病和白叶枯病，耐肥，抗倒伏，抗旱。

产量及适宜地区：1983—1984年两年辽宁省旱稻中熟区域试验，平均单产4 615.5kg/hm^2，比对照公交13增产17.9%。1985—1986年两年生产试验，平均单产6 621kg/hm^2，比对照公交13增产23.3%。一般单产6 000kg/hm^2。适宜在辽宁沈阳、抚顺、辽阳及锦州北部地区旱作种植，也可在辽北山区及辽东的清原、新宾、桓仁等地水田种植。

栽培技术要点：鉴于旱152有穗小和植株矮等特性，在栽培上应保证密度，合理密植，播种量不得少于150kg/hm^2。在适量施用磷肥的基础上，施用硫酸铵525kg/hm^2，且要作种肥，分蘖肥早期施入。及时防除病、虫、草害。

旱58（Han 58）

品种来源：辽宁省农业科学院耕作栽培研究所从旱种材料中选育而成。1992年通过辽宁省农作物品种审定委员会审定，审定编号为辽审稻1992037。

形态特征和生物学特性：粳型常规旱、水兼用型旱稻，感光性弱，感温性中等，基本营养生长期短，属中熟早粳。叶片宽厚、色泽浓绿、出苗快，成苗多，幼苗清秀，半散穗型，无芒，在旱作条件下，从出苗到成熟135d。株高85cm，穗长15cm，有效穗数450万穗/hm²，穗粒数80粒，结实率95%，千粒重24g。

品质特性：糙米率83%，精米率77.2%，碱消值6.5级，胶稠度53mm，直链淀粉含量17.9%，蛋白质含量9.2%。

抗性：中抗稻瘟病和白叶枯病，纹枯病较轻，抗旱。

产量及适宜地区：1987—1988年两年辽宁省旱稻中熟区域试验，平均单产5 208kg/hm²，比对照辽粳10号增产9.4%。1990—1991年两年生产试验，平均单产6 634.5kg/hm²，比对照辽粳10号增产21.5%。适宜在辽宁铁岭、沈阳、沈阳以南地区及辽西种植，也可在昌图、抚顺等地区进行淹水栽培。

栽培技术要点：选有灌水条件的旱地或无灌水条件的洼地、河边地、浸润地，土壤总盐量在0.2%以内，pH不超过7.5的地块，精细整地，保证播种质量，一次保全苗。6～9月降水量400mm以上，无霜期超过140d以上的地区，栽培播种量120kg/hm²，要施足基肥，保证后期不脱肥。施农家肥45 000kg/hm²、过磷酸钙600kg/hm²、硫酸铵600kg/hm²，出穗前后遇干旱及时灌水，不必保持水层。旱作种植要注意在播种后出苗前进行化学封闭除草，结合人工除草，注意防治黏虫、稻螟虫和卷叶螟。

旱72 (Han 72)

品种来源：辽宁省水稻研究所以C26/丰锦//74-134-5-1为杂交组合，在旱作和水栽交替栽培条件下选育而成。1989年通过辽宁省农作物品种审定委员会审定，审定编号为辽审稻1989025。

形态特征和生物学特性：粳型常规旱稻，感光性弱，感温性中等，基本营养生长期短，属迟熟早粳。分蘖力中等，株型紧凑，叶片宽厚直立，叶色浓绿，半直立穗型。颖壳黄白，种皮白色，稀短芒。全生育期153.5d，株高90cm，穗长14cm，有效穗数487.5万穗/hm²，穗粒数80粒，结实率92%，千粒重23g。

品质特性：糙米率82%，精米率74%，垩白粒率3%，透明度1级，碱消值6.1级，胶稠度84.4mm，直链淀粉含量19%，蛋白质含量8.5%。

抗性：抗稻瘟病，轻感白叶枯病和纹枯病，苗期抗寒，耐肥，抗倒伏。

产量及适宜地区：1986—1987年两年辽宁省旱稻中晚熟区域试验，平均单产6 142.5kg/hm²，比对照69-2增产19%。1987—1988年两年生产试验，平均单产6 279kg/hm²，比对照69-2增产19.1%。一般单产6 750kg/hm²。适宜在辽宁沈阳及沈阳以南地区，也可在辽宁中西部井灌稻区进行水栽和节水栽培。

栽培技术要点：旱作栽培，选择地势平坦，保水、保肥地块，精细整地。无灌溉条件的地区，应选二洼地、河边地、井灌稻区浸润地等，土壤水分较充分、年降水量在600mm以上的地方均可种植，但不宜在盐碱地种植。要提高播种质量，宜稀播种保全苗，播量120kg/hm²。在施足基肥的基础上，保证后期不脱肥，全生育期追施硫酸铵750kg/hm²。在干旱的条件下，有灌溉条件的地区，要浇水夺高产，及时防除杂草和病虫害。

旱946 （Han 946）

品种来源：辽宁省农业科学院耕作栽培研究所以89S6091/陆南旱谷为杂交组合，采用系谱法选育而成。原品系号为HP94-6。2000年通过辽宁省农作物品种审定委员会审定，审定编号为辽审稻2000079。

形态特征和生物学特性：粳型常规旱稻，感光性弱，感温性中等，基本营养生长期短，属中熟早粳。株型半紧凑，分蘖力中等，叶片淡绿，剑叶上伸，散穗型。颖壳黄色，种皮白色，粒形椭圆，短芒。全生育期130d，与对照旱58相近，生育期≥10℃活动积温约2 800℃。株高85cm，穗长17cm，穗粒数90.0粒，结实率85%，千粒重25g。

品质特性：糙米率84.2%，精米率77.4%，整精米率65.5%，糙米粒长4.6mm，糙米长宽比1.9，垩白粒率26%，垩白度1.6%，透明度2级，碱消值7级，胶稠度68mm，直链淀粉含量15.8%，蛋白质含量10.4%。

抗性：中抗稻瘟病，中抗稻曲病，中感纹枯病，抗旱，抗倒伏。

产量及适宜地区：1995年辽宁省旱稻中熟区域试验，平均单产4 806kg/hm²，比对照旱58增产9%；1996年续试，平均单产6 358.5kg/hm²，比对照旱58增产13%；两年平均单产5 581.5kg/hm²，比对照旱58增产11.2%。1997年生产试验，平均单产6 471kg/hm²，比对照旱58增产10.7%；1998年续试，平均单产7 227kg/hm²，比对照旱58增产16.8%；两年平均单产6 849kg/hm²，比对照旱58增产13.7%。适宜在辽宁抚顺、铁岭南部、沈阳、辽阳、绥中、兴城、大连、锦州、海城等地区旱作种植。

栽培技术要点：播前种子要晾晒精选，采用种衣剂包衣。播种期以地下5cm地温稳定通过10℃为适期。播种方式可条播或穴播，播种量120kg/hm²，行距30cm，播深2～3cm，播种后视土壤墒情镇压。播种后出苗前用60%丁草胺4.5kg/hm²与10%噁草酮4.5kg/hm²混合对水喷雾，出苗后用60%丁草胺1.5kg/hm²与20%敌稗12kg/hm²混合喷雾。旱稻苗期抗旱性较强，对降雨多或涝洼地可一生免灌。追肥主要是氮素化肥，在分蘖始期前后追施硫酸铵225kg/hm²，在分蘖中期根据长势追施硫酸铵75kg/hm²，在雨前或结合灌水撒施可提高肥料利用率。注意病虫害防治。

旱9710 (Han 9710)

品种来源：辽宁省农业科学院以中系237/湘灵为杂交组合，采用系谱法选育而成。2003年通过国家农作物品种审定委员会审定，审定编号为国审稻2003029。

形态特征和生物学特性：粳型常规旱稻，感光性弱，感温性中等，基本营养生长期短，属早熟早粳。株型紧凑，茎秆粗壮，根系发达，分蘖力中等，叶片直立，叶色浓绿，半直立穗型，主蘖穗整齐。颖壳黄色，种皮白色，无芒。全生育期135d，株高75cm，穗长15cm，穗粒数90.0粒，结实率84.9%，千粒重24g。

品质特性：糙米率81.3%，整精米率67.8%，垩白度1%，胶稠度90mm，直链淀粉含量17.3%。

抗性：中抗稻瘟病，耐肥，抗倒伏，活秆成熟，不早衰，抗旱性为AA级。

产量及适宜地区：2000—2001年两年国家北方一季稻区旱稻早熟区域试验，平均单产6 096kg/hm²，比对照秦爱增产40.5%。2001年生产试验，平均单产7 287kg/hm²，比对照秦爱增产29.6%。一般单产7 500kg/hm²。适宜在吉林南部平原稻区、内蒙古南部、辽宁大部分地区旱作种植，也可在黄淮海小麦下茬早熟稻区试种。

栽培技术要点：选择合适地块。旱稻要选择地势平坦、中性或偏酸性土壤，距水源较近，有井灌或其他水源，在水稻生育的中后期遇旱时能补水的地块。不保肥、不保水、沙性重的瘠薄地块及土壤过于黏重和杂草多的地块均不适于种植旱稻品种。适期播种。地温稳定通过10℃即可播种，沈阳地区一般4月25日播种为宜。播前要对种子进行晾晒、选种、消毒、拌药等。播种量112.5kg/hm²为宜。肥水管理。结合整地施农家肥15 000kg/hm²，随种施磷酸二铵150kg/hm²，硫酸钾150kg/hm²，硫酸铵225kg/hm²，还可施少量的微肥。拔节期、孕穗至抽穗期视苗酌情追施硫酸铵150kg/hm²。播种前有条件的可在整地后灌1次底水，以保证墒情。齐苗后可适当干旱，视情况酌情补水。在孕穗、灌浆期间，如遇干旱应及时补水。及时进行病、虫、草害预防。播种后出苗前，用60%丁草胺4.5kg/hm²双丁乐灵4.5kg/hm²对水喷雾，进行土壤封闭。用20%敌稗12kg/hm²喷雾进行茎叶处理，再结合人工铲除，可避免草荒。播种时可用甲基异柳磷或敌百虫毒饵撒于播种沟内防地下害虫。中后期用稻瘟灵、稻瘟净等药剂防治稻瘟病，用敌百虫晶体对水喷雾即可防治黏虫。

旱丰8号 （Hanfeng 8）

品种来源：沈阳农业大学以沈农129/旱72为杂交组合，采用系谱法选育而成。原品系号为沈农99-8。2003年通过国家农作物品种审定委员会审定，审定编号为国审稻2003088。

形态特征和生物学特性：粳型常规旱稻，感光性弱，感温性中等，基本营养生长期短，属迟熟早粳。株型紧凑，根系发达，叶片坚挺上举，叶片深绿色，散穗型，主蘖穗整齐。颖壳黄色，种皮白色，稀短芒。在京、津等地直播旱作全生育期平均为148.9d，比对照品种旱72长0.4d，株高82cm，穗长17.5cm，穗粒数96.4粒，结实率80.2%，千粒重22.6g。

品质特性：整精米率61.9%，垩白粒率11%，垩白度1.1%，糙米长宽比1.9，胶稠度70mm，直链淀粉含量14.8%。

抗性：叶瘟病5级、穗颈瘟病3级，抗旱性3.3级，中感稻瘟病，抗旱。

产量及适宜地区：2000年北方旱稻中晚熟区域试验，平均单产4 701kg/hm²，比对照旱72增产10.9%；2001年续试，平均单产4 572kg/hm²，比对照旱72增产9.3%。2002年生产试验，平均单产5 047.5kg/hm²，比对照旱72增产19.3%。适宜在辽宁南部、河北北部及天津、北京等区域种植。

栽培技术要点：旱种模式下，播种前晒种并进行种子消毒杀菌以防治恶苗病和干尖线虫病菌；深耕翻，耙细，整平，起垄作畦；播种行距为30cm，播种量120kg/hm²，覆土厚1～2cm，播后压实；化学除草：播种后3～5d，用丁草胺4.5kg/hm²加除草醚6kg/hm²对水，封闭除草；全生育期施硫酸铵600kg/hm²，底肥占60%，追肥占40%，出穗前施钾肥75kg/hm²，促进成熟，防早衰；水分管理主要靠自然降水，如遇干旱需及时灌水；注意防治稻瘟病等病虫的危害。

4月上中旬播种，采用大棚旱育秧，播种量催芽种子350g/m²；5月中下旬移栽，行株距30cm×16.5cm，每穴栽插3～4苗。氮、磷、钾配方施肥，施纯氮180kg/hm²，分4～5次均施，五氧化二磷67.5kg/hm²（作底肥），氧化钾105kg/hm²（作底肥和拔节期追肥）。灌溉应采取分蘖期浅、孕穗期深、籽粒灌浆期浅的方法；7月上中旬注意防治二化螟，抽穗前及时防治稻瘟病等病虫害。

旱糯303 （Hannuo 303）

品种来源：辽宁省水稻研究所以秀子糯/小白仁为杂交组合，采用系谱法选育而成。2006年通过国家农作物品种审定委员会审定，审定编号为国审稻2006074。

形态特征和生物学特性：粳型常规糯性旱稻，感光性弱，感温性中等，基本营养生长期短，属早熟早粳。株型紧凑，叶片披散，茎叶淡绿，散穗型。颖壳黄色，种皮白色，无芒。全生育期为142d，株高83.6cm，穗长15.6cm，有效穗数460.5万穗/hm²，结实率81.6%，千粒重22.3g。

品质特性：2003年整精米率54.2%，直链淀粉含量1.3%；2005年整精米率62.6%，直链淀粉含量1.4%。

抗性：中抗叶瘟，中感穗颈瘟，抗旱性5级。

产量及适宜地区：2003年北方旱稻一季稻区早熟区域试验，平均单产3 636kg/hm²，比对照秦爱增产1.2%，比对照旱9710减产3.8%；2005年续试，平均单产5 206.5kg/hm²，比对照旱9710增产4.9%；两年平均单产4 420.5kg/hm²，比对照旱9710增产1.2%；2004年生产试验，平均单产5 608.5kg/hm²，比对照旱9710增产0.1%。适宜在吉林南部、辽宁中北部、内蒙古东部的稻瘟病轻发稻区作旱稻种植。

栽培技术要点：播前对种子进行晾晒、选种、消毒、拌药等。5cm地温稳定通过10℃即可播种，播种量kg/hm²为宜，行距23～30cm，播深2～3cm。播种后出苗前，用除草剂进行土壤封闭，再结合人工铲除，防止草荒。结合整地施农家肥15 000kg/hm²，随种施磷酸二铵150kg/hm²，硫酸钾150kg/hm²，硫酸铵225kg/hm²，还可施少量的微肥；拔节期、孕穗至抽穗期视苗酌情分别追施硫酸铵150kg/hm²。播种前可在整地后灌底水，以保证墒情；苗齐后可适当干旱，酌情补水；在孕穗、灌浆期间，如遇干旱应及时补水。根据当地病虫害实际和发生动态，注意防治黏虫、地下害虫以及稻瘟病。

花粳15（Huageng 15）

品种来源：辽宁省盐碱地利用研究所以中系8468/花粳45为杂交组合，采用系谱法选育而成。2002年通过辽宁省农作物品种审定委员会审定，审定编号为辽审稻2002104。

形态特征和生物学特性：粳型常规水稻，感光性弱，感温性强，基本营养生长期短，属中熟早粳。株型紧凑，叶片直立、宽厚，叶色浓绿，直立穗型；颖壳黄色，种皮白色，无芒；全生育期154d，株高98.1cm，穗长15.8cm，有效穗数468万穗/hm²，穗粒数117.5粒，结实率87%，千粒重21.5g。

品质特性：糙米粒长4.4mm，糙米长宽比1.6，糙米率82.5%，精米率73.7%，整精米率67%，垩白粒率25%，垩白度1.8%，透明度2级，碱消值4.2级，胶稠度85mm，直链淀粉含量13.9%，蛋白质含量8.8%，国标二级优质米标准。

抗性：抗稻瘟病，抗旱，耐盐，耐冷。

产量及适宜地区：1999年辽宁省中熟区域试验，平均单产8 841kg/hm²，比对照铁粳4号增产11.3%；2000年续试，平均单产8 454kg/hm²，比对照铁粳4号增产6.6%；两年平均单产8 647.5kg/hm²，比对照铁粳4号增产8.9%。2001年生产试验，平均单产8 992.5kg/hm²，比对照辽粳207减产0.2%。适宜在开原以南辽河中下游平原稻区及辽西井灌区种植。

栽培技术要点：4月中下旬播种，5月中下旬移栽。播种量普通旱育苗200g/m²，钵体育苗450g/m²。插秧密度30cm×（13.3～16.6）cm，每穴栽插3～4苗。氮、磷、钾平衡施用。施纯氮量180kg/hm²，分5次施入；五氧化二磷90kg/hm²（作底肥）；氧化钾45kg/hm²（分蘖期作追肥）。水层管理以浅水为主，采取浅、湿、干相结合灌溉模式。5月下旬至6月上旬对稻水象甲进行防治，6月下旬对二化螟进行防治。在稻瘟病重发区在抽穗前及时防治。

花粳45 (Huageng 45)

品种来源：辽宁省盐碱地利用研究所以81041/沈976为杂交组合，用F3的花粉离体培养，后代经系谱法选育而成。1996年通过辽宁省农作物品种审定委员会审定，审定编号为辽审稻1996054。

形态特征和生物学特性：粳型常规水稻，感光性弱，感温性强，基本营养生长期短，属迟熟早粳；株型紧凑，叶片短挺，叶色浓绿，直立穗型；颖壳黄白，种皮白色，无芒；全生育期160d，比对照辽粳5号晚2d，株高90cm，穗长13cm，有效穗数480万穗/hm²，穗粒数90粒，结实率89.2%，千粒重24g。

品质特性：糙米粒长4.6mm，糙米长宽比1.8，糙米率82.2%，精米率74.9%，整精米率68.8%，垩白粒率4%，垩白度1.4%，透明度1级，碱消值7级，胶稠度90mm，直链淀粉含量18.2%，蛋白质含量7.1%，国标二级优质米标准。

抗性：抗稻瘟病，抗旱，耐盐中等，耐冷。

产量及适宜地区：1991—1992年两年辽宁省中晚熟区域试验，平均单产8 269.5kg/hm²，比对照辽粳5号增产2.2%。1993—1994年两年生产试验，平均单产9 304.5kg/hm²，比对照辽粳5号增产11.8%。适宜在沈阳以南稻区种植。

栽培技术要点：4月中旬播种，5月中下旬移栽。播种量普通旱育苗200g/m²，钵体育苗450g/m²。插秧密度30cm×16.6cm，每穴栽插3～4苗。氮、磷、钾平衡施用。施纯氮量195kg/hm²，分5次施入；五氧化二磷165kg/hm²（作底肥）；氧化钾67.5kg/hm²（分蘖期作追肥）。水层管理以浅水为主，采取浅、湿、干相结合灌溉模式。5月下旬至6月上旬对稻水象甲进行防治，6月下旬对二化螟进行防治。稻瘟病重发区在抽穗前及时防治。

花粳8号 (Huageng 8)

品种来源：辽宁省盐碱地利用研究所以辽粳294/盐粳10为杂交组合，采用系谱法选育而成。2005年通过辽宁省农作物品种审定委员会审定，审定编号为辽审稻2005143。

形态特征和生物学特性：粳型常规水稻，感光性弱，感温性强，基本营养生长期短，属迟熟早粳。株型紧凑，叶片直立、宽厚，叶色浓绿，直立穗型；颖壳黄色，种皮白色，有芒；全生育期163d，比对照辽粳294晚2d，株高105.4cm，穗长15.8cm，有效穗数408万穗/hm²，穗粒数105.5粒，结实率87%，千粒重24.9g。

品质特性：糙米粒长4.7mm，糙米长宽比1.6，糙米率83.7%，精米率75.5%，整精米率68.8%，垩白粒率5%，垩白度0.6%，透明度1级，碱消值7级，胶稠度86mm，直链淀粉含量18%，蛋白质含量8.5%，国标一级优质米标准。

抗性：中感稻瘟病，抗旱，耐盐，耐冷。

产量及适宜地区：2003年辽宁省中晚熟区域试验，平均单产9 075kg/hm²，比对照辽粳294增产6.3%；2004年续试，平均单产9 531kg/hm²，比对照辽粳294增产7.8%；两年平均单产9 303kg/hm²，比对照辽粳294增产7.1%。2004年生产试验，平均单产9 538.5kg/hm²，比对照辽粳294增产6.4%。适宜在沈阳以南稻区种植。

栽培技术要点：4月中旬播种，5月中下旬移栽。播种量普通旱育苗200g/m²，钵体育苗450g/m²。插秧密度30cm×（13.3～16.6）cm，每穴3～4苗。氮、磷、钾平衡施用。施硫酸铵630kg/hm²，分5次施入；五氧化二磷315kg/hm²（作底肥）；氧化钾187.5kg/hm²（分蘖期作追肥）。水层管理以浅水为主，采取浅、湿、干相结合灌溉模式。5月下旬至6月上旬对稻水象甲进行防治，6月下旬对二化螟进行防治。在稻瘟病重发区在抽穗前及时防治。

华单998 （Huadan 998）

品种来源：辽宁华玉种子有限公司以丰锦/沈农91为杂交组合，采用系谱法选育而成。原品系号为华单995。2009年通过辽宁省农作物品种审定委员会审定，审定编号为辽审稻2009212。

形态特征和生物学特性：粳型常规水稻，感光性弱，感温性中等，基本营养生长期短，属中熟早粳。株型紧凑，分蘖力强，叶片上冲，叶色浓绿，半松散穗型。颖壳黄色，种皮白色，无芒。全生育期156d，株高104.6cm，穗长24cm，穗粒数128.5粒，千粒重24.4g。

品质特性：糙米粒长5.1mm，糙米长宽比1.9，糙米率83.5%，精米率75.2%，整精米率73.5%，垩白粒率6%，垩白度0.6%，胶稠度72mm，直链淀粉含量17.1%，蛋白质含量8.8%。

抗性：中抗穗颈瘟。

产量及适宜地区：2007—2008年两年辽宁省中熟区域试验，平均单产9 399kg/hm²，比对照沈稻6号增产4.3%。2008年生产试验，平均单产9 024kg/hm²，比对照沈稻6号增产11.2%。适宜在沈阳以北稻区种植。

栽培技术要点：4月中上旬播种，播种量为200g/m²；5月中下旬插秧，行株距30cm×13cm，每穴栽插2～4苗；一般施硫酸铵825kg/hm²，磷肥225kg/hm²，钾肥225kg/hm²；水层管理要浅、湿、干结合；注意防治稻瘟病、二化螟。

黄海6号 (Huanghai 6)

品种来源：东港市金禾谷物种植发展有限公司从黄海2号变异株中选择，采用系谱法选育而成。2009年通过辽宁省农作物品种审定委员会审定，审定编号为辽审稻2009223。

形态特征和生物学特性：粳型常规水稻，感光性弱，感温性中等，基本营养生长期短，属迟熟早粳。株型紧凑，叶片坚挺上举，茎叶淡绿，半直立穗型，主蘖穗整齐。颖壳黄色，种皮白色，稀间短芒。全生育期163d，株高111.3cm，穗长20cm，有效穗数187.5万穗/hm²，穗粒数134.6粒，千粒重25.8g。

品质特性：糙米粒长5.2mm，糙米长宽比1.9，糙米率81.6%，精米率72.7%，整精米率70.9%，垩白粒率4%，垩白度0.2%，胶稠度68mm，直链淀粉含量17.7%，蛋白质含量7.5%。

抗性：中抗苗瘟和叶瘟，中感穗颈瘟。

产量及适宜地区：2007年辽宁省晚熟区域试验，平均单产8 298kg/hm²，比对照庄育3号增产12.6%；2008年续试，平均单产6 805.5kg/hm²，比对照庄育3号增产5.4%；两年平均单产7 552.5kg/hm²，比对照庄育3号增产9.2%。2008年生产试验，平均单产7 354.5kg/hm²，比对照庄育3号增产11.8%。适宜在辽宁南部稻区种植。

栽培技术要点：种子严格消毒以防恶苗病发生，一般4月15～20日播种，5月25～30日插秧，播种量200～250g/m²，适时通风炼苗，培育带蘖壮秧。中等肥力田块行株距以30cm×（15～16.7）cm，每穴栽插3苗为宜。根据地力情况，中等肥力田块一般施氮165kg/hm²，五氧化二磷67.5kg/hm²，氧化钾60kg/hm²。前期以浅水为主，中后期浅、湿、干交替，分蘖末期和抽穗前10～15d断水为宜。要主动防治病虫害，对二化螟、穗颈瘟和条纹叶枯病等要主动预防，其他病虫根据预测预报灵活防治。

浑糯3号 （Hunnuo 3）

品种来源：沈阳市浑河农场以H60//浑糯1号/浑糯2号为杂交组合，采用系谱法选育而成。1999年通过辽宁省农作物品种审定委员会审定，审定编号为辽审稻1999073。

形态特征和生物学特性：粳型常规糯性水稻，感光性弱，感温性中等，基本营养生长期短，属中熟早粳。株型紧凑，茎秆粗壮，叶片深绿色，直立穗型，分蘖力较强。粒型椭圆，颖壳黄色，稀短芒。全生育期158d，株高95cm，穗长16cm，穗粒数130.0粒，结实率91.9%，千粒重25.1g。

品质特性：糙米粒长4.5mm，糙米长宽比1.4，糙米率82.3%，精米率75.8%，整精米率70.6%，胶稠度100mm，直链淀粉含量1.5%，蛋白质含量7.8%。

抗性：抗稻瘟病，轻感稻曲病、纹枯病，抗倒伏。

产量及适宜地区：1996—1997年两年辽宁省中晚熟区域试验，平均单产8 437.5kg/hm²，比对照辽粳326增产7%。1997—1998年两年生产试验，平均单产9 429kg/hm²，比对照辽粳326增产12.1%。一般单产8 250kg/hm²。适宜在辽宁沈阳、鞍山、营口、盘锦地区种植。

栽培技术要点：4月上中旬播种，采用大棚旱育秧，播种量催芽种子350g/m²；5月中下旬移栽，行株距30cm×13.3cm或30cm×16.6cm，每穴栽插3～4苗。施硫酸铵300kg/hm²、磷酸二铵150kg/hm²，缓苗后分蘖始期施硫酸铵270kg/hm²，分蘖盛期第二次分蘖肥施硫酸铵225kg/hm²，减数分裂期施穗肥硫酸铵75kg/hm²。采用浅水灌溉和干湿结合的灌水方法；如植株长势过旺，在分蘖末期适当晒田，收获前不宜断水过早；7月上中旬注意防治二化螟，抽穗前及时防治稻瘟病等病虫害。

吉粳88（Jigeng 88）

品种来源：吉林省农业科学院水稻研究所以奥羽346/长白9号为杂交组合，采用系谱法选育而成。原品系号为吉01-124。2005年分别通过辽宁省、吉林省和国家农作物品种审定委员会审定，审定编号分别为辽审稻2005154、吉审稻2005001和国审稻2005051。

形态特征和生物学特性：粳型常规水稻，感光性弱，感温性中等，基本营养生长期短，属早熟早粳。株型紧凑，叶片坚挺上举，茎叶淡绿，半直立穗型，主蘖穗整齐。颖壳黄色，种皮白色，稀间短芒。全生育期148d，株高95cm，穗长17.6cm，有效穗数187.5万穗/hm²，穗粒数130粒，结实率91.4%，千粒重22.5g。

品质特性：糙米粒长4.5mm，糙米长宽比1.7，糙米率85.1%，精米率77.1%，整精米率75.3%，垩白粒率14%，垩白度1.6%，胶稠度74mm，直链淀粉含量14.8%，蛋白质含量7.9%。

抗性：中抗苗瘟和叶瘟，感穗颈瘟。孕穗期耐冷，抗旱中等，耐盐中等。

产量及适宜地区：2004—2005年两年辽宁省中早熟区域试验，平均单产8 611.5kg/hm²，比对照铁粳5号增产10.8%。2005年生产试验，平均单产9 039kg/hm²，比对照铁粳5号增产18.5%。适宜在黑龙江第一积温带上限、吉林中熟稻区、辽宁东北部、宁夏引黄灌区、甘肃中北部及内蒙古赤峰、通辽南部稻区种植。

栽培技术要点：4月上中旬播种，采用大棚旱育秧，播种量催芽种子250g/m²；5月中下旬移栽，行株距30cm×16.5cm，每穴栽插3～4苗。氮、磷、钾配方施肥，施硫酸铵900kg/hm²，分4～5次均施，五氧化二磷150kg/hm²（作底肥），氧化钾225kg/hm²（作底肥和拔节期追肥）。灌溉应采取分蘖期浅、孕穗期深、籽粒灌浆期浅的灌溉方法；7月上中旬注意防治二化螟，抽穗前及时防治稻瘟病等病虫害。

津9540（Jin 9540）

品种来源：天津市原种场以中作321/S16为杂交组合，采用系谱法选育而成。2005年分别通过辽宁省和天津市农作物品种审定委员会审定，审定编号分别为辽审稻2005149和津审稻2005003。

形态特征和生物学特性：粳型常规水稻，光温不敏感，基本营养生长期短，属迟熟早粳。茎秆粗壮，根系发达，叶片宽长，开张角度大，散穗无芒，穗部弯曲呈叶下禾长相。全生育期164d，株高104.8cm，穗长27cm，穗粒数96.5粒，结实率93.1%，千粒重26.6g。

品质特性：糙米粒长5.1mm，糙米长宽比1.8，糙米率84.6%，精米率76.4%，整精米率72.8%，垩白粒率6%，垩白度0.5%，胶稠度84mm，直链淀粉含量15.4%，蛋白质含量8.2%。

抗性：抗稻瘟病、稻曲病、轻感纹枯病和干尖线虫病，耐盐碱，耐旱。

产量及适宜地区：2002年辽宁省晚熟区域试验，平均单产8 035.5kg/hm²，比对照中辽9052增产5.5%；2004年续试，平均单产7 548kg/hm²，比对照中辽9052增产5.7%；两年平均单产7 791kg/hm²，比对照中辽9052增产5.6%。2004年生产试验，平均单产7 509kg/hm²，比对照中辽9052增产6%。适宜在天津作春稻或中稻，辽宁南部晚熟稻区种植。

栽培技术要点：4月中旬育苗，5月下旬移栽，光温不敏感，秧龄45d，插秧密度行距30cm，株距14cm，每穴栽插3～5苗，施肥平稳促进，氮肥分配比例底肥占50%、结合磷钾肥耙入泥内，蘗肥占30%两次施入，孕穗肥占20%，全期施氮225kg/hm²，植保方面做好种子消毒，用菌虫清浸种96h，喷吡虫啉，防治稻飞虱。

锦稻104（Jindao 104）

品种来源：盘锦北方农业技术开发有限公司以M103系选而成。原品系号为雨田201。2008年通过辽宁省农作物品种审定委员会审定，审定编号为辽审稻2008195。

形态特征和生物学特性：粳型常规水稻，感光性弱，感温性中等，基本营养生长期短，属中熟早粳。株型紧凑，分蘖力强，叶片直立宽厚，叶色浓绿，紧穗型。颖壳深黄色，种皮白色，有稀芒。全生育期155d，株高85cm，穗长17.5cm，穗粒数156.0粒，千粒重27g。

品质特性：糙米粒长4.8mm，糙米长宽比1.7，糙米率82.9%，精米率73.9%，整精米率69.1%，垩白粒率16%，垩白度3.9%，透明度1级，碱消值7级，胶稠度72mm，直链淀粉含量16.9%，蛋白质含量9.1%。

抗性：抗穗颈瘟，耐盐碱，耐肥，抗倒伏、耐旱、耐寒。

产量及适宜地区：2005—2006年两年辽宁省中熟区域试验，平均单产8 748kg/hm²，比对照辽盐16增产8.5%。2007年生产试验，平均单产9 048kg/hm²，比对照沈稻6号增产1.2%。适宜在沈阳以北稻区种植。

栽培技术要点：4月上旬播种，培育壮秧，播种量为200g/m²；5月中旬插秧，行株距：薄地29.7cm×（9.9～13.2）cm，每穴栽插2～3；平肥地，每穴栽插3～4苗；肥地29.7cm×（23.1～26.4）cm，每穴栽插5～6苗。一般施硫酸铵1 050kg/hm²，磷肥150kg/hm²，钾肥150kg/hm²，硅钙肥262.5kg/hm²。水层管理要浅、湿、干结合。注意防治稻水象甲、二化螟、稻飞虱、蚜虫。在出穗前初期和齐穗期各喷一次稻瘟灵水剂防治稻瘟病。注意防治稻水象甲、二化螟和稻纵卷叶螟等虫害。

锦稻105（Jindao 105）

品种来源：盘锦北方农业技术开发有限公司以M103系选而成。2009年通过辽宁省农作物品种审定委员会审定，审定编号为辽审稻2009220。

形态特征和生物学特性：粳型常规水稻，感光性弱，感温性中等，基本营养生长期短，属中熟早粳，苗期叶色深绿，叶片直立宽厚，株型紧凑，分蘖力较强，主茎16片叶，半紧穗型，谷粒长椭圆形，颖壳黄色。全生育期158d，株高105cm，穗长19cm，穗粒数170.0粒，千粒重25g。

品质特性：糙米粒长4.7mm，糙米长宽比1.6，糙米率82.2%，精米率73.1%，整精米率70%，垩白粒率20%，垩白度3.6%，透明度1级，碱消值7级，胶稠度77mm，直链淀粉含量16.6%，蛋白质含量9.8%。

抗性：抗穗颈瘟，耐盐碱，耐肥，抗倒伏，耐旱，耐寒。

产量及适宜地区：2005—2006年两年辽宁省中熟区域试验，平均单产8 748kg/hm²，比对照（辽盐16、辽粳371）平均增产8.5%。2007年生产试验，平均单产9 048kg/hm²，比对照沈稻6号增产1.2%。适宜在辽宁中南部、华北北部、西北稻区种植。

栽培技术要点：辽宁4月上旬播种，5月中旬插秧；行株距：薄地29.7cm×（9.9～13.2）cm，每穴栽插2～3苗；平肥地29.7cm×（16.5～19.8）cm，每穴栽插3～4苗；肥地29.7cm×（23.1～26.4）cm，每穴栽插5～6苗；施硫酸铵1 050kg/hm²，磷肥180kg/hm²，钾肥180kg/hm²，硅钙肥270kg/hm²；水层管理要深、浅、干结合；注意防治稻水象甲、二化螟、稻飞虱、蚜虫。

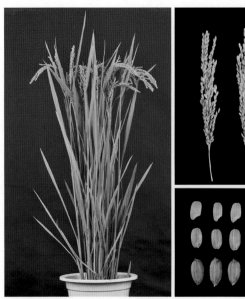

锦稻106 (Jindao 106)

品种来源：盘锦北方农业技术开发有限公司以盐丰47/辽盐12为杂交组合，采用系谱法选育而成。原品系号为AB102。2009年通过辽宁省农作物品种审定委员会审定，审定编号为辽审稻2009211。

形态特征和生物学特性：粳型常规水稻，感光性弱，感温性中等，基本营养生长期短，属中熟早粳。株型紧凑，分蘖力强，叶片直立，叶色浓绿，半紧穗型。颖壳黄色，种皮白色，无芒。全生育期155d，株高100cm，穗长18cm，穗粒数160.0粒，千粒重25g。

品质特性：糙米粒长4.8mm，糙米长宽比1.6，糙米率81.3%，精米率73%，整精米率70.2%，垩白粒率14%，垩白度2.4%，透明度1级，碱消值7级，胶稠度83mm，直链淀粉含量16.7%，蛋白质含量8.9%。

抗性：抗穗颈瘟。

产量及适宜地区：2007—2008年两年辽宁省中熟区域试验，平均单产9 394.5kg/hm²，比对照沈稻6号增产4.3%。2008年生产试验，平均单产9 805.5kg/hm²，比对照沈稻6号增产11.2%。适宜在辽宁地区及华北、西北稻区种植。

栽培技术要点：4月上旬播种，播种量为200g/m²；5月中下旬插秧，行株距：薄地29.7cm×（9.9～13.2）cm，每穴栽插2～3苗；平肥地29.7cm×（16.5～19.8）cm，每穴栽插3～4苗；肥地29.7cm×（23.1～26.4）cm，每穴栽插5～6苗。一般施硫酸铵1 200kg/hm²，磷肥225kg/hm²，钾肥225kg/hm²，硅钙肥300kg/hm²；水层管理要深、浅、干结合；注意防治稻水象甲、二化螟、稻飞虱。

锦稻201（Jindao 201）

品种来源：盘锦北方农业技术开发有限公司以盐丰47/丰锦为杂交组合，采用系谱法选育而成。2008年通过国家农作物品种审定委员会审定，审定编号为国审稻2008037。

形态特征和生物学特性：粳型常规水稻，感光性弱，感温性中等，基本营养生长期短，属中熟早粳。株型紧凑，叶片坚挺上举，茎叶深绿，半直立穗型。颖壳黄色，种皮白色，无芒。全生育期157.5d，比对照金珠1号早熟1.6d，株高105cm，穗长19cm，穗粒数165.0粒，千粒重26g。

品质特性：糙米粒长5.2mm，糙米长宽比1.9，糙米率83.8%，精米率75.2%，整精米率74%，垩白粒率4%，垩白度0.3%，透明度1级，碱消值7级，胶稠度74mm，直链淀粉含量17.7%，蛋白质含量8.8%。

抗性：中抗穗颈瘟，耐旱，耐肥，抗倒伏，耐寒。

产量及适宜地区：2006年北方稻区中早粳晚熟区域试验，平均单产9 538.5kg/hm²，比对照金珠1号增产14.6%；2007年续试，平均单产9 676.5kg/hm²，比对照金珠1号增产4.4%，比对照辽星9号增产11.2%；两年平均单产9 613.5kg/hm²，比对照金珠1号增产8.8%。2007年生产试验，平均单产10 147.5kg/hm²，比对照金珠1号增产10.4%。适宜在辽宁南部、新疆南部、北京、天津稻区种植。

栽培技术要点：辽宁南部、京津地区根据当地生产情况与金珠1号同期播种，播种前做好晒种与消毒，防治干尖线虫病和恶苗病。秧龄35d移栽，行株距30cm×（16.6～20）cm，每穴栽插3～4苗。一般施纯氮225kg/hm²，遵循前促、中控、后保的原则，氮、磷、钾肥合理搭配，配合施用各种微肥。水浆管理要坚持深、浅、干相结合，后期要间歇灌溉，收割前10～15d断水，以确保活秆收割。注意对稻瘟病、稻曲病和二化螟的防治。

京丰2号 (Jingfeng 2)

品种来源：中国农业科学院作物育种栽培研究所1960年以水原300粒/野地黄金为杂交组合，采用系谱法选育而成。原品系号为64107，1965年育成。1967年引入辽宁种植。

形态特征和生物学特性：粳型常规水稻，感光性弱，感温性中等，基本营养生长期短，属中熟早粳。株型紧凑，叶片坚挺上举，茎叶深绿，散穗型。颖壳黄色，种皮白色，无芒。全生育期155d，株高100cm，穗长18cm，穗粒数95.0粒，千粒重25g。

品质特性：糙米率82.6%。

抗性：中感稻瘟病，中抗纹枯病，抗稻飞虱，抗倒伏。

产量及适宜地区：一般单产7 500kg/hm^2。适宜在北京、天津、辽宁、河北等地作一季稻或麦茬稻种植。

栽培技术要点：5月上旬移栽，6月25日以前插秧。插秧前施面肥，促进早生快发。在稻瘟病重发区要少施早施穗肥，并注意防治稻瘟病。

京引177 (Jingyin 177)

品种来源：日本青森县农业试验场藤坂支场用藤稔经^{60}Co辐射处理选育而成。原名黎明，原品系代号藤系70。1966年5月通过审定登记，编号为农林177号。1969年由中国农业科学院引进我国，后引入辽宁种植。

形态特征和生物学特性：粳型常规水稻，感光性弱，感温性中等，基本营养生长期短，属中熟早粳。苗色深绿，根系发达，生长健壮。株型紧凑，叶片短厚上冲，基叶青绿色，散穗型，分蘖力中等。颖壳黄白，无芒。全生育期152d，株高96cm，穗长17cm，穗粒数120.0粒，结实率87.2%，千粒重27g。

品质特性：糙米率81.8%，精米率75.3%，整精米率70.1%，垩白粒率6%，垩白度0.3%，胶稠度88mm，直链淀粉含量15.6%，蛋白质含量8.9%。

抗性：抗稻瘟病、白叶枯病，抗倒伏。

产量及适宜地区：一般单产7 500kg/hm^2。适宜在辽宁中北部稻区种植。

栽培技术要点：合理密植，保证足够的穗数。增施氮肥并配合施用钾肥，以发挥出产量潜力。

京引35（Jingyin 35）

品种来源：辽宁省水稻研究所引进品种，以台中27/高雄53//农林34为杂交组合，采用系谱法选育而成。原品种名称为科情3号。1970年在辽宁省种植。

形态特征和生物学特性：粳型常规水稻，感光性弱，感温性中等，基本营养生长期短，属迟熟早粳。株型紧凑，叶片坚挺上举，茎叶浅淡绿，半直立穗型，颖壳黄色，种皮白色，稀少芒。全生育期166d，株高115.7cm，穗粒数120.0粒，结实率68.4%，千粒重23.5g。

品质特性：糙米率80.6%，垩白粒率22%。

抗性：中抗稻瘟病。

产量及适宜地区：一般单产8 250.0kg/hm²。适宜在辽宁东港稻区种植。

栽培技术要点：4月20日播种，培育壮秧，播种量为200g/m²；5月30日插秧，行株距30cm×15cm，每穴栽插3苗。一般施硫酸铵750kg/hm²，磷肥150kg/hm²，钾肥150kg/hm²。浅水层管理。在出穗前初期和齐穗期各喷一次稻瘟灵水剂防治稻瘟病。注意防治稻水象甲、二化螟和稻纵卷叶螟等虫害。

京引 82 （Jingyin 82）

品种来源：日本以农林29/新-3//关东53为杂交组合，采用系谱法选育而成。原品种名称为越响。20世纪70年代引入辽宁省种植。

形态特征和生物学特性：粳型常规水稻，感光性弱，感温性中等，基本营养生长期短，属迟熟早粳。株型紧凑，叶片坚挺上举，茎叶浅淡绿，散穗型。颖壳黄色，种皮白色，短芒。全生育期165d，株高98cm，穗长18.2cm，穗粒数88.0粒，结实率92%，千粒重22.5g。

品质特性：糙米率82.6%，精米率74.8%，整精米率70.4%，垩白粒率9%，垩白度1.3%。

抗性：中抗稻瘟病，轻感纹枯病，耐寒。

产量及适宜地区：一般单产8 250kg/hm²。适宜在辽宁南部稻区种植。

栽培技术要点：4月上中旬播种，采用旱育秧，播种量催芽种子200g/m²；5月中下旬移栽，行株距30cm×16.5cm，每穴栽插3～4苗。氮、磷、钾配方施肥，灌溉应采取分蘖期浅、孕穗期深、籽粒灌浆期浅的方法；7月上中旬注意防治二化螟，抽穗前及时防治稻瘟病等病虫害。

京引83 （Jingyin 83）

品种来源：辽宁省水稻研究所引进品种，以54BC-68/初锦为杂交组合，采用系谱法选育而成。原品种名称为福锦。1975年在辽宁省推广。

形态特征和生物学特性：粳型常规水稻，感光性弱，感温性中等，基本营养生长期短，属迟熟早粳。株型紧凑，叶片披散，茎叶深绿，散穗型。颖壳黄色，种皮白色，稀顶芒。全生育期160d，株高108cm，穗长17.7cm，穗粒数74.0粒，结实率81%，千粒重26.9g。

品质特性：糙米率81%。

抗性：抗苗瘟和叶瘟，抗穗颈瘟。

产量及适宜地区：1973年辽宁省晚熟区域试验，平均单产6 795kg/hm²，比对照京引35减产4.5%。适宜在辽宁中晚熟和晚熟稻区种植。

栽培技术要点：4月上旬播种，采用旱育秧，播种量干种子150～200g/m²；5月中下旬移栽，行株距30cm×（13.3～16.5）cm，每穴栽插3～4苗。施用优质农家肥30 000kg/hm²、硫酸铵300kg/hm²、磷酸二铵285kg/hm²、硫酸钾22.5kg/hm²、硫酸锌22.5kg/hm²和适量的硅肥作底肥，分蘖期和孕穗期尚需适时适量追施氮肥，生育后期酌情喷施0.2%磷酸二氢钾0.9kg/hm²作叶面肥。灌溉应采取带水插秧，寸水缓苗，浅水分蘖，在有效分蘖末期适当晒田。生育后期不可撤水过早，以防发生早衰而减产；7月上中旬注意防治二化螟，抽穗前及时防治稻瘟病等病虫害。

京租（Jingzu）

品种来源：辽宁中北部地区栽培最久的地方优质品种，现已有100多年的栽培史。清朝时曾作为皇粮征用，1958年曾作为名贵粮食品种参加印度农产品展览会，1959年在全国农业展览馆展出，并列入全国名贵粮食品种。

形态特征和生物学特性：粳型常规水稻，感光性弱，感温性中等，基本营养生长期短，属早熟早粳。分蘖力差，株型较散，软秆，叶狭长，叶色淡绿，穗较松散，耐肥，抗倒性差，易落粒。谷粒椭圆形，颖壳淡黄，黄白色长芒，颖尖黄褐色。全生育期135d，株高115cm，穗长18cm，主穗约140.0粒，千粒重25g。

品质特性：糙米率75%。

抗性：耐寒，抗涝，抗旱，耐瘠薄。

产量及适宜地区：一般单产3 500kg/hm²。适宜在辽宁西丰、昌图、开原、铁岭、康平、沈阳、新民、辽中、本溪、新宾、桓仁、丹东、义县、绥中等地作早熟品种种植。

栽培技术要点：秋季应注意及时收割，减少落穗及落粒损失。

开粳1号（Kaigeng 1）

品种来源：辽宁省开原市农业科学研究所以秋田32/沈抗1585-3为杂交组合，采用系谱法选育而成。原品系号为8712-7。1999年通过辽宁省农作物品种审定委员会审定、命名、推广，审定编号为辽审稻1999075。

形态特征和生物学特性：粳型常规水稻，感光性弱，感温性中等，基本营养生长期短，属中熟早粳。株型紧凑，叶色浓绿，叶片直立，散穗型，分蘖力强。粒型椭圆，颖壳黄白，有中芒。全生育期156d，株高95cm，穗长17cm，有效穗数187.5万穗/hm^2，穗粒数85粒，结实率90%，千粒重27g。

品质特性：糙米粒长4.9mm，糙米长宽比1.6，糙米率83.4%，精米率74.1%，整精米率72.3%，垩白粒率29%，垩白度2.7%，胶稠度72mm，直链淀粉含量18.2%，蛋白质含量7%。

抗性：抗稻瘟病，抗白叶枯病，轻感稻曲病、纹枯病，抗倒伏。

产量及适宜地区：1995—1996年两年辽宁省中熟区域试验，平均单产8 901kg/hm^2，比对照秋光增产12.2%。1997—1998年两年生产试验，平均单产9 003kg/hm^2，比对照（秋光、铁粳4号）平均增产15.2%。一般单产8 250kg/hm^2。适宜在沈阳以北中早熟稻区种植。

栽培技术要点：4月上中旬播种，采用旱育秧，播种量催芽种子150～200g/m^2；5月中下旬移栽，行株距30cm×（13.3～16.7）cm，每穴栽插2～4苗。中肥地施氮肥（以硫酸铵计算）900kg/hm^2、磷肥（以过磷酸钙计）825kg/hm^2、钾肥150kg/hm^2。氮肥分底肥、蘖肥（二次）、穗粒肥，按4：4：2的比例施入，磷肥耙地前施，钾肥与蘖肥同施，或者水田施入适量微肥。灌溉应掌握寸水返青，浅湿分蘖，适时晒田，寸水扬花；浅、湿、干交替灌溉的原则，后期不能断水过早，防止早衰；7月上中旬注意防治二化螟，抽穗前及时防治稻瘟病等病虫害。

开粳2号 (Kaigeng 2)

品种来源：辽宁省开原市农业科学研究所从旱72中选出天然变异株选择，采用系谱法选育而成。原品系号为开106。2001年通过辽宁省农作物品种审定委员会审定，审定编号为辽审稻2001083。

形态特征和生物学特性：粳型常规水稻，感光性弱，感温性中等，基本营养生长期短，属中熟早粳。株型紧凑，分蘖力中等，叶片坚挺上举，茎叶浅淡绿，半散穗型。颖壳黄色，种皮白色，稀芒。全生育期150～153d，株高97cm，穗长19cm，穗粒数110粒，结实率95%，千粒重26g。

品质特性：糙米粒长5mm，糙米长宽比1.7，糙米率82.6%，精米率74.7%，整精米率61%，垩白粒率42%，垩白度2.9%，透明度1级，碱消值7级，胶稠度72mm，直链淀粉含量17.6%，蛋白质含量9.1%。

抗性：中感叶瘟病、穗颈瘟病，轻感稻曲病、纹枯病，抗倒伏。

产量及适宜地区：1997—1998年两年辽宁省中早熟区域试验，平均单产7 677kg/hm²，比对照铁粳5号增产6.1%。1999—2000年两年生产试验，平均单产8 562kg/hm²，比对照铁粳5号增产9.1%。适宜在辽宁沈阳、铁岭、抚顺、西丰、本溪、桓仁及吉林中南部地区种植。

栽培技术要点：4月上中旬播种，采用大棚旱育秧，播种量催芽种子200g/m²；5月中下旬移栽，行株距30cm×13.3cm，每穴栽插3～4苗。施硫酸铵825kg/hm²，过磷酸钙750kg/hm²，钾肥150kg/hm²，灌溉应采取分蘖期浅、孕穗期深、籽粒灌浆期浅的灌溉方法；稻瘟病、稻曲病重发区在抽穗前用稻瘟灵、络氨铜防治。

开粳3号 (Kaigeng 3)

品种来源：辽宁省开原市农业科学研究所以秋光/沈抗1585-3为杂交组合，采用系谱法选育而成。原品系号为开9502。分别通过辽宁省（2002）和国家（2003）农作物品种审定委员会审定，审定编号分别为辽审稻2002100和国审稻2003021。

形态特征和生物学特性：粳型常规水稻，感光性弱，感温性中等，基本营养生长期短，属中熟早粳。秧苗健壮，根系发达，株型紧凑，分蘖力强，茎秆坚韧，基部节间坚硬，叶色深绿，长势清秀，剑叶直立，后期功能叶片多。散穗，出穗整齐，粒椭圆型，颖壳黄白，无芒。全生育期为153.6d，比对照秋光迟熟2d，株高89.3cm，穗长20cm，穗粒数83.8粒，结实率87.6%，千粒重26.5g。

品质特性：整精米率58.8%，垩白粒率24%，垩白度2.5%，胶稠度75mm，直链淀粉含量15.4%。

抗性：中抗苗瘟病和叶瘟病，抗寒，抗倒伏。

产量及适宜地区：2000年北方稻区中早粳中熟区域试验，平均单产8 932.5kg/hm²，比对照秋光增产19%；2001年续试，平均单产10 065kg/hm²，比对照秋光增产5.4%。2001年生产试验，平均单产9 753kg/hm²，比对照秋光增产9.6%。适宜在吉林南部、辽宁、宁夏、北京、山西及新疆中北部稻瘟病轻发稻区种植。

栽培技术要点：播种前进行种子消毒防治恶苗病和立枯病，旱育秧播种量为150 ~ 200g/m²，并适时通风炼苗；插植规格为30cm×（13.3 ~ 16.6）cm，每穴栽插3 ~ 4苗，适合抛秧或大垄双行栽植；中等肥力田施农家肥30 000kg/hm²，化肥施硫酸铵780kg/hm²，过磷酸钙750kg/hm²，硫酸钾150kg/hm²，施肥要前重后轻；做到寸水返青，浅湿分蘖，适时晒田，寸水扬花，浅、湿、干灌浆，后期不宜断水过早，确保活秆成熟；6月下旬至7月上旬注意防治二化螟、稻曲病，稻瘟病严重地区在抽穗前用稻瘟灵防治。

抗盐100 (Kangyan 100)

品种来源：辽宁省盐碱地利用研究所以N84-1/丰锦为杂交组合，采用系谱法选育而成。1994年通过辽宁省农作物品种审定委员会审定，审定编号为辽审稻1994047。

形态特征和生物学特性：粳型常规水稻，感光性弱，感温性强，基本营养生长期短，属中熟早粳。株型紧散适中，叶片宽厚、剑叶较长，叶色浓绿，弯曲穗；颖壳黄色，种皮白色，颖尖无芒；全生育期150d，株高104cm，穗长27.3cm，有效穗数252万穗/hm²，穗粒数135粒，结实率80.5%，千粒重30g。

品质特性：糙米粒长5.1mm，糙米长宽比1.8，糙米率82.5%，精米率74.2%，整精米率71.2%，垩白粒率8%，垩白度1.2%，透明度2级，碱消值7级，胶稠度90mm，直链淀粉含量16.7%，蛋白质含量9%，国标二级优质米标准。

抗性：抗稻瘟病，抗旱中等，耐冷，抗盐。

产量及适宜地区：一般单产8 250kg/hm²。适宜在沈阳以北中熟稻区、滨海盐碱地种植。

栽培技术要点：4月中下旬播种，5月中下旬至6月初移栽。播种量普通旱育苗200g/m²，钵体育苗450g/m²。插秧密度30cm×（13.3～16.6）cm，每穴栽插4～5株苗。氮、磷、钾平衡施用。施纯氮量165kg/hm²，分5次施入；五氧化二磷105kg/hm²（作底肥）；氧化钾75kg/hm²（分蘖期作追肥）。水层管理以浅水为主，采取浅、湿、干相结合灌溉模式。5月下旬至6月上旬对稻水象甲进行防治，6月下旬对二化螟进行防治。在稻瘟病重发区抽穗前及时防治。

辽丰2号 (Liaofeng 2)

品种来源：辽宁省水稻研究所用十和田/农林7号//农林19为杂交组合，1960年选育而成。

形态特征和生物学特性：粳型常规水稻，感光性弱，感温性中等，基本营养生长期短，属早熟早粳。株型紧凑，分蘖力中等，半矮秆，幼苗矮壮，颖壳黄白，无芒。全生育期140d，株高100cm，穗长18cm，穗粒数中等，结实率82.3%，千粒重26.5g。

品质特性：糙米率80.2%。

抗性：耐肥，抗倒伏。

产量及适宜地区：一般单产6 000kg/hm²。适宜在辽宁中北部种植。

栽培技术要点：播种前进行种子消毒防治恶苗病和立枯病，旱育秧播种量为150～200g/m²，并适时通风炼苗；插植规格为30cm×13.3cm，每穴栽插3～4苗，适合抛秧或大垄双行栽植；中等肥力田施农家肥30 000kg/hm²，化肥施硫酸铵825kg/hm²，过磷酸钙750kg/hm²，硫酸钾150kg/hm²，施肥要前重后轻；做到寸水返青，浅湿分蘖，适时晒田，寸水扬花，浅、湿、干交替灌溉，后期不宜断水过早，确保活秆成熟；6月下旬至7月上旬注意防治二化螟、稻曲病，稻瘟病严重地区在抽穗前用稻瘟灵防治。

辽丰3号（Liaofeng 3）

品种来源：辽宁省水稻研究所1960年用十和田/公交20为杂交组合，采用系谱法选育而成。

形态特征和生物学特性：粳型常规水稻，感光性弱，感温性中等，基本营养生长期短，属中熟早粳。插秧后缓苗快，分蘖力较强，幼苗矮壮，株型紧凑，颖壳黄白，无芒。全生育期150d，株高100cm，穗长22cm，穗粒数95.0粒，结实率92.7%，千粒重26g。

品质特性：糙米率81.9%。

抗性：抗稻瘟病，耐肥，抗倒伏。

产量及适宜地区：一般单产3 724.5kg/hm²。适宜在辽宁中北部稻区种植。

栽培技术要点：行株距30cm×10cm，每穴栽插3～5苗。施硫酸铵825.0kg/hm²。基肥50.0%，蘖肥分期施用，施好穗肥。加强肥水管理，采用浅、湿、干灌溉方法，促进早分蘖，增加粒重。

辽丰4号 （Liaofeng 4）

品种来源：辽宁省水稻研究所1966年以十和田/日本海为杂交组合，采用系谱法选育而成。

形态特征和生物学特性：粳型常规水稻，感光性弱，感温性中等，基本营养生长期短，属迟熟早粳。幼苗粗壮，插秧后缓苗快，分蘖力强，剑叶直立，颖壳黄白，无芒。全生育期160d，株高108cm，穗长17cm，千粒重25g。

品质特性：糙米率83.4%。

抗性：抗稻瘟，耐肥，抗倒伏。

产量及适宜地区：一般单产7 950kg/hm^2。适宜在辽宁盘锦地区种植。

栽培技术要点：选择肥地。插秧密度30cm×10cm，每穴栽插3～4苗。施硫酸铵750.0kg/hm^2。基肥占50.0%，蘖肥分期施用，施好穗肥。加强肥水管理，采用浅、湿、干灌溉方法，促进早分蘖，增加粒重。

辽旱109 (Liaohan 109)

品种来源：盘锦北方农业技术开发有限公司从HJ29中选择，采用系谱法选育而成。2003年通过国家农作物品种审定委员会审定，审定编号为国审稻2003087。

形态特征和生物学特性：粳型常规旱稻，感光性弱，感温性中等，基本营养生长期短，属迟熟早粳。株型紧凑叶色浓绿，叶宽厚、直立，茎秆粗壮，分蘖力较强，半直立穗型，颖壳黄色，种皮白色，无芒。在京、津地区直播旱作全生育期平均为156d，比对照旱72长7.5d，株高86.7cm，穗长14cm，穗粒数103.0粒，结实率81.8%，千粒重23.8g。

品质特性：整精米率40.3%，垩白粒率76%，垩白度11.4%，胶稠度86mm，直链淀粉含量16.3%。

抗性：叶瘟病6级，穗颈瘟病5级，抗旱性1.6级，中感稻瘟病。

产量及适宜地区：2000年北方旱稻中晚熟区域试验，平均单产4 864.5kg/hm²，比对照旱72增产14.7%；2001年续试，平均单产4 375.5kg/hm²，比对照旱72增产4.6%。2002年生产试验，平均单产4 636.5kg/hm²，比对照旱72增产9.6%。适宜在辽宁南部、河北北部及天津、北京旱作种植。

栽培技术要点：播种前晒种，采用种衣剂包衣，也可选用多菌灵浸种；结合整地施农家肥15 000kg/hm²，随种施磷酸二铵150kg/hm²，硫酸钾150kg/hm²，硫酸铵225kg/hm²，并配施少量微肥；播种后出苗前，选用60%丁草胺4.5kg/hm²和噁草酮4.5kg/hm²混合对水喷雾，进行土壤封闭，苗后用二氯喹啉酸0.75kg/hm²或敌稗7.5kg/hm²进行茎叶处理；在出苗期、拔节期、孕穗、灌浆期如遇干旱应及时灌水；要注意防治稻瘟病、纹枯病及稻飞虱、稻螟虫等病虫危害。

辽旱403 （Liaohan 403）

品种来源：辽宁省水稻研究所以S229/S2026为杂交组合，采用系谱法选育而成。2005年通过国家农作物品种审定委员会审定，审定编号为国审稻2005057。

形态特征和生物学特性：粳型常规旱稻，感光性弱，感温性中等，基本营养生长期短，属迟熟旱粳。株型紧凑，叶片坚挺上举，茎叶浅淡绿，半直立穗型，主蘖穗整齐。颖壳黄色，种皮白色，无芒。在辽宁、河北等地作一季旱稻种植全生育期平均147d，比对照旱72迟熟2d，株高84.5cm，穗长15cm，穗粒数88.6粒，结实率88.7%，千粒重24g。

品质特性：整精米率62.2%，垩白粒率12%，垩白度1.2%，直链淀粉含量15.6%，胶稠度80mm，国标三级优质米标准。

抗性：苗期抗旱性3级，叶瘟3级，穗颈瘟5级，中感稻瘟病，抗旱。

产量及适宜地区：2002年北方旱稻一季稻区中晚熟区域试验，平均单产5 392.5kg/hm²，比对照旱72增产9.8%；2003年续试，平均单产5 256kg/hm²，比对照旱72增产36.3%，比对照旱稻297增产0.7%；两年平均单产5 325kg/hm²，比对照旱72增产21.6%。2004年生产试验，平均单产6 033kg/hm²，比对照旱稻297增产4.6%。适宜在辽宁中南部、河北中北部稻区作一季旱稻种植。

栽培技术要点：播前进行种子晾晒、消毒处理。条播行距23～30cm，播深2～3cm，播后镇压。播种量112.5kg/hm²。结合整地施农家肥15 000kg/hm²、磷酸二铵150kg/hm²、硫酸钾120kg/hm²、硫酸铵225kg/hm²，并补施少量的微肥如硫酸锌等。拔节期、孕穗至抽穗期适当追肥。遇干旱应及时灌水。在播种后出苗前，用除草剂进行土壤封闭，出苗后根据杂草种类用除草剂进行茎叶处理，并辅以人工拔草；注意防治黏虫、地下害虫以及稻瘟病等。

辽河1号 （Liaohe 1）

品种来源：大洼县辽河高科技农业研究所以辽河5号/WRH2为杂交组合，采用系谱法选育而成。2009年通过辽宁省农作物品种审定委员会审定，审定编号为辽审稻2009221。

形态特征和生物学特性：粳型常规水稻，感光性弱，感温性中等，基本营养生长期短，属迟熟早粳。株型紧凑，叶片坚挺上举，茎叶深绿，半直立穗型。颖壳黄色，种皮白色，无芒。全生育期163d，株高97.2cm，穗长16.5cm，穗粒数127.5粒，结实率82.2%，千粒重23.2g。

品质特性：糙米粒长4.7mm，糙米长宽比1.6，糙米率81.9%，精米率73.3%，整精米率71.3%，垩白粒率12%，垩白度2%，透明度1级，碱消值7级，胶稠度74mm，直链淀粉含量16.4%，蛋白质含量8.9%，国标二级优质米标准。

抗性：高耐盐碱，耐旱，耐低温，抗倒伏，中感稻瘟病、纹枯病、稻曲病，高抗条纹叶枯病。

产量及适宜地区：2007年辽宁省中晚熟区域试验，平均单产9 991.5kg/hm²，比对照辽粳9号增产9.8%；2008年续试，平均单产9 115.5kg/hm²，比对照辽粳9号减产0.2%；两年平均单产9 553.5kg/hm²，比对照辽粳9号平均增产4.8%。2008年生产试验，平均单产9 685.5kg/hm²，比对照辽粳9号增产13.6%。在大面积生产示范田中，一般单产11 250kg/hm²。适宜在沈阳以南稻区种植。

栽培技术要点：4月上中旬播种，采用旱育秧，播种量催芽种子250g/m²；5月中下旬移栽，行株距为30cm×（13～20）cm，每穴栽插3～4苗。尿素：磷酸二铵：硫酸钾以2：1：1的比例较为合适，施肥量为尿素450kg/hm²、磷酸二铵225kg/hm²、硫酸钾225kg/hm²。氮肥是钾肥的1/3用于分蘖中后期、1/3用于孕穗期、1/3用于灌浆期。老稻田施用含硅量30%的硅肥375kg/hm²，有助于提高水稻抗病性。土灌溉应采取分蘖期浅、孕穗期深、籽粒灌浆期浅的灌溉方法；7月上中旬注意防治二化螟，抽穗前及时防治稻瘟病等病虫害，抽穗后防治稻飞虱和蚜虫。

辽河5号 (Liaohe 5)

品种来源：辽宁省大洼县辽河高科技农业研究所以盐丰47变异株为材料，系统选育而成。原品系号为龙盘5号。2006年通过辽宁省农作物品种审定委员会审定，审定编号为辽审稻2006187。

形态特征和生物学特性：粳型常规水稻，感光性弱，感温性中等，基本营养生长期短，属中熟早粳。株型紧凑，分蘖力强，叶片直立，叶色浓绿，半紧穗型。颖壳黄色，种皮白色，无芒。全生育期158d，株高100cm，穗长16cm，穗粒数116.6粒，千粒重25g。

品质特性：糙米粒长4.9mm，糙米长宽比1.7，糙米率82.6%，精米率73.4%，整精米率67.2%，垩白粒率21%，垩白度3.4%，胶稠度86mm，直链淀粉含量16.5%，蛋白质含量8.8%。

抗性：中感穗颈瘟。

产量及适宜地区：2005—2006年两年辽宁省中晚熟区域试验，平均单产9 690kg/hm²，比对照辽粳294增产12.6%。2006年生产试验，平均单产9 993kg/hm²，比对照辽粳294增产12.2%。适宜在沈阳以南稻区种植。

栽培技术要点：4月中旬播种，培育壮秧，播种量为200g/m²；5月下旬插秧，行株距30cm×13cm，每穴栽插3～4苗。一般施硫酸铵1 050kg/hm²，磷肥262.5kg/hm²，钾肥262.5kg/hm²。采用浅、湿、干灌溉技术。注意防治稻瘟病。

辽河糯 (Liaohenuo)

品种来源：辽宁省大洼县辽河高科技农业研究所以秀子糯/辽盐糯//WRH-1为杂交组合，采用系谱法选育而成。原品系号为龙盘糯2号。2006年通过辽宁省农作物品种审定委员会审定，审定编号为辽审稻2006181。

形态特征和生物学特性：粳型常规糯性水稻，感光性弱，感温性中等，基本营养生长期短，属中熟早粳。株型半紧，分蘖力中等，叶片直立，叶色淡绿，半散穗型。颖壳淡黄色，种皮白色，有芒。全生育期157d，株高95cm，穗长16.5cm，穗粒数138.5粒，千粒重24.6g。

品质特性：糙米粒长4.9mm，糙米长宽比1.7，糙米率82.1%，精米率73.2%，整精米率68.3%，阴糯米率6.5%，垩白度1%，胶稠度100mm，碱消值5.4级，直链淀粉含量2.1%，蛋白质含量8.1%。

抗性：中感穗颈瘟。

产量及适宜地区：2005—2006年两年辽宁省中熟区域试验，平均单产8 868kg/hm²，比对照辽粳371增产9.9%。2006年生产试验，平均单产9 021kg/hm²，比对照辽粳371增产12.5%。适宜在沈阳以北稻区种植。

栽培技术要点：4月中旬播种，培育壮秧，播种量为200g/m²；5月下旬插秧，行株距30cm×13cm，每穴栽插4~5苗。一般施硫酸铵1 050kg/hm²，磷肥262.5kg/hm²，钾肥262.5kg/hm²。采用浅、湿、干间歇节水灌溉技术。注意防治稻瘟病。在出穗前初期和齐穗期各喷一次稻瘟灵防治稻瘟病。注意防治稻水象甲、二化螟和稻纵卷叶螟等虫害。

辽粳10号 （Liaogeng 10）

品种来源：辽宁省水稻研究所以BL-6/丰锦为杂交组合，采用系谱法选育而成。原品系号为74-134-5-1。1982年通过辽宁省农作物品种审定委员会审定，审定编号为辽审稻1982011。

形态特征和生物学特性：粳型常规水稻，感光性弱，感温性中等，基本营养生长期短，属早熟早粳。株型紧凑，分蘖力强，叶片宽厚直立，叶鞘、叶缘、叶枕均为浓绿色，半直立穗型，抽穗整齐。颖壳黄色，种皮白色，稀短芒。全生育期145d，株高90cm，穗长16.5cm，穗粒数65.0粒，结实率90%，千粒重27g。

品质特性：糙米长宽比1.5，糙米率82.5%，精米率62.8%，整精米率52.8%，垩白粒率14.4%，垩白度2%，透明度2级，胶稠度115mm，直链淀粉含量22%，蛋白质含量9.5%。

抗性：抗稻瘟病、抗纹枯病、高抗白叶枯病、轻感稻曲病，耐冷，抗旱，耐肥，抗倒伏。

产量及适宜地区：1980—1981年两年辽宁省中早熟区域试验，平均单产7 072.5kg/hm²，比对照京引127增产10.5%。1980—1981年两年生产试验，平均单产7 635kg/hm²，比对照京引127增产12.6%。一般单产7 500kg/hm²。适宜在辽宁开原、铁岭、新民、北镇、桓仁、沈阳、辽阳及吉林、陕西等地旱作栽培，亦适于辽北、辽东及井灌稻区水作栽培。

栽培技术要点：4月上中旬播种，稀播种，育壮秧；5月中下旬移栽，行株距（20～25）cm×10cm，每穴栽插4～5苗。在施足基肥的基础上，施硫酸铵750kg/hm²，分为底肥（50%）、蘖肥和穗肥。穗肥在齐穗前追施。及时防治病、虫、草害。

辽粳101 (Liaogeng 101)

品种来源: 辽宁省水稻研究所于2000年以辽优7/辽盐188人工杂交系选而成，原品系号为LDC101。2010年通过辽宁省农作物品种审定委员会审定，审定编号为辽审稻2010241。

形态特征和生物学特性: 粳型常规水稻，感光性弱，感温性中等，基本营养生长期短，属迟熟早粳。苗期叶色浓绿，叶片耸直，株型紧凑，分蘖力较强，主茎17片叶，半紧穗型，颖壳色黄，有芒。全生育期160d，株高103.7cm，穗长20cm，穗粒数130.0粒，结实率82.6%，千粒重24.8g。

品质特性: 糙米粒长4.8mm，糙米长宽比1.7，糙米率82.2%，精米率73.5%，整精米率71.4%，垩白粒率16%，垩白度1.3%；透明度1级，碱消值7级，胶稠度64mm，直链淀粉含量18.1%，蛋白质含量8.8%。

抗性: 中抗穗颈瘟。

产量及适宜地区: 2008—2009年两年辽宁省中晚熟区域试验，平均单产9 742.5kg/hm²，比对照辽粳9号增产4.6%。2009年生产试验，平均单产9 684kg/hm²，比对照辽粳9号增产7.3%。适宜在沈阳以南稻区种植。

栽培技术要点: 4月上旬播种，5月中旬插秧，行株距30cm× (13.3 ~ 16.6) cm，每穴栽插3 ~ 4苗；施硫酸铵825kg/hm²、磷肥150kg/hm²、钾肥225kg/hm²；水层管理采用节水灌溉技术，浅、湿、干间歇灌溉；注意防治二化螟。

辽粳135 (Liaogeng 135)

品种来源：辽宁省水稻研究所以84-233/79-178为杂交组合，采用系谱法选育而成。1999年通过辽宁省农作物品种审定委员会审定，审定编号为辽审稻1999072。

形态特征和生物学特性：粳型常规水稻，感光性弱，感温性中等，基本营养生长期短，属中熟早粳。株型紧凑，叶片直立，叶色浓绿，半松散穗型，分蘖力较强。颖壳黄白，着有稀短芒。全生育期155d，株高100cm，穗长15～18cm，有效穗数450万穗/hm²，穗粒数120.0粒，千粒重24.1g。

品质特性：糙米粒长5.1mm，糙米长宽比1.8，糙米率82.8%，精米率74.8%，整精米率72%，垩白粒率40%，垩白度5.4%，胶稠度76mm，直链淀粉含量17.6%，蛋白质含量7.4%。

抗性：中抗稻瘟病和白叶枯病，纹枯病轻，轻感稻曲病，耐肥，抗倒伏。

产量及适宜地区：1996—1997年两年辽宁省中熟区域试验，平均单产8 199kg/hm²，比对照秋光增产11.3%。1997—1998年两年生产试验，平均单产9 204kg/hm²，比对照铁粳4号增产10.8%。一般单产8 250kg/hm²。适宜在辽宁中南部稻区种植，也可在华北、西北、西南、华中和华东等地区栽培。

栽培技术要点：4月上旬播种，采用旱育秧，播种量干种子150～200g/m²；5月中旬移栽，行株距30cm×（13.2～16.5）cm，每穴栽插4～5苗。施氮肥（以硫酸铵计）975kg/hm²，要重施农家肥，施足底肥，一般底肥施硫酸铵300kg/hm²、磷酸二铵150kg/hm²、钾肥112.5kg/hm²、锌肥15kg/hm²，缓苗后分蘖始期施硫酸铵300kg/hm²，分蘖盛期（6月20～25日）施硫酸铵270kg/hm²，减数分裂期（7月10～20日）施硫酸铵90kg/hm²。浅水插秧，寸水缓苗，浅水分蘖，有效分蘖末期适当晒田，浅、湿、干间歇灌溉，水稻生育末期不能断水过早，以防早衰；7月上中旬注意防治二化螟，抽穗前及时防治稻瘟病等病虫害。

辽粳152 (Liaogeng 152)

品种来源：辽宁省水稻研究所1958年以宁丰／农垦19为杂交组合，采用系谱法选育而成。

形态特征和生物学特性：粳型常规水稻，感光性弱，感温性中等，基本营养生长期短，属早熟早粳。苗期长势较弱，插秧后返青快，分蘖力中等，颖壳黄白，无芒。全生育期140d，株高100cm，穗长16cm，穗粒数93.0粒，结实率82.7%，千粒重26g。

品质特性：糙米率81.6%。

抗性：抗稻瘟病，耐肥。

产量及适宜地区：一般单产7 500kg/hm²。适宜在辽宁中北部地区种植。

栽培技术要点：稀播育壮秧。合理施肥，注意防治稻瘟病。

辽粳207 (Liaogeng 207)

品种来源：辽宁省水稻研究所以79-227/83-326为杂交组合，采用系谱法选育而成。原品系号为辽207。1998年通过辽宁省农作物品种审定委员会审定，审定编号为辽审稻1998069。

形态特征和生物学特性：粳型常规水稻，感光性弱，感温性中等，基本营养生长期短，属中熟早粳。株型紧凑，叶片直立，茎叶浓绿，半松散穗型，分蘖早，分蘖力较强。颖壳黄白，粒型椭圆，无芒。全生育期155d，株高95cm，穗长18.6cm，有效穗数450万穗/hm²，穗粒数90粒，结实率86%，千粒重25.8g。

品质特性：糙米粒长4.8mm，糙米长宽比1.7，糙米率83.5%，精米率76.8%，整精米率71%，垩白粒率14%，垩白度3.2%，胶稠度70mm，直链淀粉含量17%，蛋白质含量8.5%。

抗性：抗稻瘟病、纹枯病，耐肥，抗倒伏。

产量及适宜地区：1994年辽宁省中熟区域试验，平均单产7 606.5kg/hm²，比对照秋光增产10.4%；1995年续试，平均单产8 467.5kg/hm²，比对照秋光增产7.9%；两年区域试验平均单产8 037kg/hm²，比对照秋光增产9%。1996年生产试验，平均单产9 798kg/hm²，比对照秋光增产15%；1997年生产试验，平均单产9 187.5kg/hm²，比对照秋光增产14.3%；两年生产试验平均单产9 493.5kg/hm²，比对照秋光增产14.6%。适宜在辽宁大部分地区种植，也可在华北、西北、西南、华中和华东等地区种植。

栽培技术要点：4月上旬播种，采用大棚旱育秧，播种量150～200g/m²；5月末至6月初移栽，行株距30cm×（13～16）cm，每穴栽插3～4苗。施硫酸铵900kg/hm²、过磷酸钙750kg/hm²或磷酸二铵150kg/hm²、钾肥15kg/hm²、锌肥22.5kg/hm²。灌溉应采取浅水插秧、浅水促蘖、寸水开花，后期进行干干湿湿管理；7月上旬注意防治二化螟，抽穗前及时防治稻瘟病等病虫害。

辽粳244（Liaogeng 244）

品种来源：辽宁省水稻研究所以79-227/辽粳326为杂交组合，采用多元亲本复合杂交选育而成。原品系号为87-675。1995年通过辽宁省农作物品种审定委员会审定，审定编号为辽审稻1995050。

形态特征和生物学特性：粳型常规水稻，感光性弱，感温性中等，基本营养生长期短，属中熟早粳。分蘖力中等，株型紧凑，叶片直立，叶色浓绿，半直立穗型。颖壳黄白，种皮白色，无芒或稀顶芒。全生育期153d，株高100cm，穗长19cm，有效穗数427.5万穗/hm^2，穗粒数102.5粒，结实率90%，千粒重25.5g。

品质特性：糙米长宽比1.7，糙米率82.9%，精米率75.4%，整精米率70.3%，垩白粒率2.5%，胶稠度74mm，透明度1级，碱消值6.6级，直链淀粉含量16.7%，蛋白质含量9.6%。

抗性：抗稻瘟病和白叶枯病，中抗纹枯病，易感稻曲病，抗寒、耐肥、抗倒伏。

产量及适宜地区：1992—1993年两年辽宁省中熟区域试验，平均单产9 262.5kg/hm^2，比对照秋光增产14.3%。1993—1994年两年生产试验，平均单产10 182kg/hm^2，比对照秋光增产18.7%。一般单产9 300kg/hm^2。适宜在辽宁沈阳、辽阳、海城、锦州、铁岭及河北承德、宁夏、新疆等地种植。

栽培技术要点：稀播育壮秧。播种前进行严格的种子消毒。适期播种，一般播种150～200g/m^2。适时插秧，行株距30cm×（13～16）cm，每穴栽插4～5苗。施肥强调前期多施，后期根据水稻长势、气候等条件适当少施，全生育期施硫酸铵930kg/hm^2，磷肥675kg/hm^2，钾肥180kg/hm^2。浅水灌溉、干湿结合，有效分蘖期适当晒田，水稻生育末期不能断水过早，以防早衰。7月上中旬注意防治二化螟。出穗前7d喷施铜制剂等防治稻曲病。

辽粳27 （Liaogeng 27）

品种来源：辽宁省水稻研究所从陆稻品种岫岩不服劲中系选，采用系谱法选育而成。原品系号为中选1号。2003年通过国家农作物品种审定委员会审定，审定编号为国审稻2003086。

形态特征和生物学特性：粳型常规糯性旱稻，感光性弱，感温性中等，基本营养生长期短，属早熟早粳。分蘖力较强，生长健壮，株型较披散，叶色浓绿，叶片稍弯曲，散穗型。颖壳黄色，种皮白色，无芒。在东北直播旱作全生育期平均为141.5d，比对照秦爱长5.5d；株高89.8cm，穗长16.2cm，穗粒数77.7粒，结实率81.2%，千粒重24.3g。

品质特性：整精米率58.4%，胶稠度100mm，直链淀粉含量1.3%。

抗性：高抗穗颈瘟病，抗旱。

产量及适宜地区：2000年国家北方旱稻早熟区域试验，平均单产3 375kg/hm²，比对照秦爱增产3.4%；2001年续试，平均单产4 470kg/hm²，比对照秦爱增产15.4%。2002年生产试验，平均单产5 818.5kg/hm²，比对照秦爱增产31.3%。适宜在黑龙江南部、内蒙古南部、吉林、辽宁中北部及宁夏中部旱作种植。

栽培技术要点：播种前晒种，采用种衣剂包衣，也可选用多菌灵浸种；结合整地施农家肥15 000kg/hm²，随种施磷酸二铵150kg/hm²，硫酸钾150kg/hm²，硫酸铵225kg/hm²，并配施少量微肥；播种后出苗前，用60%丁草胺4.5kg/hm²和噁草酮4.5kg/hm²混合对水喷雾，进行土壤封闭，出苗后用二氯喹啉酸0.75kg/hm²或敌稗7.5kg/hm²进行茎叶处理；适时灌水：在出苗期、拔节期、孕穗、灌浆期如遇干旱应及时灌水；防治病虫：要注意防治纹枯病及稻飞虱、稻螟虫等病虫的危害。

辽粳28 (Liaogeng 28)

品种来源: 辽宁省水稻研究所从辽粳326中系选，采用系谱法选育而成，原品系号为辽农20。2003年通过辽宁省农作物品种审定委员会审定，审定编号为辽审稻2003113。

形态特征和生物学特性: 粳型常规水稻，感光性弱，感温性中等，基本营养生长期短，属中熟早粳。幼苗粗壮，叶色浓绿，插秧后缓苗快，生长健壮，分蘖力较强，后期活秆成熟不早衰。株型紧凑，叶片直立，剑叶开张角度好，半散穗，颖壳黄白，短芒。全生育期158d，株高105cm，穗长20cm，穗粒数130.0粒，千粒重25.5g。

品质特性: 糙米率82.1%，精米率73.8%，整精米率66.8%，垩白粒率15%，垩白度2%，胶稠度94mm，直链淀粉含量17%，蛋白质含量7.7%，国标一级优质米标准。

抗性: 抗苗瘟，中抗叶瘟病和穗颈瘟病，较抗白叶枯病和纹枯病，抗倒伏。

产量及适宜地区: 2000—2001年两年辽宁省中晚熟区域试验，平均单产8 673kg/hm²，比对照辽粳454增产6.8%。2002年生产试验，平均单产9 771kg/hm²，比对照辽粳454增产10.3%。一般单产9 000kg/hm²。适宜在沈阳以南，包括辽阳、鞍山、营口、盘锦、瓦房店等地种植，省外可在河北、山东、新疆等地种植。

栽培技术要点: 播前种子消毒用菌虫清2号药剂浸种，防止恶苗病和干尖线虫病的发生。一般4月初播种，播量150～200g/m²，插秧行株距一般30cm×13.3cm或30cm×16.6cm，每穴栽插3～4苗。一般施硫酸铵900kg/hm²或尿素450kg/hm²，要重视农家肥施用，施足底肥，底肥施硫酸铵300kg/hm²或尿素150kg/hm²，磷酸二铵150kg/hm²，钾肥112.5kg/hm²，锌肥15kg/hm²，缓苗后分蘖始期施硫酸铵300kg/hm²或尿素150kg/hm²，分蘖盛期施硫酸铵225kg/hm²或

尿素112.5kg/hm²，减数分裂期施穗肥硫酸铵90kg/hm²，施肥遵循前重、中控、后轻的原则。要求做到浅水插秧，寸水缓苗，浅水分蘖，有效分蘖末期适当晒田，水稻生育末期不能断水过早，以防早衰。苗期、抽穗前和齐穗期使用稻瘟灵乳油喷雾，防治稻瘟病。6月中下旬至7月中上旬用敌敌畏喷雾，防治二化螟。在水稻抽穗前的5～7d，用络氨铜水剂喷雾，防治稻曲病。8月上中旬，用敌敌畏喷雾或对土撒施，防治稻飞虱。

辽粳287 （Liaogeng 287）

品种来源：辽宁省水稻研究所以秋岭/色江克//松前为杂交组合，采用系谱法选育而成。原品系号为选287。1988年通过辽宁省农作物品种审定委员会审定，审定编号为辽审稻1988021。

形态特征和生物学特性：粳型常规水稻，感光性弱，感温性中等，基本营养生长期短，属迟熟早粳。分蘖力强，株型紧凑，叶片短宽直立，叶色浓绿，半直立穗型，主蘖穗整齐。颖壳黄白，种皮白色，无芒。全生育期160d，株高95cm，穗长17cm，有效穗数487.5万穗/hm^2，穗粒数95.0粒，结实率85.1%，千粒重26g。

品质特性：糙米率81.6%，精米率74.2%，整精米率71.6%。

抗性：苗期抗寒，中抗稻瘟病和白叶枯病，轻感纹枯病，易感稻曲病，耐肥，抗倒伏。

产量及适宜地区：1984—1985年两年辽宁省中晚熟区域试验，平均单产7 756.5kg/hm^2，比对照辽粳5号增产5.1%。1986—1987年两年生产试验，平均单产8 856kg/hm^2，比对照丰锦增产14.1%。一般单产9 300kg/hm^2。1989—1992年辽宁省累计推广种植30万hm^2。适宜在辽宁沈阳、鞍山、海城、营口、盘锦及北京、河北、山东、宁夏、新疆南部等地种植。

栽培技术要点：稀播种，育壮秧，早播早插，适时通风炼苗。肥地宜稀，薄地宜密。4月上中旬播种，5月中旬移栽，行株距30cm×17cm，每穴栽插3～4苗。生育前期多施底肥，重施分蘖肥，后期对生产平稳的田块，可施穗肥。一般施硫酸铵975kg/hm^2，过磷酸钙750kg/hm^2。水层管理保证前期勿淹，后期勿干，干干湿湿，灌浆期不能缺水，成熟期不能断水过早，以防早衰。注意防治病虫害，出穗前5～7d，喷施络氨铜，防治稻曲病的发生。

辽粳288 (Liaogeng 288)

品种来源：辽宁省水稻研究所以79-227/83-326为杂交组合，采用系谱法选育而成。原品系号为辽288。分别通过辽宁省（2001）和国家（2003）农作物品种审定委员会审定，审定编号分别为辽审稻2001086和国审稻2003018。

形态特征和生物学特性：粳型常规水稻，感光性弱，感温性中等，基本营养生长期短，属中熟早粳。苗期秧苗健壮，生长较慢，插秧后缓苗快，株型紧凑，分蘖力中等，茎秆粗壮，叶片直立上耸，茎叶浅淡绿，半直立穗型。颖壳黄色，种皮白色，稀少芒。全生育期154.6d，与对照中丹2号相当，株高98.4cm，有效穗数435万穗/hm^2，穗粒数105.7粒，结实率88.2%，千粒重26.6g。

品质特性：整精米率63.3%，垩白粒率26%，垩白度6.5%，胶稠度65mm，直链淀粉含量13.6%。

抗性：高抗苗瘟和叶瘟，抗穗颈瘟。

产量及适宜地区：1999年北方稻区中早粳晚熟区域试验，平均单产10 047kg/hm^2，比对照中丹2号增产9.6%；2000年续试，平均单产9 495kg/hm^2，比对照中丹2号增产10.1%。2001年生产试验，平均单产9 342kg/hm^2，比对照中丹2号增产10.7%。适宜在辽宁南部、河北东北部、北京、天津及新疆中部稻区种植。

栽培技术要点：播种前进行种子消毒，以防恶苗病发生，采用营养土保温旱育秧，播种量普通旱育苗150 ~ 200g/m^2；5月中下旬插秧，行株距30cm×13.3cm为宜，每穴栽插2 ~ 3苗；施足底肥，适时适量施用分蘖肥和穗肥，总施肥量（以硫酸铵计）870kg/hm^2。水浆管理采取浅水灌溉和干干湿湿的管水方法，收获前不宜撤水过早以防早衰；注意防治二化螟和稻曲病。

辽粳29 (Liaogeng 29)

品种来源：辽宁省水稻研究所从辽粳294中系选而成。原品系号为辽粳29。2005年通过辽宁省农作物品种审定委员会审定，审定编号为辽审稻2005133。

形态特征和生物学特性：粳型常规水稻，感光性弱，感温性中等，基本营养生长期短，属中熟早粳。株型紧凑，分蘖力较强，叶片坚挺上举，茎叶浓绿，半散穗型。颖壳黄色，种皮白色，稀短芒。全生育期158d，株高102.5cm，穗长20cm，穗粒数102.0粒，千粒重26.6g。

品质特性：糙米率83.5%，整精米率68.3%，垩白粒率10%，垩白度1.1%，胶稠度95mm，直链淀粉含量18.3%。

抗性：感穗颈瘟。

产量及适宜地区：2001—2002年两年辽宁省中晚熟区域试验，平均单产8 764.5kg/hm^2，比对照辽粳294增产2.8%；2002年生产试验，平均单产9 597kg/hm^2，比对照辽粳294增产8.4%。适宜在沈阳以南中晚熟稻区种植。

栽培技术要点：4月上旬播种，播前种子进行严格消毒，稀播育带蘖壮秧，播种量为150～200g/m^2；5月中下旬插秧，行株距30cm×16.6cm，每穴栽插3～4苗。施硫酸铵900kg/hm^2、磷酸二铵150kg/hm^2、硫酸钾112.5kg/hm^2。浅水插秧，寸水缓苗，浅水分蘖，化学并辅以人工除草，6月下旬至7月上旬防治二化螟，8月下旬注意防治稻瘟病。

辽粳294（Liaogeng 294）

品种来源：辽宁省水稻研究所以79-227/83-326为杂交组合，采用系谱法选育而成。原品系号为87-675。分别通过辽宁省（1998）和国家（1999）农作物品种审定委员会审定，审定编号为辽审稻1998068和国审稻1999006。

形态特征和生物学特性：粳型常规水稻，感光性弱，感温性中等，基本营养生长期短，属迟熟早粳。株型紧凑，叶片坚挺上举，茎叶淡绿，半松散穗型，分蘖力极强。颖壳黄白，有极稀短白芒。全生育期160d，株高100～105cm，穗长17.8cm，有效穗数480万穗/hm²，穗粒数80.0～90.0粒，结实率92%，千粒重24.5g。

品质特性：糙米率82.4%，精米率76.4%，整精米率73.5%，垩白粒率2%，垩白度0.1%，胶稠度76mm，直链淀粉含量18%，蛋白质含量8.8%。

抗性：中抗稻瘟病，轻感稻曲病和纹枯病，抗倒伏。

产量及适宜地区：1997—1998年两年辽宁省中晚熟区域试验，平均单产7 888.5kg/hm²，比对照辽粳5号增产6%。1999—2000年两年生产试验，平均单产9 118.5kg/hm²，比对照辽粳5号增产10.2%。1999—2003年辽宁省累计种植80万hm²。适宜在辽宁沈阳、辽阳、鞍山、海城、营口、盘锦、锦州及北京、天津、河北、山东、宁夏、新疆等地适宜稻区种植。

栽培技术要点：4月上中旬播种，采用旱育秧，播种量催芽种子200g/m²；5月中下旬移栽，行株距30cm×15cm，每穴栽插3～4苗。施硫酸铵300kg/hm²，硫酸二铵150kg/hm²，

缓苗后分蘖始期施硫酸铵300kg/hm²，分蘖盛期施第二次分蘖肥225kg/hm²，减数分裂期施穗肥90kg/hm²。生育期间采取浅水灌溉和干干湿湿的灌水方法，收获前不宜撤水过早，以防早衰；6月下旬到7月上中旬注意防治二化螟，抽穗前及时防治稻瘟病等病虫害。

辽粳30（Liaogeng 30）

品种来源：辽宁省水稻研究所从花能水稻中选择，采用系谱法选育而成。原品系号为辽选30。2001年通过辽宁省农作物品种审定委员会审定，审定编号为辽审稻2001092。

形态特征和生物学特性：粳型常规水稻，感光性弱，感温性中等，基本营养生长期短，属中熟早粳。株型紧凑，分蘖力较强，叶片坚挺上举，茎叶浓绿，直立穗型。颖色及颖尖均呈黄色，种皮白色，稀短芒。全生育期153d，株高96cm，穗长16cm，穗粒数100.0粒，千粒重27.5g。

品质特性：糙米粒长5.1mm，糙米长宽比1.8，糙米率83.3%，精米率76.6%，整精米率74.1%，垩白粒率33%，垩白度3.8%，透明度3级，碱消值6.6级，胶稠度78mm，直链淀粉15.6%。

抗性：中抗叶瘟病、穗颈瘟病、纹枯病，轻感稻曲病。

产量及适宜地区：1998年辽宁省中熟区域试验，平均单产8 584.5kg/hm²，比对照铁粳4号增产5%；1999年续试，平均单产9 234kg/hm²，比对照铁粳4号增产16.3%；两年区域试验平均单产8 910kg/hm²，比对照铁粳4号增产10.5%。2000年生产试验，平均单产9 366kg/hm²，比对照铁粳4号增产10.4%。适宜在辽宁沈阳、鞍山、辽阳、铁岭、开原稻区种植。

栽培技术要点：4月上中旬播种，采用大棚旱育秧，播种量催芽种子200g/m²；5月中下旬移栽，行株距30cm×13.3cm，每穴栽插4～5苗。施氮肥（以硫酸铵计算）975kg/hm²，要重施农家肥，施足底肥，一般底肥施硫酸铵300kg/hm²，磷酸二铵150kg/hm²，钾肥112.5kg/hm²，锌肥15kg/hm²。缓苗后分蘖始期施硫酸铵300kg/hm²，分蘖盛期6月20～25日，施硫酸铵270kg/hm²，减数分裂期施硫酸铵90kg/hm²，时间在7月10～20日。灌溉应采取分蘖期浅、孕穗期深、籽粒灌浆期浅的灌溉方法；7月上中旬注意防治二化螟，抽穗前及时防治稻瘟病等病虫害。

辽粳 326（Liaogeng 326）

品种来源：辽宁省水稻研究所以 C26/丰锦//银河////黎明/福锦//C31///Pi4/////辽粳 5 号为杂交组合，采用系谱法选育而成。1992 年通过辽宁省农作物品种审定委员会审定，审定编号为辽审稻 1992036。

形态特征和生物学特性：粳型常规水稻，感光性弱，感温性中等，基本营养生长期短，属迟熟早粳。分蘖力中等，株型紧凑，茎秆坚韧，叶片较宽直立，叶色浓绿，直立穗型。颖壳黄白，种皮白色，无芒或极少短芒。全生育期 160d，株高 105cm，穗长 19cm，有效穗数 487.5 万穗/hm^2，穗粒数 110.0 粒，结实率 92.5%，千粒重 26g。

品质特性：糙米长宽比 1.6，糙米率 82.6%，精米率 72.7%，整精米率 70.8%，垩白度 1.3%，胶稠度 90mm，透明度 1 级，蛋白质含量 9.1%。

抗性：抗稻瘟病，中抗白叶枯病，中抗纹枯病，易感稻曲病，耐肥，抗倒伏。

产量及适宜地区：1988—1989 年两年辽宁省中晚熟区域试验，平均单产 8 512.5kg/hm^2，比对照辽粳 5 号增产 6.2%。1989—1990 年两年生产试验，平均单产 9 865.5kg/hm^2，比对照辽粳 5 号增产 11.6%。一般单产 9 750kg/hm^2。1992—1998 年辽宁省累计推广种植 25.6 万 hm^2。适宜在辽宁省沈阳、辽阳、鞍山、营口、盘锦、锦州、大连及天津、北京、河北、山东、陕西、新疆等地种植。

栽培技术要点：播种前进行严格种子消毒，以防恶苗病的发生。4 月上旬播种，播种量为 200g/m^2，适时通风炼苗。5 月中上旬插秧，一般行株距 30cm×13cm，每穴栽插 4～5 苗。施足底肥，施硫酸铵 300kg/hm^2，过磷酸钙 750kg/hm^2，缓苗后施分蘖肥，施硫酸铵 300kg/hm^2，分蘖盛期施蘖肥硫酸铵 225kg/hm^2，减数分裂期施穗肥硫酸铵 105kg/hm^2。浅水灌溉、干湿结合，秋收前不宜停水过早，以防早衰。7 月上旬防治二化螟。出穗前 5～7d 注意防治稻曲病。

辽粳371（Liaogeng 371）

品种来源：辽宁省水稻研究所以87-675/辽开79为杂交组合，采用系谱法选育而成，原品系号为辽优371。分别通过辽宁省（2001）和国家（2003）农作物品种审定委员会审定，审定编号分别为辽审稻2001084和国审稻2003079。

形态特征和生物学特性：粳型常规水稻，感光性弱，感温性中等，基本营养生长期短，属中熟早粳。株型紧凑，叶片上耸，茎叶浅淡绿，散穗型。颖壳黄色，种皮白色，无芒。全生育期156d，株高110cm，穗长22cm，穗粒数110.0粒，结实率92.5%，千粒重25.3g。

品质特性：糙米长宽比2.7，糙米率83.6%，整精米率69%，垩白粒率1.5%，垩白度0.1%，胶稠度83.4mm，直链淀粉含量17.1%，国标一级优质米标准。

抗性：中抗稻瘟病和白叶枯病，纹枯病轻，抗倒伏。

产量及适宜地区：1997—1998年两年辽宁省中熟区域试验，平均单产7 888.5kg/hm²，比对照铁粳4号增产6%。1999—2000年两年生产试验，平均单产9 118.5kg/hm²，比对照铁粳4号增产10.2%。1999—2003年辽宁省累计种植5.3万hm²。适宜在辽宁沈阳、辽阳、鞍山、海城、盘锦、锦州等及新疆、北京、天津、河北、山东等稻区种植。

栽培技术要点：种子严格消毒，以防恶苗病发生，一般4月上旬播种，播量150～200g/m²，适时通风炼苗，培育带蘖壮秧。行株距30cm×13.3cm或30cm×16.6cm，每穴栽插4～5苗。根据地力情况，中等肥力田块一般施硫酸铵870kg/hm²，磷酸二铵150kg/hm²，钾肥225kg/hm²，锌肥22.5kg/hm²。遵循前重后轻的原则，前期适当多施以促进分蘖，后期应根据长势地力和气候条件适当少施，以防稻曲病和穗颈瘟的发生。做到浅水插秧，寸水缓苗，浅水分蘖，有效分蘖末期适当晒田。浅、湿、干间歇灌溉。6月下旬至7月上旬注意防治二化螟；出穗前5～7d喷施络氨铜或其他铜制剂一次，防止稻曲病发生；防治稻瘟病可用40%的稻瘟灵1.5kg/hm²喷雾，病害重的地区要多喷几次，于出穗前3～4d使用。

辽粳421 (Liaogeng 421)

品种来源：辽宁省水稻研究所以丰锦/C31//74-134-5-1///炬锦为杂交组合，采用系谱法选育而成。原品系号为78-421。1990年通过辽宁省农作物品种审定委员会审定，审定编号为辽审稻1990028。

形态特征和生物学特性：粳型常规水稻，感光性弱，感温性中等，基本营养生长期短，属中熟早粳。分蘖力中等，株型紧凑，叶片短宽直立，叶色浓绿，弯曲穗型。颖尖棕色、颖壳黄白，种皮白色，短芒。全生育期154d，株高100cm，穗长17cm，有效穗数487.5万穗/hm²，穗粒数90.0粒，结实率80%，千粒重27.8g。

品质特性：糙米长宽比1.6，糙米率82.7%，精米率73.9%，整精米率68.3%，垩白度9.7%，透明度1级，碱消值7级，胶稠度90mm，直链淀粉含量19.1%，蛋白质含量7.1%。

抗性：抗稻瘟病，中抗纹枯病、白叶枯病，抗寒，抗旱，耐肥，抗倒伏。

产量及适宜地区：1987—1988年两年辽宁省中熟区域试验，平均单产7 765.5kg/hm²，比对照秋光增产7.8%。1988—1989年两年生产试验，平均单产8 760kg/hm²，比对照秋光增产15%。一般单产7 800kg/hm²。1988—1992年辽宁省累计推广种植8.67万hm²。适宜在辽宁沈阳、铁岭、开原、辽阳、鞍山、锦州及种植秋光的稻区种植。

栽培技术要点：稀播育壮秧。播种前进行严格种子消毒，以防恶苗病的发生。4月上中旬播种，播种200g/m²，适时通风炼苗。5月中下旬插秧，一般行株距30cm×（13～18）cm，每穴栽插3～4苗。全生育期施硫酸铵780kg/hm²，磷酸二铵180kg/hm²。

辽粳454 （Liaogeng 454）

品种来源：辽宁省水稻研究所以83-326/84-240为杂交组合，采用系谱法选育而成。原品系号为87-454。1996年通过辽宁省农作物品种审定委员会审定，审定编号为辽审稻1996053。

形态特征和生物学特性：粳型常规水稻，感光性弱，感温性中等，基本营养生长期短，属中熟早粳。分蘖力中等，株型紧凑，茎秆粗壮，叶片直立，叶色浓绿，直立穗型。颖壳黄白，种皮白色，极稀短芒。全生育期158d，株高97.5cm，穗长19cm，有效穗数472.5万穗/hm^2，穗粒数105.0粒，结实率92.5%，千粒重25.8g。

品质特性：糙米长宽比1.6，糙米率82.6%，精米率72.7%，整精米率70.8%，垩白度1.3%，胶稠度90mm，透明度1级，蛋白质含量9.1%。

抗性：抗稻瘟病，中抗白叶枯病，中抗纹枯病，易感稻曲病，耐肥，抗倒伏。

产量及适宜地区：1988—1989年两年辽宁省中晚熟区域试验，平均单产8 512.5kg/hm^2，比对照辽粳5号增产6.2%。1989—1990年两年生产试验，平均单产9 865.5kg/hm^2，比对照辽粳5号增产11.6%。一般单产9 300kg/hm^2。1995—2004年辽宁省累计推广种植78.1万hm^2。适宜在辽宁沈阳、辽阳、鞍山、营口、盘锦、锦州、大连及天津、北京、河北、山东、陕西、新疆等地种植。

栽培技术要点：稀播育壮秧。播种前进行严格种子消毒，以防恶苗病的发生。4月上旬播种，播种200g/m^2，适时通风炼苗。5月中上旬插秧，一般行株距30cm×13cm，每穴栽插4～5苗。施足底肥，施硫酸铵300kg/hm^2，过磷酸钙750kg/hm^2，缓苗后施分蘖肥，施硫酸铵300kg/hm^2，分蘖盛期施蘖肥硫酸铵225kg/hm^2，减数分裂期施穗肥硫酸铵105kg/hm^2。浅水灌溉、干湿结合，秋收前不宜停水过早，以防早衰。7月上旬防治二化螟。出穗前5～7d注意防治稻曲病。

辽粳5号 (Liaogeng 5)

品种来源：沈阳市苏家屯区浑河农场以丰锦/沈苏6号为杂交组合，采用系谱法选育而成。原代号S56，原名浑粳1号。1981年通过辽宁省农作物品种审定委员会审定，审定编号为辽审稻1981010。

形态特征和生物学特性：粳型常规水稻，感光性弱，感温性中等，基本营养生长期短，属中熟早粳。幼苗矮壮，苗色浓绿，根系发达，分蘖力较强，茎秆粗壮，株型紧凑，叶色浓绿，叶片宽、短、厚而直立。直立穗型，穗与剑叶等高，受光姿态好，着粒密，谷粒呈阔卵形，颖壳黄色，米青白色，无芒。全生育期156d，株高90cm，主茎16片叶，穗长15cm，有效穗数487.5万穗/hm²，每穗颖花数100个，穗粒数90.0粒，结实率90%，千粒重26g。

品质特性：糙米率82%，精米率73%，整精米率68%，透明度2级。

抗性：耐肥，抗倒伏，中抗稻瘟病、白叶枯病和纹枯病，易感稻曲病。

产量及适宜地区：一般单产9 000kg/hm²。1985年推广种植面积11.4万hm²。适于辽宁沈阳、鞍山、海城、营口、盘锦及河北、安徽、江西、新疆等地种植。

栽培技术要点：选肥力较好的地块种植，培育带蘖壮秧，栽培密度为30cm×（16～17）cm，每穴4～5苗，硫酸铵825kg/hm²、磷肥675kg/hm²、硫酸钾112.5kg/hm²。基肥占40%～50%，追肥分期早施，施好穗肥。水层管理以浅水灌溉为主，浅、湿、干间歇灌溉。生产上注意防治稻曲病和二化螟。

辽粳534 (Liaogeng 534)

品种来源：辽宁省水稻研究所以87-72/87-337为杂交组合，采用系谱法选育而成。2002年通过辽宁省农作物品种审定委员会审定，审定编号为辽审稻2002102。

形态特征和生物学特性：粳型常规水稻，感光性弱，感温性中等，基本营养生长期短，属中熟早粳。株型紧凑，叶片直立上举，茎叶浓绿，半直立穗型。颖壳黄色，种皮白色，无芒。全生育期155d，比秋光晚熟3d，株高110cm，穗长20cm，穗粒数160.0粒，千粒重26g。

品质特性：糙米粒长5.4mm，糙米长宽比1.9，糙米率82.3%，精米率73.4%，整精米率65%，垩白粒率47%，垩白度5.9%，透明度1级，碱消值7级，胶稠度62mm，直链淀粉含量18.8%。

抗性：中抗稻瘟病，中抗白叶枯病，纹枯病较轻，抗旱，抗倒伏。

产量及适宜地区：1999年辽宁省中熟区域试验，平均单产8 842.5kg/hm²，比对照铁粳4号增产11.3%；2000年续试，平均单产8 073kg/hm²，比对照铁粳4号增产1.8%；两年平均单产8 457kg/hm²，比对照铁粳4号增产6.5%。2001年生产试验，平均单产9 136.5kg/hm²，比对照辽粳207增产1.4%。一般单产9 900kg/hm²。适宜在辽宁沈阳、辽阳、铁岭等中熟稻区种植，也可在河北、山东、天津、宁夏、新疆等稻区种植。

栽培技术要点：用菌虫清2号药剂浸种，防止恶苗病和干尖线虫病的发生。一般采用旱育苗，4月中旬播种，播量干籽150～200g/m²，出苗后适时通风炼苗，防止立枯病的发生。在培育壮秧的基础上，于5月中下旬插秧，行株距以30cm×13.3cm为宜，每穴栽插4～5苗，做到不丢穴、不缺苗，保证插秧质量。施硫酸铵300kg/hm²，磷酸二铵150kg/hm²，钾肥90kg/hm²，锌肥15kg/hm²，缓苗后分蘖始期施硫酸铵300kg/hm²，分蘖盛期施第二次分蘖肥225kg/hm²，钾肥90kg/hm²，减数分裂期施穗肥90kg/hm²。生育期间采取浅水灌溉和干干湿湿的灌水方法（盐碱地除外），收获前不宜撤水过早，以防早衰。6月下旬至7月上中旬注意防治二化螟的发生。出穗前5～7d喷施络氨铜防治稻曲病的发生。防治稻瘟病可用40%稻瘟灵1.5kg/hm²喷雾，于出穗前3～4d使用，病害重的地区要多喷几次。

辽粳6号 (Liaogeng 6)

品种来源：辽宁省水稻研究所1973年以京引83/京引177为杂交组合，采用系谱法选育而成。原品系号为73-102-17-1-1。1981年通过辽宁省农作物品种审定委员会审定，审定编号为辽审稻1981006。

形态特征和生物学特性：粳型常规水稻，感光性弱，感温性中等，基本营养生长期短，属中熟早粳。株型紧凑，茎秆粗壮，剑叶直立，叶鞘、叶缘、叶枕均为绿色。分蘖力中等，弯曲穗型，抽穗整齐。颖壳黄色，种皮白色，无芒，谷粒卵形。全生育期155d，株高90cm，穗长16.5cm，有效穗数435万穗/hm²，穗粒数75.0粒，结实率87.9%，千粒重27g。

品质特性：糙米长宽比1.7，糙米率83.8%，精米率62.7%，整精米率51.8%，胶稠度78mm，直链淀粉含量18.5%，蛋白质含量8.4%。

抗性：抗稻瘟病和白叶枯病，轻感稻曲病，抗寒，耐肥，抗倒伏。

产量及适宜地区：1979—1980年两年辽宁省中熟区域试验，平均单产7 455kg/hm²，比对照京引177增产5.6%。1980—1981年两年生产试验，平均单产7 906.5kg/hm²，比对照京引177增产10.2%。一般单产9 000kg/hm²。适宜在辽宁铁岭、抚顺及本溪地区和部分井灌稻区种植。

栽培技术要点：稀播种，育壮秧。宜在中上等肥力条件下种植，应适当增加农家肥和化肥。浅水灌溉，干湿交替。出穗前施75kg/hm²硫酸铵作粒肥，以防早衰，增加粒重，提高产量。如遇高温年份，易发生纹枯病和早衰，应注意防治。

辽粳912 (Liaogeng 912)

品种来源：辽宁省水稻研究所以旱72/辽开79为杂交组合，采用系谱法选育而成。原品系号为辽912。2005年通过辽宁省农作物品种审定委员会审定，审定编号为辽审稻2005123。

形态特征和生物学特性：粳型常规水稻，感光性弱，感温性中等，基本营养生长期短，属中熟早粳。株型紧凑，分蘖力较强，幼苗叶色淡绿，半松散穗型，叶片坚挺上举。颖色及颖尖均呈黄色，种皮白色，稀间短芒。全生育期155d，株高97.5cm，穗长16cm，穗粒数105.0粒，千粒重26.4g。

品质特性：糙米粒长5.1mm，糙米长宽比1.8，糙米率82.1%，精米率73.5%，整精米率64%，垩白粒率14%，垩白度1%，透明度2级，碱消值7级，胶稠度79mm，直链淀粉含量17.7%，蛋白质含量7.3%。

抗性：中感穗颈瘟病。

产量及适宜地区：2002—2003年两年辽宁省中熟区域试验，平均单产9 793.5kg/hm²，比对照辽盐16增产10.4%。2003年生产试验，平均单产9 676.5kg/hm²，比对照辽盐16增产8.7%。适宜在沈阳以北中熟稻区种植。

栽培技术要点：4月上中旬播种，播前种子进行严格消毒，旱育稀播育壮秧，播种量为150～200g/m²；5月中旬移栽，行株距30cm×13.2cm，每穴栽插3～4苗。施硫酸铵900kg/hm²、磷酸二铵150kg/hm²、硫酸钾112.5kg/hm²、锌肥15kg/hm²。浅水插秧，寸水缓苗，浅水分蘖，化学并辅以人工除草，适时防治二化螟和纹枯病，8月下旬注意防治稻瘟病。

辽粳92-34 (Liaogeng 92-34)

品种来源：辽宁省水稻研究所以87-73/87-337为杂交组合，采用系谱法选育而成。分别通过辽宁省（2002）和国家（2004）农作物品种审定委员会审定，审定编号分别为辽审稻2002103和国审稻2004050。

形态特征和生物学特性：粳型常规水稻，感光性弱，感温性中等，基本营养生长期短，属中熟早粳。株型紧凑，叶片坚挺上举，茎叶浓绿，半直立穗型，主蘖穗整齐。颖壳黄色，种皮白色，稀芒。在东北、西北晚熟稻区种植全生育期156.4d，比对照秋光迟熟4d，株高88.5cm，穗粒数108.7粒，结实率88.1%，千粒重21.9g。

品质特性：整精米率65%，垩白粒率4%，垩白度0.3%，胶稠度73mm，直链淀粉含量15.7%。

抗性：中抗稻瘟病。

产量及适宜地区：2002年北方稻区中早粳中熟区域试验，平均单产9 930kg/hm²，比对照秋光减产0.8%；2003年续试，平均单产10 024.5kg/hm²，比对照秋光减产1.3%；两年平均单产9 978kg/hm²，比对照秋光减产1.1%。2003年生产试验，平均单产9 658.5kg/hm²，比对照秋光减产2.8%。适宜在辽宁北部、山西中部、河北北部及新疆稻区种植。

栽培技术要点：根据当地种植习惯与秋光同期播种，采用秧盘育秧播种150～200g/m²，播种前要进行种子消毒；栽插规格30cm×13.3cm或30cm×16.7cm，每穴栽插3～4苗；施硫酸铵930kg/hm²，施肥原则前重后轻；水浆管理以浅水灌溉为主，够苗及时晒田，出穗后干干湿湿，后期不可断水过早以防早衰；注意防治稻曲病。

辽粳931 (Liaogeng 931)

品种来源：辽宁省水稻研究所以从辽粳294变异株中选择，采用系谱法选育而成。原品系号为辽931。2001年通过辽宁省农作物品种审定委员会审定，审定编号为辽审稻2001093。

形态特征和生物学特性：粳型常规水稻，感光性弱，感温性中等，基本营养生长期短，属中熟早粳。株型紧凑，分蘖力较强，叶片坚挺上举，茎叶浅淡绿，半散穗型。颖壳黄色，种皮白色，极稀短芒。全生育期158d，株高103cm，穗长17cm，穗粒数110.0粒，千粒重25.2g。

品质特性：糙米率82.5%，精米率76.2%，整精米率75.5%，糙米粒长5mm，糙米长宽比1.8，垩白粒率29%，垩白度10.3%，透明度3级，碱消值7级，胶稠度80mm，直链淀粉含量16.7%。

抗性：高抗穗颈瘟病，中抗白叶枯病，中感叶瘟病，纹枯病较轻，轻感稻曲病。

产量及适宜地区：1998年辽宁省中晚熟区域试验，平均单产8 959.5kg/hm²，比对照辽盐282增产9.3%；1999续试，平均单产8 929.5kg/hm²，比对照辽粳454增产4.2%；两年区域试验平均单产8 947.5kg/hm²，比对照辽粳454增产6.7%。2000年生产试验，平均单产8 772kg/hm²，比对照辽粳454增产5.8%。一般单产9 300kg/hm²。适宜在辽宁沈阳、辽阳、鞍山、盘锦、营口、锦州稻区种植。

栽培技术要点：4月上中旬播种，采用旱育秧，播种量催芽种子200g/m²；5月中下旬移栽，行株距30cm×13.3cm，每穴栽插3～4苗。总施肥量（以硫酸铵计算）870kg/hm²，底肥施硫酸铵300kg/hm²，磷酸二铵150kg/hm²，钾肥225kg/hm²，锌肥15kg/hm²；缓苗后分蘖始期施硫酸铵300kg/hm²，分蘖盛期6月20～25日，施硫酸铵180kg/hm²，减数分裂期（7月10～20日）施硫酸铵90kg/hm²。灌溉应采取分蘖期浅、孕穗期深、籽粒灌浆期浅的灌溉方法；7月上中旬注意防治二化螟，抽穗前及时防治病虫害。

辽开79 (Liaokai 79)

品种来源: 辽宁省水稻研究所以C57/中新120//74-13///辽粳10为杂交组合, 1985年与开原市农业科学研究所共同选育而成。原品系号为79-3。1991年通过辽宁省农作物品种审定委员会审定, 审定编号为辽审稻1991032。

形态特征和生物学特性: 粳型常规水稻, 感光性弱, 感温性中等, 基本营养生长期短, 属中熟早粳。分蘖力强, 株型紧凑, 茎秆坚韧, 叶片较宽, 剑叶直立, 叶色浓绿, 弯曲穗型。颖壳黄白, 种皮白色, 中芒。全生育期156d, 株高97.5cm, 穗长19cm, 有效穗数487.5万穗/hm², 穗粒数95.0粒, 结实率87.5%, 千粒重28g。

品质特性: 糙米长宽比1.6, 糙米率82.2%, 精米率73.9%, 整精米率68.3%, 垩白度26.2%, 透明度3级, 碱消值6.5级, 胶稠度96mm, 直链淀粉含量20.3%, 蛋白质含量8.3%。

抗性: 抗稻瘟病、白叶枯病, 中抗纹枯病, 抗寒, 耐肥, 耐涝, 耐盐碱, 抗旱, 抗倒伏。

产量及适宜地区: 1988—1989年两年辽宁省中熟区域试验, 平均单产8 332.5kg/hm², 比对照秋光增产8%。1989—1990年两年生产试验, 平均单产9 202.5kg/hm², 比对照秋光增产15%。一般单产9 000kg/hm²。1991—1993年辽宁省累计推广种植30万hm²。适宜在沈阳以北和东部山区及辽西井灌稻区种植。

栽培技术要点: 适时早播, 育壮秧。播种前进行严格种子消毒, 以防恶苗病的发生。一般在4月初播种, 5月末以前插完秧。在无霜期较长的地区适当晚播晚插。行株距30cm×17cm, 每穴栽插3~4苗。全生育期施硫酸铵825kg/hm², 过磷酸钙825kg/hm²。配合施用钾肥和锌肥, 以基肥和蘖肥为主。浅水灌溉, 干湿结合, 活秆成熟, 不早衰。

辽农938 (Liaonong 938)

品种来源：辽宁省农业科学院耕作栽培研究所以辽粳5号/黄金光//76-152为杂交组合，采用系谱法选育而成。1998年通过辽宁省农作物品种审定委员会审定，审定编号为辽审稻1998071。

形态特征和生物学特性：粳型常规水稻，感光性弱，感温性中等，基本营养生长期短，属中熟早粳。株型紧凑，剑叶短而稍宽，茎叶浓绿，穗整齐而直立，半紧穗型。颖壳黄色，无芒。全生育期152d，株高90cm，穗长17cm，穗粒数100.0粒，结实率80%，千粒重25.5g。

品质特性：糙米率83.2%，精米率72.5%，整精米率69.2%，垩白粒率8.6%，直链淀粉含量17.1%，蛋白质含量7.1%，部颁一级优质米标准。

抗性：抗稻瘟病，耐肥，抗倒伏，耐旱。

产量及适宜地区：一般单产8 988kg/hm²。适宜在辽宁铁岭、开原、抚顺稻区种植。

栽培技术要点：要精选良种，在播种前应精细选种、晾晒，使发芽率和净度都达到98%以上。播种前种子严格消毒，以防止恶苗病的发生与蔓延。实行旱育苗，播种量200g/m²，出苗后要适时通风炼苗。抛秧栽植，行株距28cm×13cm，每穴栽插3苗。施优质农家肥37 500kg/hm²、硫酸铵900kg/hm²、磷酸二铵900kg/hm²、硫酸钾375kg/hm²作底肥，在分蘖期和孕穗期应该分别追施硫酸铵375kg/hm²和375kg/hm²。插（抛）秧至封垄前实行浅水灌溉，封垄后实行间歇灌溉，切忌长期深水淹泡。生育期间用络氨铜及时防治稻曲病和二化螟。

辽农968 (Liaonong 968)

品种来源：辽宁省水稻研究所从黎优57制种田父本C57中选择，采用系谱法选育而成。2001年通过辽宁省农作物品种审定委员会审定，审定编号为辽审稻2001087。

形态特征和生物学特性：粳型常规水稻，感光性弱，感温性中等，基本营养生长期短，属中熟早粳。苗期较壮，根系发达，株型紧凑，分蘖力较强，叶片上冲，茎叶淡绿，半散穗型，出穗整齐，颖壳黄色，种皮白色，稀短芒。全生育期158d，株高102cm，穗长14.3cm，有效穗数450万穗/hm²，穗粒数100.0粒，结实率92.3%，千粒重23.9g。

品质特性：糙米率82.4%，精米率74.5%，整精米率73.2%，透明度2级，碱消值7级，胶稠度84 mm，直链淀粉含量16.8%，蛋白质含量7.8%。

抗性：中抗叶瘟，抗穗颈瘟病，耐肥，抗倒伏。

产量及适宜地区：1997—1998年两年辽宁省中晚熟区域试验，平均单产8 659.5kg/hm²，比对照增产7.3%。1999—2000年两年生产试验，平均单产9 387kg/hm²，比对照增产12.4%。1999—2003年辽宁省累计种植3.3万hm²。适宜在沈阳以南，包括盘锦、辽阳、鞍山、营口等地种植，也可在山东、河北、新疆等稻区种植。

栽培技术要点：播前种子消毒，用菌虫清2号药剂浸种，防止恶苗病和干尖线虫病的发生。一般4月初播种，播量150～200g/m²，出苗后要注意通风炼苗，以防立枯病的发生。行株距一般30cm×13.3cm或30cm×16.6cm，每穴栽插3～4苗。一般施硫酸铵780kg/hm²或尿素390kg/hm²，要重视农家肥施用，施足底肥，底肥施硫酸铵300kg/hm²或尿素150kg/hm²，磷肥二铵150kg/hm²，钾肥150kg/hm²，锌肥15kg/hm²，缓苗后分蘖始期施硫酸铵

225kg/hm²或尿素150kg/hm²，分蘖盛期施硫酸铵225kg/hm²或尿素75kg/hm²，施肥遵循前重、中控、后轻的原则。节水灌溉：要求做到浅水插秧，寸水缓苗，浅水分蘖，有效分蘖末期适当晒田，水稻生育末期不能断水过早，以防早衰。抽穗前和齐穗期（刚破口）使用稻瘟灵乳油喷雾，防治稻瘟病。6月中下旬至7月中上旬用敌敌畏喷雾，防治二化螟。在水稻抽穗前的5～7d，用络氨铜水剂喷雾，防治稻曲病。8月上中旬，用敌敌畏喷雾或兑土撒施，防治稻飞虱。

辽农979 (Liaonong 979)

品种来源：辽宁省水稻研究所从黎优57制种田父本C57中选择，采用系谱法选育而成。2001年通过辽宁省农作物品种审定委员会审定，审定编号为辽审稻2001094。

形态特征和生物学特性：粳型常规水稻，感光性弱，感温性中等，基本营养生长期短，属迟熟早粳。株型紧凑，分蘖力中等，叶片坚挺上举，茎叶浓绿，半散穗型，颖壳黄色，种皮白色，无芒。全生育期165d，株高102cm，穗长14.3cm，穗粒数117.0粒，结实率91.5%，千粒重26.3g。

品质特性：糙米粒长5.6mm，糙米长宽比2，糙米率85%，精米率76.4%，整精米率67.4%，垩白粒率16%，垩白度1.3%，透明度1级，碱消值7级，胶稠度82mm，直链淀粉含量17.2%，蛋白质含量9.1%。

抗性：中感叶瘟病，中抗穗颈瘟病。

产量及适宜地区：1998年辽宁省晚熟区域试验，平均单产7 279.5kg/hm²，比对照京越1号增产9.4%；1999年续试，平均单产8 899.5kg/hm²，比对照京越1号增产18.9%；两年区域试验平均单产8 089.5kg/hm²，比对照京越1号增产14.4%。2000年生产试验平均单产8 091kg/hm²，比对照京越1号增产14.6%。适宜在辽宁丹东、大连稻区种植。

栽培技术要点：4月上中旬播种，采用大棚旱育秧，播种量催芽种子200g/m²；5月中下旬移栽，行株距30cm×16.5cm，每穴栽插3～4苗。施农家肥30 000kg/hm²、硫酸铵750kg/hm²、磷酸二铵150kg/hm²、硫酸钾120kg/hm²。灌溉应采取分蘖期浅、孕穗期深、籽粒灌浆期浅的灌溉方法；6月下旬至7月上旬注意防治二化螟，抽穗前及时防治稻瘟病等病虫害。

辽农9911 (Liaonong 9911)

品种来源：辽宁省农业科学院原栽培所以8411/合川1号//S81-675为杂交组合，采用系谱法选育而成。2002年通过辽宁省农作物品种审定委员会审定，审定编号为辽审稻2002101。

形态特征和生物学特性：粳型常规水稻，感光性弱，感温性中等，基本营养生长期短，属中熟早粳。苗期健壮，根系发达，株型紧凑，分蘖力强，叶片上冲，茎叶深绿，半直立穗型。颖壳黄色，种皮白色，稀顶芒。全生育期155d，株高100cm，穗长18cm，穗粒数130.0粒，结实率88%，千粒重25.6g。

品质特性：糙米率82.8%，整精米率62.4%，垩白度1.2%，糙米长宽比1.8，垩白粒率24%，透明度1级，胶稠度85mm；直链淀粉含量14.9%，蛋白质含量8.9%，国标二级优质米标准。

抗性：抗稻瘟病，耐肥，抗倒伏。

产量及适宜地区：2000年辽宁省中熟区域试验，平均单产8 425.5kg/hm²，比对照铁粳4号增产6.1%；2001年续试，平均单产9 547.5kg/hm²，比对照辽粳207增产7.1%；两年平均单产8 986.5kg/hm²，比对照增产6.6%。2001年生产试验，平均单产9 403.5kg/hm²，比对照品种辽粳207增产5.6%。适宜在辽宁沈阳、铁岭、开原、昌图、康平及彰武等稻区种植。

栽培技术要点：播种前，用浸种灵浸种，防止恶苗病、白叶枯发生。播前用霜灵·福美双拌种。一般采用旱育苗，精耕细作，4月上旬播种，播种量干籽200～300g/m²，盘育苗每盘50～70g。出苗后适时通风炼苗，预防立枯病。行株距以30cm×13.3cm为宜，每穴栽插3～4苗，或抛秧。一般5月中下旬插秧，施农家肥30 000kg/hm²（作基肥）、硫酸铵750kg/hm²、磷肥二铵150kg/hm²、硫酸钾120kg/hm²，其中基肥占40%～50%、返青分蘖肥20%～30%、孕穗肥占20%。后期喷叶面肥2‰磷酸二氢钾60g。根据不同生育时期，采用浅、湿、干相结合的灌溉原则，9月15～20日撤水。6月下旬防止二化螟发生，8月上旬注意防治稻瘟病。

辽糯1号 （Liaonuo 1）

品种来源：辽宁省水稻研究所以秋田大泻村/丰锦为杂交组合，采用系谱法选育而成。原品系号为77-90-4-2。1986年通过辽宁省农作物品种审定委员会审定，审定编号为辽审稻1986014。

形态特征和生物学特性：粳型常规糯稻，感光性弱，感温性中等，基本营养生长期短，属中熟早粳。株型紧凑，分蘖力中等，茎秆稍细，叶色淡绿，叶片稍大，叶鞘、叶缘、叶枕均为绿色。弯曲穗型。颖壳黄色，种皮黄色，稀短芒。全生育期153d，株高93cm，穗长19cm，有效穗数517.5万穗/hm²，穗粒数73.0粒，结实率90%，千粒重27g。

品质特性：糙米率81%，精米率69.7%，碱消值5.6级，胶稠度100mm，直链淀粉含量0.7%，蛋白质含量7.3%。

抗性：中抗稻瘟病和白叶枯病，轻感纹枯病，耐冷，抗倒伏。

产量及适宜地区：1982—1983年两年辽宁省中熟区域试验，平均单产6 892.5kg/hm²，比对照京引177增产15.5%。1984—1985年两年生产试验，平均单产8 068.5kg/hm²，比对照京引174增产19.6%。一般单产7 800kg/hm²。适宜在辽宁铁岭、沈阳、辽阳、锦州、台安、黑山、兴城等地种植。

栽培技术要点：宜在中下等肥力条件下种植。4月上中旬播种，稀播种，育壮秧；5月中下旬移栽，行株距30cm×（10～13）cm，每穴栽插3～4苗。在增施农家肥的基础上，全生育期施纯氮120kg/hm²，其中，80%作底肥和蘖肥，20%作穗肥。全生育期施纯磷120kg/hm²。在肥水管理上，严禁大肥大水，以浅水灌溉为主，以防倒伏。

辽星1号 (Liaoxing 1)

品种来源：辽宁省水稻研究所以辽粳454/沈农9017为杂交组合，采用系谱法选育而成。原品系号为辽农21。2005年通过辽宁省农作物品种审定委员会审定，审定编号为辽审稻2005135。

形态特征和生物学特性：粳型常规水稻，感光性弱，感温性中等，基本营养生长期短，属中熟早粳。株型紧凑，分蘖力较强，叶片坚挺上举，茎叶浓绿，半散穗型。颖壳黄褐色，种皮白色，顶部有芒。全生育期156d，株高104cm，穗长19cm，穗粒数140.0粒，结实率89%，千粒重23.9g。

品质特性：糙米粒长5mm，糙米长宽比1.9，糙米率82%，精米率74.3%，整精米率65.6%，垩白粒率2%，垩白度0.7%，胶稠度82mm，直链淀粉含量17.3%，蛋白质含量8.5%。

抗性：中抗穗颈瘟。

产量及适宜地区：2003—2004年两年辽宁省中熟区域试验，平均单产9 619.5kg/hm²，比对照辽盐16增产13.1%。2004年生产试验，平均单产9 216kg/hm²，比对照辽盐16增产10.3%。适宜在沈阳以北稻区种植。

栽培技术要点：4月上旬播种，播前种子进行严格消毒，稀播种育壮秧，播种量为150～200g/m²；5月中下旬插秧，中等肥力地块行株距30cm×13.3cm，每穴栽插3～4苗。施硫酸铵900kg/hm²、磷酸二铵150kg/hm²、硫酸钾112.5kg/hm²、锌肥15kg/hm²。浅、湿、干间歇灌溉，6月末至7月初注意防治二化螟。

辽星10号 (Liaoxing 10)

品种来源：辽宁省水稻研究所以辽粳326/辽选180//辽盐2号为杂交组合，采用系谱法选育而成。原品系号为LDC120。2005年通过辽宁省农作物品种审定委员会审定，审定编号为辽审稻2005163。

形态特征和生物学特性：粳型常规水稻，感光性弱，感温性中等，基本营养生长期短，属中熟早粳。株型紧凑，分蘖力较强，叶片挺直，叶色浓绿，半松散穗型。颖壳黄白，种皮白色，稀短芒。全生育期159d，株高97.5cm，穗长16.5cm，穗粒数120.0粒，千粒重25.1g。

品质特性：糙米粒长5.1mm，糙米长宽比1.8，糙米率82.9%，精米率73.9%，整精米率65.3%，垩白粒率10%，垩白度0.9%，胶稠度84mm，直链淀粉含量18.4%，蛋白质含量8%。

抗性：中抗穗颈瘟。

产量及适宜地区：2004—2005年两年辽宁省中晚熟区域试验，平均单产9 465kg/hm²，比对照辽粳294增产5.4%。2005年生产试验，平均单产9 450kg/hm²，比对照辽粳294增产8.9%。适宜在沈阳以南稻区种植。

栽培技术要点：4月中旬播种，种子严格消毒，培育壮秧，播种量为干籽150～200g/m²；5月中下旬插秧，行株距30cm×13.3cm，每穴栽插3～4苗。一般施硫酸铵900kg/hm²，磷酸二铵150kg/hm²，钾肥150kg/hm²。7月上中旬注意防治二化螟1～2次，出穗前5～7d喷施络氨铜一次，防治稻曲病。

辽星 11 (Liaoxing 11)

品种来源：辽宁省水稻研究所以辽粳 454/CBB14 为杂交组合，采用系谱法选育而成。原品系号为 L0318F。2006 年通过国家农作物品种审定委员会审定，审定编号为国审稻 2006069。

形态特征和生物学特性：粳型常规水稻，感光性弱，感温性中等，基本营养生长期短，属中熟早粳。株型紧凑，叶片坚挺上举，茎叶深绿，半直立穗型。颖壳黄色，种皮白色，无芒。在辽宁南部、京津地区种植全生育期 156.4d，比对照金珠 1 号早熟 2.2d，株高 106.5cm，穗长 15.5cm，穗粒数 109.9 粒，结实率 91.1%，千粒重 25.5g。

品质特性：整精米率 67.8%，垩白粒率 9%，垩白度 0.8%，胶稠度 76mm，直链淀粉含量 16.6%，国标一级优质米标准。

抗性：中抗穗颈瘟。

产量及适宜地区：2004 年北方稻区中早粳晚熟区域试验，平均单产 9 417kg/hm²，比对照金珠 1 号增产 1%；2005 年续试，平均单产 8 821.5kg/hm²，比对照金珠 1 号增产 4.7%；两年平均单产 9 120kg/hm²，比对照金珠 1 号增产 2.8%。2005 年生产试验，平均单产 9 400.5kg/hm²，比对照金珠 1 号增产 5.5%。适宜在辽宁南部、新疆南部、北京、天津稻区种植。

栽培技术要点：辽宁南部、京津地区根据当地生产情况与金珠 1 号同期播种，播种量 150 ~ 200g/m²，培育带蘖壮秧。行株距 29.7cm×13.2cm 或 29.7cm×16.5cm，每穴栽插 2 ~ 3 苗或 3 ~ 4 苗。中等肥力田块一般施纯氮 150kg/hm²，磷酸二铵 150kg/hm²，钾肥 225kg/hm²，锌肥 15kg/hm²，遵循前促、中控、后保的原则。水分管理采用浅、湿、干相结合，后期断水不宜过早，一般在收获前 10d 撤水为宜。播前严格种子消毒，以防恶苗病发生；大田生长期间，根据当地病虫害实际和发生动态，注意及时防治二化螟、稻瘟病等病虫害。

辽星12 (Liaoxing 12)

品种来源：辽宁省水稻研究所以营8433-15/91-40-5//92-15为杂交组合，采用系谱法选育而成。原品系号为辽农47。2006年通过辽宁省农作物品种审定委员会审定，审定编号为辽审稻2006180。

形态特征和生物学特性：粳型常规水稻，感光性弱，感温性中等，基本营养生长期短，属中熟早粳。株型紧凑，分蘖力较强，叶片上冲，叶色淡绿，半散穗型。颖壳黄褐色，种皮白色，无芒。全生育期157d，株高101.5cm，穗长19cm，穗粒数141.0粒，千粒重25.6g。

品质特性：糙米粒长4.9mm，糙米长宽比1.7，糙米率83.4%，精米率74.8%，整精米率69.1%，垩白粒率28%，垩白度3%，胶稠度68mm，直链淀粉含量15.1%，蛋白质含量7.9%。

抗性：中抗穗颈瘟。

产量及适宜地区：2005—2006年两年辽宁省中熟区域试验，平均单产9 154.5kg/hm²，比对照辽盐16增产13.5%。2006年生产试验，平均单产8 953.5kg/hm²，比对照辽粳371增产11.6%。适宜在沈阳以北稻区种植。

栽培技术要点：4月上中旬播种，培育壮秧，播种量为200g/m²；5月中下旬插秧，行株距30cm×13.3cm，每穴栽插3～4苗。一般施硫酸铵900kg/hm²，磷肥300kg/hm²，钾肥112.5kg/hm²。采用浅、湿、干间歇节水灌溉技术，后期不宜断水过早，一般在收获前10d撤水为宜。在出穗前初期和齐穗期各喷一次稻瘟灵水剂防治稻瘟病。注意防治稻水象甲、二化螟和稻纵卷叶螟等虫害。

辽星13 (Liaoxing 13)

品种来源：辽宁省水稻研究所以营8433-15/91-40-5//92-15为杂交组合，采用系谱法选育而成。原品系号为辽农47。2006年通过辽宁省农作物品种审定委员会审定，审定编号为辽审稻2006185。

形态特征和生物学特性：粳型常规水稻，感光性弱，感温性中等，基本营养生长期短，属中熟早粳。株型紧凑，分蘖力较强，叶片上冲，叶色淡绿，半散穗型。颖壳黄褐色，种皮白色，无芒。全生育期157d，株高101.5cm，穗长19cm，穗粒数141.0粒，千粒重25.6g。

品质特性：糙米粒长4.9mm，糙米长宽比1.7，糙米率83.4%，精米率74.8%，整精米率69.1%，垩白粒率28%，垩白度3%，胶稠度68mm，直链淀粉含量15.1%，蛋白质含量7.9%。

抗性：中抗穗颈瘟。

产量及适宜地区：2005—2006年两年辽宁省中熟区域试验，平均单产9 154.5kg/hm²，比对照辽盐16增产13.5%。2006年生产试验，平均单产8 953.5kg/hm²，比对照辽粳371增产11.6%。适宜在沈阳以北稻区种植。

栽培技术要点：4月上中旬播种，培育壮秧，播种量为200g/m²；5月中下旬插秧，行株距30cm×13.3cm，每穴栽插3～4苗。一般施硫酸铵900kg/hm²，磷肥300kg/hm²，钾肥112.5kg/hm²。采用浅、湿、干间歇节水灌溉技术，后期不宜断水过早，一般在收获前10d撤水为宜。在出穗前初期和齐穗期各喷一次稻瘟灵防治稻瘟病。注意防治稻水象甲、二化螟和稻纵卷叶螟等虫害。

辽星14 (Liaoxing 14)

品种来源：辽宁省水稻研究所以辽93-77/辽534为杂交组合，采用系谱法选育而成。原品系号为LDC343。2006年通过辽宁省农作物品种审定委员会审定，审定编号为辽审稻2006177。

形态特征和生物学特性：粳型常规水稻，感光性弱，感温性中等，基本营养生长期短，属中熟早粳。株型半紧，分蘖力较强，叶片宽，叶色淡绿，松散穗型。颖壳黄白，种皮白色，无芒。全生育期156d，株高107.5cm，穗长19cm，穗粒数130.0粒，千粒重27.6g。

品质特性：糙米粒长5.2mm，糙米长宽比1.9，糙米率83.2%，精米率74.8%，整精米率67.1%，垩白粒率38%，垩白度4.8%，胶稠度82mm，直链淀粉含量17.7%，蛋白质含量8.5%。

抗性：中抗穗颈瘟。

产量及适宜地区：2004—2005年两年辽宁省中熟区域试验，平均单产9 039kg/hm²，比对照辽盐16增产8.7%。2006年生产试验，平均单产8 851.5kg/hm²，比对照辽粳371增产10.3%。适宜在沈阳以北稻区种植。

栽培技术要点：4月中旬播种，播前种子要严格消毒，培育壮秧，播种量为200g/m²；5月末插秧，行株距30cm×13.4cm，每穴栽插4～5苗。一般施硫酸铵900kg/hm²，磷肥225kg/hm²，钾肥22.5kg/hm²。采用浅、湿、干间歇节水灌溉技术。在出穗前初期和齐穗期各喷一次稻瘟灵防治稻瘟病。注意防治稻水象甲、二化螟和稻纵卷叶螟等虫害。

辽星15 (Liaoxing 15)

品种来源：辽宁省水稻研究所以294/八里大穗//294/9083为杂交组合，采用系谱法选育而成。原品系号为LDC355。2006年通过辽宁省农作物品种审定委员会审定，审定编号为辽审稻2006176。

形态特征和生物学特性：粳型常规水稻，感光性弱，感温性中等，基本营养生长期短，属中熟早粳。株型紧凑，分蘖力强，叶片挺直，叶色浓绿，半紧穗型。颖壳黄色，种皮白色，有稀短芒。全生育期156d，株高97.5cm，穗长16.5cm，穗粒数115.0粒，千粒重25.1g。

品质特性：糙米粒长4.7mm，糙米长宽比1.6，糙米率83.7%，精米率73.9%，整精米率70.2%，垩白粒率30%，垩白度3.2%，胶稠度72mm，直链淀粉含量16.2%，蛋白质含量8.1%。

抗性：中抗穗颈瘟。

产量及适宜地区：2005—2006年两年辽宁省中熟区域试验，平均单产9 129kg/hm²，比对照品种辽盐16增产13.2%。2006年生产试验，平均单产9 357kg/hm²，比对照辽粳371增产16.6%。适宜在沈阳以北稻区种植。

栽培技术要点：4月上旬播种，播前种子要严格消毒，培育壮秧，播种量为200g/m²；5月上中旬插秧，行株距30cm×（13.3～16.6）cm，每穴栽插3～4苗。一般施硫酸铵900kg/hm²，磷肥150kg/hm²，钾肥225kg/hm²。采取浅、湿、干间歇灌溉。在出穗前初期和齐穗期各喷一次稻瘟灵水剂防治稻瘟病。注意防治稻水象甲、二化螟和稻纵卷叶螟等虫害。

辽星16 (Liaoxing 16)

品种来源：辽宁省水稻研究所以旱72/越光//海城大穗为杂交组合，采用系谱法选育而成。原品系号为LDC166。2006年通过辽宁省农作物品种审定委员会审定，审定编号为辽审稻2006188。

形态特征和生物学特性：粳型常规水稻，感光性弱，感温性中等，基本营养生长期短，属中熟早粳。株型紧凑，分蘖力强，叶片耸直，叶色浓绿，半散穗型。颖壳黄色，种皮白色，无芒。全生育期159d，株高102.5cm，穗长16.5cm，穗粒数97.5粒，千粒重23.5g。

品质特性：糙米粒长5mm，糙米长宽比1.8，糙米率84%，精米率75.6%，整精米率68.9%，垩白粒率6%，垩白度0.7%，胶稠度82mm，直链淀粉含量15.9%，蛋白质含量7.6%。

抗性：中抗穗颈瘟。

产量及适宜地区：2005—2006年两年辽宁省中晚熟区域试验，平均单产9 225kg/hm²，比对照辽粳294增产7.2%。2006年生产试验，平均单产9 649.5kg/hm²，比对照辽粳294增产8.4%。适宜在沈阳以南稻区种植。

栽培技术要点：4月上旬播种，培育壮秧，播种量为200g/m²；5月中旬插秧，行株距30cm×（13.3～16.6）cm，每穴栽插3～4苗。一般施硫酸铵750kg/hm²，磷肥150kg/hm²，钾肥225kg/hm²。水层管理采用浅、湿、干间歇节水灌溉技术。在出穗前初期和齐穗期各喷一次稻瘟灵水剂防治稻瘟病。注意防治稻水象甲、二化螟和稻纵卷叶螟等虫害。

辽星17 (Liaoxing 17)

品种来源：辽宁省水稻研究所以辽粳534/珍珠2号为杂交组合选育而成。2007年通过国家农作物品种审定委员审定，审定编号为国审稻2007044。

形态特征和生物学特性：粳型常规水稻，感光性弱，感温性中等，基本营养生长期短，属中熟早粳，株型紧凑，叶片坚挺上举，茎叶淡绿，半散穗型。颖壳黄色，种皮白色，无芒。全生育期158.8d，比对照秋光晚熟3.1d，株高99.3cm，穗长15.7cm，有效穗数187.5万穗/hm²，穗粒数128.5粒，结实率88%，千粒重22.3g。

品质特性：整精米率69.4%，垩白粒率5%，垩白度0.5%，胶稠度80mm，直链淀粉含量17.7%，国标一级优质米标准。

抗性：中抗苗瘟和叶瘟，感穗颈瘟，孕穗期耐冷，抗旱中等，耐盐中等。

产量及适宜地区：2004年北方稻区中早粳中熟区域试验，平均单产8 758.5kg/hm²，比对照秋光减产4.2%；2005年续试，平均单产9 738kg/hm²，比对照秋光减产1.2%；两年平均单产9 249kg/hm²，比对照秋光减产2.6%。2006年生产试验，平均单产9 354kg/hm²，比对照秋光减产1.3%。适宜在吉林晚熟稻区、辽宁北部、宁夏引黄灌区、北疆沿天山稻区和南疆、陕西榆林地区、河北北部、山西太原小店和晋源区种植。

栽培技术要点：东北、西北晚熟稻区根据当地生产情况与秋光同期播种，播前种子严格消毒以防恶苗病发生，播种量150～200g/m²，培育带蘖壮秧。合理稀植，行株距30cm×13.3cm或30cm×16.6cm。中等肥力田块一般施纯氮150kg/hm²，磷酸二铵150kg/hm²，钾肥150kg/hm²，锌肥15kg/hm²。采用浅、湿、干相结合的灌溉原则，收获前10d撤水为宜。注意及时防治二化螟、稻曲病等水稻病虫害。

辽星18（Liaoxing 18）

品种来源：辽宁省水稻研究所以92-17//越光/96-333///丰锦/辽302为杂交组合，采用系谱法选育而成。原品系号为LDC248。2008年通过辽宁省农作物品种审定委员会审定，审定编号为辽审稻2008202。

形态特征和生物学特性：粳型常规水稻，感光性弱，感温性中等，基本营养生长期短，属迟熟早粳。株型紧凑，分蘖力较强，叶片耸直，叶色浓绿，半紧穗型。颖壳黄色，种皮白色，无芒。全生育期160d，株高110cm，穗长19cm，穗粒数150.0粒，结实率83.5%，千粒重24.9g。

品质特性：糙米粒长4.9mm，糙米长宽比1.8，糙米率82.9%，精米率74.6%，整精米率73.5%，垩白粒率4%，垩白度0.3%，胶稠度80mm，直链淀粉含量17.4%，蛋白质含量9%。

抗性：中抗穗颈瘟。

产量及适宜地区：2006—2007年两年辽宁省中晚熟区域试验，平均单产9 123kg/hm²，比对照辽粳294增产7.3%。2007年生产试验，平均单产8 826kg/hm²，比对照辽粳9号增产0.2%。适宜在沈阳以南稻区种植。

栽培技术要点：4月上旬播种，播种量为200g/m²；5月中旬插秧，行株距30cm×（13.3～16.6）cm，每穴栽插4～5苗。一般施硫酸铵750kg/hm²，磷肥150kg/hm²，钾肥225kg/hm²。水层管理采用浅、湿、干间歇节水灌溉技术。注意防治二化螟。

辽星19 (Liaoxing 19)

品种来源：辽宁省水稻研究所以辽粳294/辽粳454//辽326/90-82为杂交组合，采用系谱法选育而成。原品系号为LDC119。2008年通过辽宁省农作物品种审定委员会审定，审定编号为辽审稻2008201。

形态特征和生物学特性：粳型常规水稻，感光性弱，感温性中等，基本营养生长期短，属迟熟早粳。株型紧凑，分蘖力强，叶片耸直，叶色淡绿，半散穗型。颖壳黄色，种皮白色，无芒。全生育期160d，株高107.5cm，穗长16.5cm，穗粒数120.0粒，结实率85.7%，千粒重25.4g。

品质特性：糙米粒长5.1mm，糙米长宽比1.8，糙米率81.4%，精米率72.7%，整精米率69.5%，垩白粒率20%，垩白度2.9%，胶稠度83mm，直链淀粉含量18.8%，蛋白质含量7.7%。

抗性：抗穗颈瘟。

产量及适宜地区：2006—2007年两年辽宁省中晚熟区域试验，平均单产9 351kg/hm²，比对照辽粳294增产5.9%。2007年生产试验，平均单产9 097.5kg/hm²，比对照辽粳9号增产3.3%。适宜在沈阳以南稻区种植。

栽培技术要点：4月上旬播种，播种量为200g/m²；5月中旬插秧，行株距30cm×（13.3～16.6）cm，每穴栽插3～4苗。一般施硫酸铵750kg/hm²，磷肥150kg/hm²，钾肥225kg/hm²。水层管理采用浅、湿、干间歇节水灌溉技术。注意防治二化螟。

辽星2号 (Liaoxing 2)

品种来源：辽宁省水稻研究所以C418/辽粳534为杂交组合，采用系谱法选育而成。原品系号为LDC285。2005年通过辽宁省农作物品种审定委员会审定，审定编号为辽审稻2005136。

形态特征和生物学特性：粳型常规水稻，感光性弱，感温性中等，基本营养生长期短，属中熟早粳。株型紧凑，分蘖力中等，叶色浓绿，半紧穗型。颖壳黄色，种皮白色，无芒。全生育期155d，株高97.5cm，穗长16cm，穗粒数110.0粒，千粒重25.6g。

品质特性：糙米粒长4.9mm，糙米长宽比1.9，糙米率83.6%，精米率76.6%，整精米率64.7%，垩白粒率12%，垩白度2.4%，胶稠度81mm，直链淀粉含量16.4%，蛋白质含量8%。

抗性：感穗颈瘟。

产量及适宜地区：2003—2004年两年辽宁省中熟区域试验，平均单产9 414kg/hm²，比对照辽盐16增产10.7%。2004年生产试验，平均单产9 249kg/hm²，比对照辽盐16增产10.7%。适宜辽宁省沈阳以北稻区种植。

栽培技术要点：4月上旬播种，稀播育带蘖壮秧，播种量为150～200g/m²；5月中旬插秧，中等肥力地块行株距30cm×（13.3～16.6）cm，每穴栽插4～5苗。施硫酸铵750kg/hm²、磷酸二铵150kg/hm²、硫酸钾225kg/hm²、锌肥15kg/hm²。浅、湿、干间歇灌溉，化学并辅以人工除草。出穗期结合防治穗颈瘟病喷施三环唑等兼治稻曲病，注意防治稻瘟病。

辽星20 (Liaoxing 20)

品种来源：辽宁省水稻研究所以辽粳207/辽粳294为杂交组合，采用系谱法选育而成。原品系号为辽农18。2008年通过辽宁省农作物品种审定委员会审定，审定编号为辽审稻2008196。

形态特征和生物学特性：粳型常规水稻，感光性弱，感温性中等，基本营养生长期短，属中熟早粳。株型紧凑，分蘖力较强，叶片上冲，叶色浓绿，半散穗型。颖壳黄褐色，种皮白色，无芒。全生育期156d，株高99.7cm，穗长19cm，穗粒数113.6粒，千粒重25g。

品质特性：糙米粒长4.9mm，糙米长宽比1.8，糙米率84%，精米率75.6%，整精米率64.3%，垩白粒率8%，垩白度1%，胶稠度61mm，直链淀粉含量15.1%，蛋白质含量8%。

抗性：中抗穗颈瘟。

产量及适宜地区：2005—2006年两年辽宁省中熟区域试验，平均单产8 599.5kg/hm²，比对照辽盐16增产6.6%。2007年生产试验，平均单产9 259.5kg/hm²，比对照沈稻6号增产3.6%。适宜在沈阳以北稻区种植。

栽培技术要点：4月上中旬播种，培育壮秧，播种量为200g/m²；5月中下旬插秧，行株距30cm×13.3cm，每穴栽插3～4苗。一般施硫酸铵900kg/hm²，磷肥300kg/hm²，钾肥112.5kg/hm²。根据不同生育期，采用浅、湿、干相结合的灌溉原则，后期断水不宜过早，一般在收获前10d撤水为宜。6月末至7月初，注意防治二化螟。

辽星21 （Liaoxing 21）

品种来源：辽宁省水稻研究所以辽粳454/沈农9017为杂交组合，采用系谱法选育而成。原品系号为辽农06-7。2009年通过辽宁省农作物品种审定委员会审定，审定编号为辽审稻2009208。

形态特征和生物学特性：粳型常规水稻，感光性弱，感温性中等，基本营养生长期短，属中熟早粳。株型紧凑，分蘖力中上，叶片上冲，叶色浓绿，半散穗型。颖壳黄褐色，种皮白色，有短芒。全生育期153d，株高103.2cm，穗长19cm，穗粒数129.2粒，千粒重24.7g。

品质特性：糙米粒长5mm，糙米长宽比1.9，糙米率82.6%，精米率74.8%，整精米率73.7%，垩白粒率1%，垩白度0.1%，胶稠度72mm，直链淀粉含量17.7%，蛋白质含量7.4%。

抗性：抗穗颈瘟。

产量及适宜地区：2007—2008年两年辽宁省中早稻区域试验，平均单产8 640kg/hm²，比对照沈农315增产4.4%。2008年生产试验，平均单产8 526kg/hm²，比对照沈农315增产3.8%。适宜在辽宁东部及北部稻区种植。

栽培技术要点：4月中旬播种，播种量为200g/m²；5月中下旬插秧，行株距30cm×13.3cm，每穴栽插3～4苗。一般施硫酸铵900kg/hm²，磷肥300kg/hm²，钾肥75kg/hm²。根据不同生育期，采用浅、湿、干相结合的灌溉原则，后期断水不宜过早，一般在收获前10d撤水为宜。6月末至7月初注意防治二化螟。

辽星3号 (Liaoxing 3)

品种来源：辽宁省水稻研究所以辽粳454/珍珠2号为杂交组合，采用系谱法选育而成。原品系号为LDC9466。2005年通过辽宁省农作物品种审定委员会审定，审定编号为辽审稻2005144。

形态特征和生物学特性：粳型常规水稻，感光性弱，感温性中等，基本营养生长期短，属迟熟早粳。株型紧凑，分蘖力较强，叶片挺直，叶色浓绿，半松散穗型。颖壳黄色，种皮白色，无芒。全生育期160d，株高102.5cm，穗长16.5cm，穗粒数115.0粒，结实率90%，千粒重25.5g。

品质特性：糙米粒长5.1mm，糙米长宽比2.1，糙米率84.1%，精米率74.6%，整精米率69.3%，垩白粒率10%，垩白度1.4%，胶稠度82mm，直链淀粉含量16.5%，蛋白质含量8.4%。

抗性：抗穗颈瘟。

产量及适宜地区：2003—2004年两年辽宁省中晚熟区域试验，平均单产9 048kg/hm²，比对照辽粳294增产4.1%。2004年生产试验，平均单产9 589.5kg/hm²，比对照辽粳294增产6.8%。适宜在沈阳以南稻区种植。

栽培技术要点：4月上旬播种，旱育壮秧，播种量为150～200g/m²；5月中下旬插秧，行株距30cm×13.3cm，每穴栽插3～4苗。施硫酸铵900kg/hm²、磷酸二铵150kg/hm²、硫酸钾150kg/hm²。收获前不宜断水过早，以防早衰。7月上中旬注意防治二化螟，出穗前5～7d喷杀菌剂或络氨铜一次，以防稻曲病。

辽星4号 （Liaoxing 4）

品种来源：辽宁省水稻研究所从87-454散穗型变异株系选育而成。原品系号为辽138。2005年通过辽宁省农作物品种审定委员会审定，审定编号为辽审稻2005153。

形态特征和生物学特性：粳型常规水稻，感光性弱，感温性中等，基本营养生长期短，属迟熟早粳。株型紧凑，分蘖力中等，叶片披散，叶色浓绿，松散穗型。颖壳黄色，种皮白色，芒稀少。全生育期160d，株高107.5cm，穗长29cm，穗粒数115.0粒，结实率87.6%，千粒重26g。

品质特性：糙米粒长5.5mm，糙米长宽比2.1，糙米率80.5%，精米率71.5%，整精米率59.6%，垩白粒率34%，垩白度4.6%，胶稠度82mm，直链淀粉含量16.1%，蛋白质含量8.1%。

抗性：抗穗颈瘟。

产量及适宜地区：2002—2003年两年辽宁省中晚熟区域试验，平均单产9 147kg/hm²，比对照辽粳294增产5.6%。2004年生产试验，平均单产9 340.5kg/hm²，比对照辽粳294增产4%。适宜在沈阳以南稻区种植。

栽培技术要点：4月上旬播种，稀播育壮秧，播种量为150～200g/m²；5月下旬插秧，行株距30cm×（13.3～16.6）cm，每穴栽插4～5苗。施硫酸铵750kg/hm²、磷酸二铵150kg/hm²、硫酸钾225kg/hm²、锌肥15kg/hm²。浅、湿、干间歇灌溉，水稻生育末期不能断水过早，以防早衰。化学并辅以人工除草。出穗前5～7d注意防治稻曲病。

辽星5号 （Liaoxing 5）

品种来源：辽宁省水稻研究所以87-73/87-675为杂交组合，采用系谱法选育而成。原品系号为辽粳263。2005年通过辽宁省农作物品种审定委员会审定，审定编号为辽审稻2005145。

形态特征和生物学特性：粳型常规水稻，感光性弱，感温性中等，基本营养生长期短，属迟熟早粳。株型紧凑，分蘖力中等，叶片短直，叶色浓绿，半紧穗型。颖尖紫红色，种皮白色，稀少芒。全生育期160d，株高108cm，穗长19cm，穗粒数165.0粒，结实率91.6%，千粒重24.4g。

品质特性：糙米粒长4.8mm，糙米长宽比1.8，糙米率82.3%，精米率73.7%，整精米率62.7%，垩白粒率2%，垩白度0.3%，胶稠度68mm，直链淀粉含量15.7%，蛋白质含量10.3%。

抗性：抗穗颈瘟。

产量及适宜地区：2002—2003年两年辽宁省中晚熟区域试验，平均单产9 234kg/hm²，比对照辽粳294增产6.6%。2004年生产试验，平均单产9 937.5kg/hm²，比对照辽粳294增产10.7%。适宜在沈阳以南稻区种植。

栽培技术要点：4月上旬播种，稀播育壮秧，播种量为150 ～ 200g/m²；5月15 ～ 25日插秧，中等肥力地块行株距30cm×（13.3 ～ 16.6）cm，每穴栽插4 ～ 5苗。施硫酸铵1 050kg/hm²、磷酸二铵180kg/hm²或过磷酸钙900kg/hm²、硫酸钾150kg/hm²、锌肥22.5kg/hm²。浅、湿、干间歇灌溉，以化学除草为主，人工除草为辅。6月下旬注意防治二化螟，出穗前5 ～ 7d，重点预防稻曲病的发生。

辽星6号 (Liaoxing 6)

品种来源：辽宁省水稻研究所以辽粳294/辽558为杂交组合，采用系谱法选育而成。原品系号为LDC32。2005年通过辽宁省农作物品种审定委员会审定，审定编号为辽审稻2005146。

形态特征和生物学特性：粳型常规水稻，感光性弱，感温性中等，基本营养生长期短，属迟熟早粳。株型紧凑，分蘖力中等，叶片挺直，叶色浓绿，半松散穗型。颖壳黄色，种皮白色，有芒。全生育期160d，株高105cm，穗长22.5cm，穗粒数140.0粒，结实率89.2%，千粒重25.6g。

品质特性：糙米粒长5mm，糙米长宽比1.9，糙米率82.5%，精米率74.3%，整精米率64.3%，垩白粒率9%，垩白度1.6%，胶稠度85mm，直链淀粉含量16.2%，蛋白质含量8.8%。

抗性：抗穗颈瘟。

产量及适宜地区：2003—2004年两年辽宁省中晚熟区域试验，平均单产9 033kg/hm²，比对照辽粳294增产4%。2004年生产试验，平均单产9 681kg/hm²，比对照辽粳294增产7.8%。适宜在沈阳以南稻区种植。

栽培技术要点：4月上旬播种，稀播育壮秧，播种量为150～200g/m²；5月下旬插秧，行株距30cm×（13.3～16.6）cm，每穴栽插4～5苗。施硫酸铵1 050kg/hm²、磷酸二铵150kg/hm²或过磷酸钙750kg/hm²、硫酸钾150kg/hm²、锌肥22.5kg/hm²。浅、湿、干间歇灌溉，化学并辅以人工除草。出穗前5～7d注意防治稻曲病。

辽星7号 (Liaoxing 7)

品种来源：辽宁省水稻研究所从洼香糯中系选而成。原品系号为辽糯64。2005年通过辽宁省农作物品种审定委员会审定，审定编号为辽审稻2005137。

形态特征和生物学特性：粳型常规糯性水稻，感光性弱，感温性中等，基本营养生长期短，属中熟早粳。株型紧凑，分蘖力较强，叶片狭长微下披，叶色淡绿，半散穗型。颖壳黄褐色，种皮白色，稀短芒。全生育期154d，株高102cm，穗长19cm，穗粒数128.0粒，结实率80.8%，千粒重25g。

品质特性：糙米粒长4.9mm，糙米长宽比1.7，糙米率81.7%，精米率72.9%，整精米率61.9%，碱消值6.8级，胶稠度100mm，直链淀粉含量1.7%，蛋白质含量7.8%。

抗性：中感穗颈瘟。

产量及适宜地区：2002—2003年两年辽宁省中熟区域试验，平均单产9 390kg/hm²，比对照辽盐16增产5.9%。2004年生产试验，平均单产8 322kg/hm²，比对照辽盐16减产0.4%。适宜在沈阳以北稻区种植。

栽培技术要点：4月上旬播种，播前种子严格进行消毒以防恶苗病的发生，稀播育带蘖壮秧，播种量为150 ～ 200g/m²；5月中旬插秧，行株距30cm×13.3cm，每穴栽插3 ～ 4苗。施硫酸铵900kg/hm²、磷酸二铵150kg/hm²、硫酸钾112.5kg/hm²、锌肥15kg/hm²。采用浅、湿、干相结合的灌溉原则，后期断水不宜过早，6月末至7月初，注意防治二化螟，8月下旬注意防治稻瘟病。

辽星8号 (Liaoxing 8)

品种来源：辽宁省水稻研究所以珍珠2号/V2为杂交组合，采用系谱法选育而成。原品系号为LDC95-423。2005年通过国家农作物品种审定委员会审定，审定编号为国审稻2005046。

形态特征和生物学特性：粳型常规水稻，感光性弱，感温性中等，基本营养生长期短，属中熟早粳。株型紧凑，叶片坚挺上举，茎叶淡绿，半直立穗型，主蘖穗整齐。颖壳黄色，种皮白色，无芒。全生育期156d，比对照秋光晚熟2.1d，株高85.5cm，穗长16cm，穗粒数110.5粒，结实率87.8%，千粒重21.2g。

品质特性：整精米率68.9%，垩白粒率3.5%，垩白度0.4%，胶稠度84mm，直链淀粉含量17.6%，国标一级优质米标准。

抗性：抗穗颈瘟。

产量及适宜地区：2003年北方稻区中粳中熟区域试验，平均单产9 603kg/hm²，比对照秋光减产5.5%；2004年续试，平均单产8 677.5kg/hm²，比对照秋光减产5.1%；两年平均单产9 121.5kg/hm²，比对照秋光减产5.3%。2004年生产试验，平均单产8 787kg/hm²，比对照秋光增产0.5%。适宜在辽宁中南部，西北稻区种植。

栽培技术要点：播前严格进行种子消毒，以防恶苗病发生，秧田播种量150～200g/m²，培育带蘖壮秧。行株距30cm×13cm或30cm×17cm，每穴栽插2～3或3～4苗。中等肥力田块一般施硫酸铵750kg/hm²、磷酸二铵150kg/hm²、钾肥225kg/hm²、锌肥22.5kg/hm²。采用浅、湿、干相结合的灌溉原则，后期断水不宜过早。注意防治二化螟等病虫害。

辽星9号 （Liaoxing 9）

品种来源：辽宁省水稻研究所以辽294/辽454为杂交组合，采用系谱法选育而成。原品系号为辽粳9号。分别通过辽宁省（2003）和国家（2005）农作物品种审定委员会审定，审定编号分别为辽审稻2003112（辽粳9号）和国审稻2005042（辽星9号）。

形态特征和生物学特性：粳型常规水稻，感光性弱，感温性中等，基本营养生长期短，属中熟早粳。株型紧凑，叶片坚挺上举，茎叶淡绿，半直立穗型，主蘖穗整齐。颖壳及颖尖均呈黄色，种皮白色，无芒。全生育期156.2d，株高104.8cm，穗长17.3cm，穗粒数115.2粒，结实率92.8%，千粒重24.9g。

品质特性：整精米率67.1%，垩白粒率12.5%，垩白度1.4%，胶稠度80mm，直链淀粉含量16.5%，国标二级优质米标准。

抗性：抗穗颈瘟病。

产量及适宜地区：2002年在北方稻中早粳晚熟区域试验，平均单产9 751.5kg/hm²，比对照金珠1号增产3.3%；2003年续试，平均单产9 001.5kg/hm²，比对照金珠1号减产2.1%；两年平均单产9 402kg/hm²，比对照金珠1号增产0.8%。2004年生产试验，平均单产8 712kg/hm²，比对照金珠1号增产3.5%。适宜在辽宁南部、新疆南部、北京、天津及河北芦台稻区种植。

栽培技术要点：根据当地种植习惯与金珠1号同期播种，播种前严格进行种子消毒，采用秧盘育秧播种量150～200g/m²，秧龄35～40d。栽插密度30cm×（13.3～16.6）cm，每穴栽插4～5苗或5～6苗。施硫酸铵1 020kg/hm²，采取前重后轻的施肥方法。水层管理以浅水灌溉为主，够苗及时晒田，出穗后干干湿湿，后期不可断水过早。注意防治稻曲病、纹枯病等病虫害。

辽选180（Liaoxuan 180）

品种来源：辽宁省水稻研究所以辽丰41-6/秀岭//丰锦为杂交组合，采用系谱法选育而成。原品系号为74-162。1994年通过辽宁省农作物品种审定委员会审定，审定编号为辽审稻1994045。

形态特征和生物学特性：粳型常规水稻，感光性弱，感温性中等，基本营养生长期短，属迟熟早粳。分蘖力强，株型紧凑，叶片短窄直立，叶色浓绿，弯曲穗型，抽穗整齐。颖壳黄色，种皮白色，无芒。全生育期165d，株高100cm，穗长16cm，有效穗数517.5万穗/hm²，穗粒数85.0粒，结实率90%，千粒重24.9g。

品质特性：糙米长宽比1.7，糙米率83.1%，精米率75%，整精米率73.6%，垩白粒率8%，垩白度1.2%，胶稠度75mm，透明度1级，碱消值7级，直链淀粉含量19.1%，蛋白质含量9%。

抗性：中抗稻瘟病和白叶枯病，中抗纹枯病，抗寒，耐肥，抗倒伏。

产量及适宜地区：1989—1990年两年辽宁省中晚熟区域试验，平均单产7 785kg/hm²，比对照丰锦增产8.5%。1989—1990年两年生产试验，平均单产8 965.5kg/hm²，比对照丰锦增产10.1%。一般单产8 250kg/hm²。1985—1992年辽宁省累计推广种植4万hm²。适宜在辽宁辽阳、鞍山、海城、台安、大洼、盘山、锦州等稻区种植。

栽培技术要点：稀播育壮秧。播种前进行严格种子消毒，以防恶苗病的发生。4月上中旬播种，播种量200g/m²，适时通风炼苗。5月中下旬插秧，一般行株距30cm×17cm，每穴栽插3～4苗。全生育期施硫酸铵675kg/hm²，施穗肥时不宜过量、过晚，以防贪青晚熟。浅、湿、干间歇灌溉，严禁大水大肥，以防倒伏。

辽盐12 (Liaoyan 12)

品种来源：辽宁省盐碱地利用研究所从M146品系变异株中经系统选育法选育而成。分别通过辽宁省（1998）和北京市（2000）农作物品种审定委员会审定，审定编号为辽审稻1998070和0101003-2000。

形态特征和生物学特性：粳型常规水稻，感光性弱，感温性强，基本营养生长期短，属中熟早粳。蘖间角度适中、株型紧凑，叶片狭长、剑叶角度较大，叶色较深，弯曲散穗；颖壳黄色，种皮白色，颖尖无芒；全生育期158d，与对照丰锦相同，株高93cm，穗长20cm，有效穗数430.5万穗/hm²，穗粒数90.0粒，结实率95%，千粒重26g。

品质特性：糙米粒长5.2mm，糙米长宽比1.9，糙米率83.2%，精米率76%，整精米率74%，垩白粒率7%，垩白度0.7%，透明度1级，碱消值7级，胶稠度100mm，直链淀粉含量18.4%，蛋白质含量7.8%，国标二级优质米标准。

抗性：抗稻瘟病，抗旱，耐盐，耐冷。

产量及适宜地区：1994年辽宁省中晚熟区域试验，平均单产7 942.5kg/hm²，比对照辽粳5号增产8%，比对照丰锦增产11.4%；1995年续试，平均单产8 143.5kg/hm²，比对照辽粳5号增产3.4%，比对照丰锦增产9.4%；两年平均单产8 043kg/hm²，比对照辽粳5号增产5.7%，比对照丰锦增产10.4%。1996年生产试验，平均单产9 765kg/hm²，比对照丰锦增产17.5%；1997年生产试验，平均单产10 260kg/hm²，比对照辽粳326增产13.6%；两年平均单产10 012.5kg/hm²，比对照增产15.6%。适宜在沈阳以南中晚熟稻区种植。

栽培技术要点：4月上旬播种，5月中下旬移栽。播种量普通旱育苗200g/m²，钵体育苗450g/m²。插秧密度30cm×（13.3～16.6）cm，每穴栽插3～4苗。氮、磷、钾平衡施用。施纯氮量195kg/hm²，分5次施入；五氧化二磷165kg/hm²（作底肥和蘖肥）；氧化钾75kg/hm²（分蘖期作追肥）。水层管理以浅水为主，采取浅、湿、干相结合灌溉模式。5月下旬至6月上旬对稻水象甲进行防治，6月下旬对二化螟进行防治，在稻瘟病重发区在抽穗前及时防治。

辽盐16 (Liaoyan 16)

品种来源：辽宁省盐碱地利用研究所从辽盐2号品种变异株中经系统选育法选育而成。1994年通过辽宁省农作物品种审定委员会审定，审定编号为辽审稻1994046。

形态特征和生物学特性：粳型常规水稻，感光性弱，感温性强，基本营养生长期短，属中熟早粳。蘖间角度适中、株型紧凑，剑叶较长、上举，叶色较深，弯曲穗、叶下禾；颖壳黄色，种皮白色，颖尖稀短芒；全生育期158d，与对照辽粳5号相同，株高90cm，穗长19cm，有效穗数447万穗/hm²，穗粒数92.0粒，结实率90%，千粒重26g。

品质特性：糙米粒长5.1mm，糙米长宽比2，糙米率83.5%，精米率74.1%，整精米率71.7%，垩白粒率8%，垩白度1.2%，透明度1级，碱消值7级，胶稠度100mm，直链淀粉含量15.3%，蛋白质含量8.5%，国标二级优质米标准。

抗性：抗稻瘟病，抗旱，耐盐，耐冷。

产量及适宜地区：1990年辽宁省中晚熟区域试验，平均单产8 182.5kg/hm²，比对照辽粳5号增产4.2%，比对照辽盐2号增产4.4%；1991年续试，平均单产8 196kg/hm²，比对照辽粳5号增产4.8%，比对照辽盐2号增产2.7%；两年平均单产8 189.3kg/hm²，比对照辽粳5号增产4.5%，比对照辽盐2号增产3.3%。1992年生产试验，平均单产9 739.5kg/hm²，比对照辽粳5号增产15.5%；1993年生产试验，平均单产10 104kg/hm²，比对照辽粳5号增产12.7%；两年平均单产9 922.5kg/hm²，比对照辽粳5号增产14%。1999—2010年累计推广种植面积9.3万hm²。适宜在沈阳以南稻区种植。

栽培技术要点：4月上旬播种，5月中下旬移栽。播种量普通旱育苗200g/m²，钵体育苗450g/m²。插秧密度30cm×（13.3～16.6）cm，每穴栽插3～4苗。氮、磷、钾平衡施用。施纯氮量195 kg/hm²，分5次施入；五氧化二磷165kg/hm²（作底肥和蘖肥）；氧化钾75kg/hm²（分蘖期作追肥）。水层管理以浅水为主，采取浅、湿、干相结合灌溉模式。5月下旬至6月上旬对稻水象甲进行防治，6月下旬对二化螟进行防治。稻瘟病重发区在抽穗前及时防治。

辽盐166（Liaoyan 166）

品种来源：辽宁省盐碱地利用研究所以盐粳196/盐粳32为杂交组合，采用系谱法选育而成。2005年通过辽宁省农作物品种审定委员会审定，审定编号为辽审稻2005147。

形态特征和生物学特性：粳型常规水稻，感光性弱，感温性中等，基本营养生长期短，属迟熟早粳。蘖间角度适中、株型紧凑，茎叶夹角小、叶片叶直，叶色深绿，半直立穗；颖壳黄色，种皮白色，颖尖无芒；全生育期162d，比对照辽粳294晚1d，株高101.3cm，穗长17.4cm，有效穗数415.5万穗/hm²，穗粒数122.3粒，结实率88.3%，千粒重24.7g。

品质特性：糙米粒长5.1mm，糙米长宽比2，糙米率83%，精米率74.5%，整精米率68.5%，垩白粒率6%，垩白度0.8%，透明度1级，碱消值5.3级，胶稠度92mm，直链淀粉含量19.2%，蛋白质含量9%，国标二级优质米标准。

抗性：抗稻瘟病，抗旱，耐盐，耐冷。

产量及适宜地区：2003年辽宁省中晚熟区域试验，平均单产9 750kg/hm²，比对照辽粳294增产11.3%；2004年续试，平均单产9 700.5kg/hm²，比对照辽粳294增产10.6%。2004年生产试验，平均单产9 985.5kg/hm²，比对照辽粳294增产11.2%。适宜在沈阳以南稻区种植。

栽培技术要点：4月上旬播种，5月中下旬移栽。播种量普通旱育苗200g/m²，钵体育苗450g/m²。插秧密度30cm×（13.3～16.6）cm，每穴栽插3～4株苗。氮、磷、钾平衡施用。施纯氮量210kg/hm²，分5次施入；五氧化二磷105kg/hm²（作底肥）；氧化钾67.5kg/hm²（分蘖期作追肥）。水层管理以浅水为主，采取浅、湿、干相结合灌溉模式。5月下旬至6月上旬对稻水象甲进行防治，6月下旬对二化螟进行防治。稻瘟病重发区在抽穗前及时防治。

辽盐2号 (Liaoyan 2)

品种来源：辽宁省盐碱地利用研究所从丰锦品种变异株中经系统选育法选育而成。1990年分别通过辽宁省和国家农作物品种审定委员会审定，审定编号为辽审稻1990029和国审稻GS01022-1990。

形态特征和生物学特性：粳型常规水稻，感光性弱，感温中等，基本营养生长期短，属中熟早粳。蘖间角度适中、株型紧凑，剑叶较长、叶片挺立，叶色深绿，散穗型，抽穗后穗位低于剑叶；颖壳黄色，种皮白色，颖尖稀短芒；全生育期158d，与对照丰锦相同，株高92.5cm，穗长19.1cm，有效穗数460.5万穗/hm²，穗粒数90.1粒，结实率85%，千粒重26g。

品质特性：糙米粒长4.7mm，糙米长宽比1.7，糙米率84.5%，精米率75.2%，整精米率69.4%，垩白粒率24%，垩白度2.2%，透明度1级，碱消值7级，胶稠度86mm，直链淀粉含量21.4%，蛋白质含量8.2%，国标二级优质米标准。

抗性：高抗稻瘟病，抗旱，耐冷，耐盐。

产量及适宜地区：1985年辽宁省中晚熟区域试验，平均单产7 176kg/hm²，比对照辽粳5号增产3.5%，比对照丰锦增产10.1%；1986年续试，平均单产8 386.5kg/hm²，比对照辽粳5号增产2.3%，比对照丰锦增产7.6%；两年平均单产7 777.5kg/hm²，比对照辽粳5号增产2.9%，比对照丰锦增产9%；1986年生产试验，平均单产9 936kg/hm²，比对照（辽粳5号、丰锦）增产18.9%。1987年生产试验，平均单产10 477.5kg/hm²，比对照（辽粳5号、丰锦）增产20.4%；两年平均单产10 203kg/hm²，比对照（辽粳5号、丰锦）增产19.7%。适宜在沈阳以南中晚熟稻区及北京、天津、河北等稻区种植。

栽培技术要点：4月中旬至中下旬播种，5月中下旬至6月初移栽。播种量普通旱育苗200g/m²，钵体育苗450g/m²。插秧密度30cm×(13.3～16.6)cm，每穴栽插4～5苗。氮、磷、钾平衡施用。施纯氮量195kg/hm²，分5次施入；五氧化二磷97.5kg/hm²（作底肥）；氧化钾60kg/hm²（分蘖期作追肥）。水层管理以浅水为主，采取浅、湿、干相结合灌溉模式。5月下旬至6月上旬对稻水象甲进行防治，6月下旬对二化螟进行防治。在稻瘟病重发区在抽穗前及时防治。

辽盐 241 (Liaoyan 241)

品种来源：辽宁省盐碱地利用研究所从迎春 2 号品种变异株中经系统选育法选育而成。1992 年通过辽宁省农作物品种审定委员会审定，审定编号为辽审稻 1992038。

形态特征和生物学特性：粳型常规水稻，感光性弱，感温性强，基本营养生长期短，属中熟早粳。蘖间角度较小、株型紧凑、叶片较长、剑叶上举，叶色较深、散穗型、叶下禾；颖壳黄色，种皮白色，颖尖有稀短芒；全生育期 153d，与对照品种秋光相同，株高 95cm，穗长 19cm，有效穗数 450 万穗/hm^2，穗粒数 95.0 粒，结实率 92%，千粒重 27g。

品质特性：糙米粒长 5.1mm，糙米长宽比 1.7，糙米率 82.9%，精米率 75.9%，整精米率 73.2%，垩白粒率 8%，垩白度 2.6%，透明度 1 级，碱消值 7 级，胶稠度 86mm，直链淀粉含量 17%，蛋白质含量 8.4%，国标一级优质米标准。

抗性：抗稻瘟病，抗旱，耐盐，耐冷。

产量及适宜地区：1990—1991 年两年辽宁省中熟生产试验，平均单产 10 290kg/hm^2，比对照秋光增产 15.8%。1993—2000 年累计推广种植面积 13.3 万 hm^2。适宜在沈阳以北稻区种植。

栽培技术要点：4 月中旬至中下旬播种，5 月中下旬至 6 月初移栽。播种量普通旱育苗 200g/m^2，钵体育苗 450g/m^2。插秧密度 30cm×（13.3 ~ 16.6）cm，每穴栽插 2 ~ 3 苗。氮、磷、钾平衡施用。施纯氮量 180kg/hm^2，分 5 次施入；五氧化二磷 90kg/hm^2（作底肥）；氧化钾 52.5kg/hm^2（分蘖期作追肥）。水层管理以浅水为主，采取浅、湿、干相结合灌溉模式。5 月下旬至 6 月上旬对稻水象甲进行防治，6 月下旬对二化螟进行防治。在稻瘟病重发区在抽穗前及时防治。

辽盐282 (Liaoyan 282)

品种来源：辽宁省盐碱地利用研究所以中丹2号/长白6号为杂交组合，采用系谱法选育而成。1991年通过辽宁省农作物品种审定委员会审定，审定编号为辽审稻1991033。

形态特征和生物学特性：粳型常规水稻，感光性弱，感温性强，基本营养生长期短，属中熟早粳。蘖间角度适中、株型紧凑，叶片较长，叶色较深、散穗型、叶下禾；颖壳黄色，种皮白色，颖尖短芒；全生育期155d，比对照品种辽粳5号早7d，株高100cm，穗长19cm，有效穗数450万穗/hm²，穗粒数89.0粒，结实率90%，千粒重26g。

品质特性：糙米粒长5mm，糙米长宽比1.7，糙米率84%，精米率76.1%，整精米率74.2%，垩白粒率5%，垩白度2.7%，透明度1级，碱消值7级，胶稠度97mm，直链淀粉含量18%，蛋白质含量8.5%，国标一级优质米标准。

抗性：抗稻瘟病，抗旱，耐盐，耐冷。

产量及适宜地区：1987—1988年两年辽宁省中晚熟区域试验，平均单产7 672.5kg/hm²，比对照辽粳5号增产1.1%，比对照丰锦增产10.6%。1988—1989年两年生产试验，平均单产9 310.5kg/hm²，比对照（辽粳5号、丰锦）增产14.9%。1994—2010年累计推广种植面积120万hm²。适宜在辽宁铁岭以南稻区及华北稻区种植。

栽培技术要点：4月中旬至中下旬播种，5月中下旬至6月初移栽。播种量普通旱育苗200g/m²，钵体育苗450g/m²。插秧行株距30cm×（16.6～19.8）cm，每穴栽插3～4苗。氮、磷、钾平衡施用。施纯氮量180kg/hm²，分5次施入；五氧化二磷135kg/hm²（作底肥）；氧化钾60kg/hm²（分蘖期作追肥）。水层管理以浅水为主，采取浅、湿、干相结合灌溉模式。5月下旬至6月上旬对稻水象甲进行防治，6月下旬对二化螟进行防治。在稻瘟病重发区在抽穗前及时防治。

辽盐283 (Liaoyan 283)

品种来源：辽宁省盐碱地利用研究所以中丹2号/长白6号为杂交组合，采用系谱法选育而成。1993年通过辽宁省农作物品种审定委员会审定，审定编号为辽审稻1993041。

形态特征和生物学特性：粳型常规水稻，感光性弱，感温性强，基本营养生长期短，属中熟早粳。蘖间角度适中、株型紧凑，叶片较长、剑叶上举，叶色较深、散穗型、叶下禾；颖壳黄色，种皮白色，颖尖无芒；全生育期152d，与对照品种秋光相同，株高100cm，穗长18cm，有效穗数450万穗/hm²，穗粒数92.0粒，结实率90%，千粒重26g。

品质特性：糙米粒长5mm，糙米长宽比1.7，糙米率82.1%，精米率74.3%，整精米率71%，垩白粒率5%，垩白度2.7%，透明度1级，碱消值6.9级，胶稠度82mm，直链淀粉含量17.9%，蛋白质含量8.2%，国标一级优质米标准。

抗性：抗稻瘟病，抗旱，耐盐，耐冷。

产量及适宜地区：1989—1990年两年辽宁省中熟区域试验，平均单产7 743kg/hm²，比对照秋光增产9%。1990—1991年两年生产试验，平均单产10 219.5kg/hm²，比对照辽粳5号增产14.6%。1995—2010年累计推广种植面积8.67万hm²。适宜在沈阳以北稻区种植。

栽培技术要点：4月中旬至中下旬播种，5月中下旬至6月初移栽。播种量普通旱育苗200g/m²，钵体育苗450g/m²。插秧密度30cm×（13.3～16.6）cm，每穴栽插3～4苗。氮、磷、钾平衡施用。施纯氮量180kg/hm²，分5次施入；五氧化二磷165kg/hm²（作底肥）；氧化钾60kg/hm²（分蘖期作追肥）。水层管理以浅水为主，采取浅、湿、干相结合灌溉模式。5月下旬至6月上旬对稻水象甲进行防治，6月下旬对二化螟进行防治。在稻瘟病重发区在抽穗前及时防治。

辽盐9号 (Liaoyan 9)

品种来源：辽宁省盐碱地利用研究所从M147品系变异株中经系统选育法选育而成。分别通过辽宁省（1997）和国家（1999）农作物品种审定委员会审定，审定编号分别为辽审稻1997060和国审稻1999001。

形态特征和生物学特性：粳型常规水稻，感光性弱，感温性强，基本营养生长期短，属中熟早粳。蘖间角度适中、株型紧凑、叶片窄长、剑叶角度较大、叶色较深、散穗型、弯曲穗、叶下禾；颖壳黄色，种皮白色，颖尖无芒；全生育期157d，株高90cm，穗长19cm，有效穗数433.5万穗/hm²，穗粒数92.0粒，结实率95%，千粒重26g。

品质特性：糙米粒长5mm，糙米长宽比2，糙米率84%，精米率74.9%，整精米率73.8%，垩白粒率6%，垩白度0.3%，透明度1级，碱消值7级，胶稠度100mm，直链淀粉含量16.5%，蛋白质含量8.8%，国标一级优质米标准。

抗性：抗稻瘟病，抗旱，耐盐，耐冷。

产量及适宜地区：1993—1994年两年辽宁省中晚熟区域试验，平均单产8 499kg/hm²，比对照辽粳5号增产2.8%。1994—1995年两年生产试验，平均单产9 942kg/hm²，比对照辽粳5号增产14.3%。1996—1997年两年北方稻区中早粳晚熟区域试验，平均单产7 320kg/hm²，比对照中丹2号增产10.8%。1998年北方稻区生产试验，平均单产7 150.5kg/hm²，比对照增产4.4%。适宜在沈阳以南及华北地区种植。

栽培技术要点：4月上旬播种，5月中下旬移栽。播种量普通旱育苗200g/m²，钵体育苗450g/m²。插秧密度30cm×（13.3～16.6）cm，每穴栽插4～5苗。氮、磷、钾平衡施用。施纯氮量210kg/hm²，分5次施入；五氧化二磷165kg/hm²（作底肥）；氧化钾60kg/hm²（分蘖期作追肥）。水层管理以浅水为主，采取浅、湿、干相结合灌溉模式。5月下旬至6月上旬对稻水象甲进行防治，6月下旬对二化螟进行防治。稻瘟病重发区在抽穗前及时防治。

辽盐糯 (Liaoyannuo)

品种来源：辽宁省盐碱地利用研究所从辽粳5号品种变异株中经系统选育法选育而成。1990年通过辽宁省农作物品种审定委员会审定，审定编号为辽审稻1990030。

形态特征和生物学特性：粳型常规糯性水稻，感光性弱，感温强，基本营养生长期短，属中熟早粳。株型紧凑，叶片宽厚、剑叶直立，叶色深绿，直立穗；颖壳黄色、颖尖红褐色，无芒，种皮白色；全生育期157d，比对照辽粳5号早3d，株高90cm，穗长14cm，有效穗数465万穗/hm²，穗粒数92.0粒，结实率90%，千粒重23g。

品质特性：糙米率82.2%，精米率74.3%，整精米率70.4%，碱消值7级，胶稠度90mm，直链淀粉含量0.8%，蛋白质含量8.4%，国标一级优质米标准。

抗性：抗稻瘟病，抗旱，耐盐，耐冷。

产量及适宜地区：1988—1989年两年辽宁省中晚熟区域试验，平均单产8 076kg/hm²，比对照辽粳5号增产1.4%。1988—1989年两年生产试验，平均单产9 525kg/hm²，比对照辽粳5号增产15.2%。1989—2010年累计推广种植面积90万hm²。适宜在沈阳以南中晚熟稻区种植。

栽培技术要点：4月上旬播种，5月中下旬移栽。播种量普通旱育苗200g/m²，钵体育苗450g/m²。插秧密度30cm×（13.3～16.6）cm，每穴栽插3～4苗。氮、磷、钾平衡施用。施纯氮量195kg/hm²，分5次施入；五氧化二磷165kg/hm²（作底肥）；氧化钾67.5kg/hm²（分蘖期作追肥）。水层管理以浅水为主，采取浅、湿、干相结合的灌溉模式。5月下旬至6月上旬对稻水象甲进行防治，6月下旬对二化螟进行防治。在稻瘟病重发区在抽穗前及时防治。

辽盐糯10号（Liaoyannuo 10）

品种来源：辽宁省盐碱地利用研究所从辽粳5号品种变异株中经系统选育法选育而成。分别通过辽宁省（1997）和国家（1999）农作物品种审定委员会审定，审定编号为辽审稻1997061和国审稻1999002。

形态特征和生物学特性：粳型常规糯性水稻，感光性弱，感温性强，基本营养生长期短，属中熟早粳。株型紧凑，叶片宽厚、剑叶短直，叶色较深，直立穗；颖壳黄色、颖尖褐色，种皮白色，颖尖无芒；全生育期153d，与对照秋光相同，株高90cm，穗长14cm，有效穗数450万穗/hm²，穗粒数98.0粒，结实率90%，千粒重24g。

品质特性：糙米粒长宽比1.6，糙米率83.2%，精米率74.1%，整精米率68.7%，胶稠度100mm，直链淀粉含量0.9%，蛋白质含量8%，国标一级优质米标准。

抗性：抗稻瘟病，抗旱，耐盐，耐冷。

产量及适宜地区：1996—1997年两年北方稻区中早粳中熟区域试验，平均单产7 215kg/hm²，比对照中丹2号增产24.2%。1998年生产试验，平均单产7 650kg/hm²，比对照中丹2号增产3.6%。适宜在辽宁铁岭以南稻区及华北稻区种植。

栽培技术要点：4月上旬播种，5月中下旬移栽。播种量普通旱育苗200g/m²，钵体育苗450g/m²。插秧密度30cm×（13.3～16.6）cm，每穴栽插3～4苗。氮、磷、钾平衡施用。施纯氮量195kg/hm²，分5次施入；五氧化二磷165kg/hm²（作底肥）；氧化钾67.5kg/hm²（分蘖期作追肥）。水层管理以浅水为主，采取浅、湿、干相结合灌溉模式。5月下旬至6月上旬对稻水象甲进行防治，6月下旬对二化螟进行防治。稻瘟病重发区在抽穗前及时防治。

辽优7号 (Liaoyou 7)

品种来源：辽宁省水稻研究所以79-227//82-308/S56为杂交组合，采用系谱法选育而成。2000年通过辽宁省农作物品种审定委员会审定，审定编号为辽审稻2000081。

形态特征和生物学特性：粳型常规水稻，感光性弱，感温性中等，基本营养生长期短，属迟熟早粳。株型紧凑，剑叶直立，叶片深绿，半松散穗型。颖壳黄色，种皮白色，有极稀短芒。全生育期160d，株高105cm，穗长160cm，有效穗数480万穗/hm²，穗粒数100.0粒，千粒重23.8g。

品质特性：糙米粒长5.2mm，糙米长宽比1.1，糙米率83%，精米率77.4%，整精米率73.8%，垩白粒率4%，垩白度0.9%，胶稠度62mm，直链淀粉含量17.8%，蛋白质含量8%，部颁一级优质米标准。

抗性：中抗稻瘟病和白叶枯病，纹枯病和稻曲病轻，抗倒伏。

产量及适宜地区：1995—1996年两年辽宁省中晚熟区域试验，平均单产8 538kg/hm²，比对照辽盐282增产8.2%。1997—1998年两年生产试验，平均单产9 378kg/hm²，比对照辽盐282增产13.1%。2002—2003年辽宁省累计推广种植2.1万hm²。适宜在沈阳及沈阳以南稻区种植，也可在华北、西北、西南、华中和华东等地区栽培。

栽培技术要点：4月上旬播种，采用旱育秧，播种量150～200g/m²；5月中旬移栽，行株距30cm×（13.3～16.5）cm，每穴栽插2～3苗。施用优质农家肥37 500kg/hm²、硫酸铵300kg/hm²、磷酸二铵150kg/hm²、硫酸钾225kg/hm²、锌肥180kg/hm²作底肥，在分蘖始期和盛期分别各追施硫酸铵300kg/hm²，在减数分裂期追施硫酸铵90kg/hm²。灌溉应采取浅水插秧，寸水缓苗，浅水分蘖，在有效分蘖末期适当晒田，在生育后期不可断水过早，防止早衰减产，但在收获前10d应该适时撤水；7月上中旬注意防治二化螟，抽穗前及时防治稻瘟病等病虫害。

陆羽132 (Luyu 132)

品种来源：日本农林省农事试验场陆羽支场以陆羽20/龟之尾杂交选育而成。1926年原熊岳农业试验场引进试种，1931年开始在辽宁省南部地区推广。

形态特征和生物学特性：粳型常规水稻，感光性弱，感温性中等，基本营养生长期短，属迟熟早粳。分蘖力强，叶色淡绿，抽穗整齐一致，穗露于剑叶之上，穗抽出度长，着粒紧密，籽粒饱满，无芒，颖尖褐色，颖壳淡黄色。全生育期160d，株高85cm，穗长17cm，穗粒数100.0粒，结实率87.6%，千粒重25.1g。

品质特性：糙米率81%。

抗性：中抗稻瘟病，耐寒，耐肥，中抗倒伏。

产量及适宜地区：1951年原熊岳农业科学研究所进行品种比较试验，平均单产6 045kg/hm²，比当地品种万年增产5.5%。一般单产3 500kg/hm²。适宜辽宁省种植的区域比较广，南至旅顺、大连，北至沈阳，东至安东，西至盘山等地区。

栽培技术要点：提早播种，否则会遭早霜危害，影响产量。不宜在低洼易积水的田块种植，易倒伏，影响产量，并易感稻瘟病。

美锋1号（Meifeng 1）

品种来源：辽宁东亚种业有限公司辽北水稻所以秋光/开25为杂交组合，采用系谱法选育而成。原品系号为开502。2009年通过辽宁省农作物品种审定委员会审定，审定编号为辽审稻2009209。

形态特征和生物学特性：粳型常规水稻，感光性弱，感温性中等，基本营养生长期短，属中熟早粳。株型紧凑，分蘖力较强，叶片直立，叶色淡绿，弯曲穗型。颖壳黄色，种皮白色，中芒。全生育期152d，株高109.6cm，穗长19.5cm，穗粒数112.7粒，千粒重26.7g。

品质特性：糙米粒长5mm，糙米长宽比1.7，糙米率84.9%，精米率76.3%，整精米率71.1%，垩白粒率8%，垩白度0.7%，胶稠度81mm，直链淀粉含量18.7%，蛋白质含量8.2%。

抗性：抗穗颈瘟。

产量及适宜地区：2007—2008年两年辽宁省中早熟区域试验，平均单产8 556kg/hm²，比对照沈农15增产3.3%。2008年生产试验，平均单产8 611.5kg/hm²，比对照沈农315增产4.9%。适宜在辽宁东部及北部稻区种植。

栽培技术要点：4月10日播种，播种量为200g/m²；5月20日插秧，行株距30cm×（13.3～16.6）cm，每穴栽插2～4苗。一般施硫酸铵825kg/hm²，磷肥900kg/hm²，钾肥150kg/hm²。浅水层管理采用浅、湿、干相结合的浅水间歇灌溉原则，适时晒田，保证根系活力，后期断水不宜过早，以确保活秆成熟；注意防治稻曲病、稻瘟病。

美锋1158（Meifeng 1158）

品种来源：辽宁东亚种业有限公司以辽粳294/东示8号为杂交组合，采用系谱法选育而成。2010年通过辽宁省农作物品种审定委员会审定，审定编号为辽审稻2010243。

形态特征和生物学特性：粳型常规水稻，感光性弱，感温性中等，基本营养生长期短，属迟熟早粳。株型紧凑，分蘖力较强，半紧穗型，颖壳黄白，稀短芒。全生育期163d，株高109.7cm，穗长17.5cm，穗粒数126.4粒，千粒重25g。

品质特性：糙米粒长5.1mm，糙米长宽比1.7，糙米率80.6%，精米率73.3%，整精米率69.8%，垩白粒率15%，垩白度2.3%，透明度1级，碱消值7级，胶稠度68mm，直链淀粉含量15.8%，蛋白质含量7.5%。

抗性：中抗穗颈瘟。

产量及适宜地区：2008—2009年两年辽宁省晚熟区域试验，平均单产7 888.5kg/hm²，比对照庄育3号、港源8号增产11.3%。2009年生产试验，平均单产7 984.5kg/hm²，比对照港源8号增产2.8%。适宜在辽宁大连、丹东沿海稻区种植。

栽培技术要点：4月10日播种，5月20日插秧，行株距30cm×（13.3～16.6）cm，每穴栽插2～4苗；施硫酸铵900kg/hm²、磷酸二铵150kg/hm²、钾肥225kg/hm²；水层管理采用浅、湿、干相结合的浅水间歇灌溉，注意适时晒田，保证根系活力，后期断水不宜过早，以确保活秆成熟；注意防治稻曲病、稻瘟病。

美锋9号 (Meifeng 9)

品种来源：辽宁东亚种业有限公司辽北水稻所以开9725/中作91-2335为杂交组合，采用系谱法选育而成。原品系号为开551。2010年通过辽宁省农作物品种审定委员会审定，审定编号为辽审稻2010233。

形态特征和生物学特性：粳型常规水稻，感光性弱，感温性中等，基本营养生长期短，属迟熟早粳。苗期叶色淡绿，叶片直立，株型紧凑，分蘖力较强，16片叶，半直立穗型，颖壳黄白，无芒。全生育期160d，株高101cm，穗长17cm，穗粒数148.7粒，千粒重25.1g。

品质特性：糙米粒长4.9mm，糙米长宽比1.7，糙米率82.6%，精米率74.1%，整精米率70.2%，垩白粒率12%，垩白度2.5%，透明度2级，碱消值7级，胶稠度88mm，直链淀粉含量18.5%、蛋白质含量8%。

抗性：抗穗颈瘟。

产量及适宜地区：2008—2009年两年辽宁省水稻中熟区域试验，平均单产9 315kg/hm²，比对照沈稻6号增产6.2%。2009年生产试验，平均单产8 820kg/hm²，比对照沈稻6号增产1.6%。适宜在沈阳以北稻区种植。

栽培技术要点：4月10日播种，5月20日插秧，行株距30cm×（13.3～16.6）cm，每穴栽插2～4苗；施硫酸铵750kg/hm²、磷肥900kg/hm²、钾肥150kg/hm²；水层管理采用浅、湿、干相结合浅水间歇灌溉，注意适时晒田，保证根系活力，后期断水不宜过早，以确保活秆成熟；注意防治稻曲病、稻瘟病。

民喜9号 (Minxi 9)

品种来源：辽宁省东港市种子公司以丹粳4号/丹粳7号为杂交组合，采用系谱法选育而成。2005年通过辽宁省农作物品种审定委员会审定，审定编号为辽审稻2005169。

形态特征和生物学特性：粳型常规水稻，感光性弱，感温性中等，基本营养生长期短，属迟熟早粳。株型紧凑，分蘖力强，叶片宽厚，叶色浓绿，半紧穗型。颖壳黄褐色，种皮白色，无芒。全生育期165d，株高115cm，穗长21cm，穗粒数120.0粒，结实率90%，千粒重27g。

品质特性：糙米粒长4.8mm，糙米长宽比1.7，糙米率83.7%，精米率77.1%，整精米率74.1%，垩白粒率10%，垩白度0.8%，胶稠度62mm，直链淀粉含量15.7%，蛋白质含量8%。

抗性：中抗穗颈瘟。

产量及适宜地区：2004—2005年两年辽宁省晚熟区域试验，平均单产7 296kg/hm²，比对照中辽9052增产6.4%。2005年生产试验，平均单产7 000.5kg/hm²，比对照中辽9052增产6.8%。适宜在辽宁大连、丹东沿海稻区种植。

栽培技术要点：4月中旬播种，播前种子要严格消毒，培育壮秧，播种量为200g/m²；5月中下旬插秧，行株距30cm×18cm，每穴栽插3～4苗。一般施硫酸铵675kg/hm²，磷肥150kg/hm²，钾肥112.5kg/hm²。在出穗前初期和齐穗期各喷一次稻瘟灵水剂防治稻瘟病。注意防治稻水象甲、二化螟和稻纵卷叶螟等虫害。

农垦21（Nongken 21）

品种来源：辽宁省水稻研究所引进品种，以近畿34/北陆4号为杂交组合，采用系谱法选育而成。原品种名称为越路早生。20世纪60年代在辽宁推广种植。

形态特征和生物学特性：粳型常规水稻，感光性弱，感温性中等，基本营养生长期短，属中熟早粳。株型松散，叶片披软，茎叶浅淡绿，散穗型，颖壳黄色，颖尖褐色，种皮白色，短芒。全生育期150d，株高115cm，穗长15cm，穗粒数71.5粒，结实率84.8%，千粒重24.7g。

品质特性：糙米率84%。

抗性：中抗稻瘟病，耐旱，抗冷。

产量及适宜地区：1964年辽宁省中熟区域试验，平均单产6 489kg/hm²，比对照农垦20减产2.5%。适宜在辽宁中部和北部中熟稻区种植。

栽培技术要点：播前用浸种灵消毒，4月初播种，采用旱育秧，播种量不超200g/m²，苗在一叶一心时开始通风炼苗，保证秧苗健壮。行株距要求30cm×13.3cm，每穴栽插3～4苗，总施肥量按当地中上等施肥水平，以硫酸铵计算975kg/hm²。基肥施农家肥45 000kg/hm²，硫酸铵225kg/hm²，水稻专用肥375kg/hm²，尿素150kg/hm²；返青分蘖期追施尿素150kg/hm²；减数分裂期追施尿素75kg/hm²。生育前期宜浅水层管理，浅水移栽，浅水缓苗，浅水分蘖。中后期采取浅、湿、干交替灌溉。收获前不宜撤水过早，保持根系活力，达到活叶活秆成熟。除草以化学药剂为主，人工拔草为辅，适时防治稻水象甲、二化螟、稻螟蛉、稻曲病等。

农垦40 (Nongken 40)

品种来源：日本北陆农事试验场以东山38/银坊主中生为杂交组合，1953年育成，原名为白金。由农垦部引入我国后，1964年由辽宁省农业科学院从天津引进丹东地区试种推广。

形态特征和生物学特性：粳型常规水稻，感光性弱，感温性中等，基本营养生长期短，属早熟中粳。幼苗生长苗壮整齐。茎叶清秀，叶片较短，宽窄适中，叶色青绿，主茎叶17片。株型紧凑，分蘖力强，颖壳黄白，无芒间稀顶芒。全生育期175d，需活动积温3 250℃，株高110cm，穗长20cm，穗粒数90.0粒，结实率85%，千粒重25g。

品质特性：糙米率85%。

抗性：抗稻瘟病，耐盐碱，耐肥，抗倒伏。

产量及适宜地区：一般单产6 500kg/hm²。适宜在辽宁丹东、大连沿海、沿江等土质肥沃的平原稻区种植。

栽培技术要点：适时早播早插。4月5日播种，播种量300g/m²。5月上中旬插秧，行株距30cm×10cm，每穴栽插4～5苗，重施基肥，适量补肥，保蘖增穗，提高结实率，增加粒重。严防施肥种类单一、过量和偏晚。

千重浪（Qianchonglang）

品种来源：沈阳农业大学以藤坂5号////巴利拉//丹东陆稻/南特号///卫国//矮脚南特/北海1号为杂交组合，采用系谱法选育而成，原品系号为沈农513。1967年育成。

形态特征和生物学特性：粳型常规水稻，感光性弱，感温性中等，基本营养生长期短，属中熟早粳。株型紧凑，叶片披软，茎叶深绿，散穗型。颖壳黄色，种皮白色，无芒。全生育期158d，株高100cm，穗长22.3cm，穗粒数125.0粒，结实率86.2%，千粒重26.4g。

品质特性：糙米率83.7%，精米率72.6%，整精米率70.7%，垩白粒率2%，垩白度0.1%。

抗性：中感苗瘟和叶瘟，感穗颈瘟，抗旱，耐肥，抗倒伏。

产量及适宜地区：一般单产7 500kg/hm²。适宜在辽宁中北部稻区种植。

栽培技术要点：4月上中旬播种，采用旱育秧，播种量催芽种子200g/m²；5月中下旬移栽，行株距30cm×16.5cm，每穴栽插3～4苗。氮、磷、钾配方施肥。灌溉应采取分蘖期浅、孕穗期深、籽粒灌浆期浅的灌溉方法；7月上中旬注意防治二化螟，抽穗前及时防治稻瘟病等病虫害。

千重浪1号（Qianchonglang 1）

品种来源：沈阳农业大学以沈农265/沈农9715为杂交组合，采用系谱法选育而成。原品系号为沈农9806。2005年通过辽宁省农作物品种审定委员会审定，审定编号为辽审稻2005157。

形态特征和生物学特性：粳型常规水稻，感光性弱，感温性中等，基本营养生长期短，属中熟早粳。分蘖力中等偏强，株型紧凑，叶色深绿。茎秆粗壮，根系发达。穗型直立，有稀短芒，谷粒卵圆形，颖壳黄白，穗顶略高于剑叶。全生育期156d，株高111.4cm，穗长20cm，穗粒数133.1粒，结实率88.9%，千粒重25.5g。

品质特性：糙米粒长4.8mm，糙米长宽比1.8，糙米率82.8%，精米率75%，整精米率68.1%，垩白粒率9%，垩白度0.8%，胶稠度82mm，直链淀粉含量17.4%，蛋白质含量7.9%。

抗性：中抗稻瘟病，抗倒伏。

产量及适宜地区：2004年辽宁省中熟区域试验，平均单产8 923.5kg/hm²，比对照辽盐16增产4.9%；2005年续试，平均单产8 770.5kg/hm²，比对照辽盐16增产8.1%；两年平均单产8 862kg/hm²，比对照辽盐16增产6.5%。2005年生产试验，平均单产9 690kg/hm²，比对照辽盐16增产10.5%。适宜在沈阳以北稻区种植。

栽培技术要点：种子用50℃以下温水浸泡10min，以防干尖线虫。播量150～200g/m²，插秧行株距为30cm×13cm或30cm×17cm，每穴栽插3～4苗，以防后期穗数不足影响产量。氮肥采用少吃多餐施肥法，宜三段5次（底肥、蘖肥、调整肥、穗肥、粒肥）施入。重点施好分蘖肥，一般在移栽后10d施尿素195kg/hm²，全生育期施硫酸铵975kg/hm²。施磷酸二铵150kg/hm²，作基肥一次施入，钾肥150kg/hm²，分基肥和穗肥两次施入。灌水宜浅、湿、干间歇灌溉，后期断水不宜太早。6月中旬和抽穗前3～5d，注意防治二化螟、稻曲病和纹枯病。

千重浪2号 (Qianchonglang 2)

品种来源：沈阳农业大学以沈农265/沈农95008为杂交组合，采用系谱法选育而成。原品系号为沈农9765。2005年通过辽宁省农作物品种审定委员会审定，审定编号为辽审稻2005167。

形态特征和生物学特性：粳型常规水稻，感光性弱，感温性中等，基本营养生长期短，属迟熟早粳。苗期叶色浓绿，叶片挺直，株型紧凑，分蘖力强，主茎16片叶，半直立大穗型，颖壳黄色，种皮白色，无芒。全生育期161d，株高105cm，穗长18.5cm，穗粒数150.0粒，结实率89%，千粒重26g。

品质特性：糙米率84%，精米率76%，整精米率68.8%，垩白粒率7%，垩白度1%，胶稠度83mm，直链淀粉含量17.8%，蛋白质含量7.6%。

抗性：中抗穗颈瘟。

产量及适宜地区：2004—2005年两年辽宁省中晚熟区域试验，平均单产9 748.5kg/hm²，比对照辽粳294增产7.5%。2005年生产试验，平均单产9 225kg/hm²，比对照辽粳294增产6.3%。适宜在沈阳以南稻区种植。

栽培技术要点：播种前种子要严格消毒，4月上旬播种，播种量200g/m²。5月中下旬插秧，行株距以30cm×20cm为宜，每穴栽插3～4苗。施硫酸铵900kg/hm²，磷酸二铵120kg/hm²，钾肥120kg/hm²。破口前注意防治稻曲病和纹枯病。齐穗后喷施稻瘟灵或三环唑防治稻瘟病。

桥粳818（Qiaogeng 818）

品种来源：辽宁省大石桥市种子有限公司以盐丰47系选而成。原品系号为桥201-2。2008年通过辽宁省农作物品种审定委员会审定，审定编号为辽审稻2008200。

形态特征和生物学特性：粳型常规水稻，感光性弱，感温性中等，基本营养生长期短，属迟熟早粳。株型紧凑，分蘖力强，叶片短直，叶色浓绿，紧穗型。颖壳黄白，种皮白色，无芒。全生育期160d，株高99.7cm，穗长17.5cm，穗粒数124.1粒，千粒重25.1g。

品质特性：糙米粒长4.7mm，糙米长宽比1.6，糙米率81.6%，精米率72.8%，整精米率72.3%，垩白粒率24%，垩白度3.6%，胶稠度80mm，直链淀粉含量16.9%，蛋白质含量8.9%。

抗性：中抗穗颈瘟。

产量及适宜地区：2006—2007年两年辽宁省中晚熟区域试验，平均单产9 676.5kg/hm²，比对照辽粳294增产9.6%。2007年生产试验，平均单产9 099kg/hm²，比对照辽粳9号增产3.3%。适宜在沈阳以南稻区种植。

栽培技术要点：4月5～15日播种，播种量为200g/m²；5月15～25日插秧，行株距30cm×16.6cm或33.3cm×（16.6～19.9）cm，每穴栽插3～4苗。一般施硫酸铵900kg/hm²，磷肥225kg/hm²，钾肥150kg/hm²。水层管理根据不同生育期采取浅、干、湿相结合的灌溉方式；注意防治病虫害。

桥育8号 (Qiaoyu 8)

品种来源：辽宁省大石桥市辽营水稻良种场从盐丰47中发现天然杂交单株，采用系谱法选育而成。原品系号为桥盐10号。2010年通过辽宁省农作物品种审定委员会审定，审定编号为辽审稻2010240。

形态特征和生物学特性：粳型常规水稻，感光性弱，感温性中等，基本营养生长期短，属迟熟早粳。苗期叶色淡绿，根系发达，叶片直立上举，株型紧凑，分蘖力强。生育后期活秆成熟，不早衰；颖壳黄色，种皮白色，无芒。全生育期163d，株高108cm，穗长13.8～16.2cm，穗粒数123.3粒，千粒重24.5g。

品质特性：糙米率83.5%，精米率75.4%，整精米率73.9%，糙米粒长4.8mm，糙米长宽比1.9，垩白粒率10%，垩白度0.9%，透明度1级，碱消值7.级，胶稠度70mm，直链淀粉含量18.1%，蛋白质含量8.4%，国标二级优质米标准。

抗性：中抗纹枯病、稻曲病。

产量及适宜地区：2008—2009年两年辽宁省中晚熟区域试验，平均单产9 628.5kg/hm²，比对照辽粳9增产3.4%。2009年生产试验，平均单产9 783kg/hm²，比对照辽粳9增产8.4%。适宜在沈阳以南的稻区种植。

栽培技术要点：稀播种，育壮秧；种子严格消毒，以防恶苗病，干尖线虫病的发生，播种量180～200g/m²为宜，在培育壮秧的基础上，5月中旬插秧，行株距以30cm×16.5cm或30cm×20cm为宜，每穴栽插3～4苗，做到整平地、不丢穴，保证插秧质量。总施肥量（以硫酸铵计算）1 275kg/hm²，插前底肥尿素112.5kg/hm²，磷酸二铵150kg/hm²或过磷酸钙825kg/hm²，返青肥硫酸铵187.5kg/hm²，硫酸钾225kg/hm²，第一次分蘖肥尿素135kg/hm²，加37.5kg/hm²硫酸锌肥，第二次分蘖肥尿素150kg/hm²，磷酸二铵75kg/hm²，穗粒肥37.5kg/hm²尿素。促早熟，在水稻抽穗后喷施磷酸二氢钾两遍，提高结实率和千粒重。在水稻生育期间，根据不同时期采取浅、湿、干相结合的灌溉技术。收获前不宜断水过早，收割前7～10d撤水。6月下旬和7月下旬注意防治二化螟。8月中下旬重点防治稻飞虱。在7月初到月末防治3遍纹枯病，注意防治稻曲病，破口期和齐穗期各防治一遍穗颈瘟。

清选1号 （Qingxuan 1）

品种来源：中国农业科学院辽宁分院1960年以农垦20/公交20为杂交组合，1962年抚顺市农业科学研究所引入其F_1代混合种子，1965年育成。

形态特征和生物学特性：粳型常规水稻，感光性弱，感温性中等，基本营养生长期短，属早熟早粳。出苗快，成苗率高。幼苗健壮，生长繁茂，分蘖力中等，叶色淡绿。出穗整齐，转色好，成穗率高。谷粒长椭圆形，颖壳黄白，无芒。米白色。全生育期145d，株高110cm，穗长19cm，穗粒数100.0粒，结实率90%，千粒重25g。

品质特性：糙米率82%。

抗性：耐寒，耐涝，耐瘠薄。

产量及适宜地区：一般单产6 900kg/hm^2。适宜在辽宁清原、开原、西丰、抚顺、桓仁、铁岭、法库等地种植。

栽培技术要点：适于中等肥力的地块。播前种子严格进行消毒，稀播育壮秧。栽植密度30cm×10cm，每穴栽插4～6苗。加强肥水管理，促进早分蘖。适当控制氮肥用量，一般施硫酸铵825kg/hm^2，基肥占45%，追肥要分期施入。在高肥地块栽植要防止长势过旺，以免引起后期倒伏而减产。

清杂1号（Qingza 1）

品种来源：辽宁省抚顺市农业科学研究所1961年以卫国7号/公交13为杂交组合，1965年育成。

形态特征和生物学特性：粳型常规水稻，感光性弱，感温性中等，基本营养生长期短，属中熟早粳。出苗整齐，叶色浓绿，秧苗苗壮，分蘖力较强。茎秆强韧。叶片短而直立。穗大粒多，谷粒椭圆形，颖尖红褐色，无芒间稀短芒。全生育期150d，株高105cm，穗长17cm，穗粒数100.0粒，结实率90%，千粒重28g。

品质特性：糙米率83%。

抗性：抗稻瘟病，中抗白叶枯病，耐寒，耐肥，耐碱，抗倒伏。

产量及适宜地区：一般单产6 000kg/hm²。适宜辽宁新宾、清原、抚顺、桓仁、铁岭、开原、昌图等地种植。

栽培技术要点：在栽培上抓"早"字。选中上等地，严格进行种子消毒，稀播育壮秧，播种量200g/m²。一般5月末或6月初插秧，栽植密度30cm×10cm，每穴栽插4～5苗。要求施足农家肥，氮、磷、钾配合施用。施硫酸铵900kg/hm²，基肥占50%，蘖肥分期施用，施好穗肥。加强肥水管理，采用浅、湿、干的灌溉方法，促进早分蘖，增加粒重。

秋光（Qiuguang）

品种来源：日本青森县农业试验场藤坂支场于1986年以丰锦/黎明为杂交组合，采用系谱法选育而成。1976年通过日本农林水产省品种审定，1978年引入辽宁，20世纪80年代是辽宁省中熟稻区主推品种。

形态特征和生物学特性：粳型常规水稻，感光性弱，感温性中等，基本营养生长期短，属早熟早粳。株型紧凑，叶片宽短，直立上冲，茎秆矮壮，散穗型，分蘖中等，有稀短芒，颖壳黄白。全生育期146d，株高110.1cm，穗长14.3cm，有效穗数570万穗/hm^2，穗粒数72.5粒，结实率90%，千粒重25.5g。

品质特性：糙米粒长5mm，糙米长宽比1.8，糙米率83.4%，整精米率63%，垩白粒率22%，垩白度2.2%，胶稠度88mm，直链淀粉含量16.6%。

抗性：抗叶瘟及白叶枯病，感穗颈瘟。

产量及适宜地区：1978年引进辽宁省水稻研究所进行品种资源研究，单产8 463kg/hm^2，比对照公交13增产54.9%。适宜在辽宁中北部稻区、新疆、宁夏大部分地区种植。

栽培技术要点：4月20～23日播种。在三叶期以前严盖薄膜，促进出苗整齐；5月17～21日全部插秧，行株距16.5cm×20cm，每穴栽插3～4苗。示范田施纯氮187.5kg/hm^2，改前重后轻施肥方法为均衡施肥。总氮量的分配是基肥占50%；分蘖肥5月底至6月初，占25%；匀苗肥（幼穗分化前施用）占10%；穗肥（减数分裂期）占15%。磷肥用磷酸二铵150kg/hm^2，全部基施。灌水要注意增温。勤灌浅灌，干干湿湿。排水晒田设支堰、迁回和晒水丘，这一点在高山稻区尤为重要。

沈191 (Shen 191)

品种来源：沈阳市农业科学院以93-65//沈粳1号/沈粳1S为杂交组合，采用系谱法选育而成。原品系号为沈191。2006年通过辽宁省农作物品种审定委员会审定，审定编号为辽审稻2006178。

形态特征和生物学特性：粳型常规水稻，感光性弱，感温性中等，基本营养生长期短，属中熟早粳。株型紧凑，分蘖力中等，叶片挺直，叶色浓绿，半松散穗型。颖壳黄白，种皮白色，无芒。全生育期156d，株高102.5cm，穗长16.5cm，穗粒数169.1粒，千粒重25.6g。

品质特性：糙米粒长5.2mm，糙米长宽比2，糙米率83.2%，精米率75.4%，整精米率65.6%，垩白粒率20%，垩白度3.2%，胶稠度66mm，直链淀粉含量17.7%，蛋白质含量8.5%。

抗性：中感穗颈瘟。

产量及适宜地区：2004—2005年两年辽宁省中熟区域试验，平均单产8 826kg/hm²，比对照辽盐16增产6.1%。2006年生产试验，平均单产8 773.5kg/hm²，比对照辽粳371增产9.4%。适宜在沈阳以北稻区种植。

栽培技术要点：4月上旬播种，播前种子要严格消毒，培育壮秧，播种量为200g/m²；5月中下旬插秧，行株距30cm×13.3cm，每穴4～5苗。一般施硫酸铵900kg/hm²，磷肥150kg/hm²，钾肥225kg/hm²。采取浅、湿、干间歇灌溉。注意防治稻曲病和稻瘟病。

沈988 (Shen 988)

品种来源：沈阳市农业科学院水稻育种组以秋田小町/沈93-65为杂交组合，采用系谱法选育而成。2003年通过辽宁省农作物品种审定委员会审定，审定编号为辽审稻2003115。

形态特征和生物学特性：粳型常规水稻，感光性弱，感温性中等，基本营养生长期短，属中熟早粳。株型紧凑，叶片挺直，叶角小，叶色浓绿，分蘖能力强，紧穗型，穗直立，活秆成熟不早衰，白色稀短芒，椭圆粒形。全生育期158d，株高99.7cm，穗粒数110.9个，千粒重25g。

品质特性：糙米率82.1%，精米率69.2%，垩白粒率28%，垩白度4.2%，胶稠度85mm，直链淀粉含量13.94%。

抗性：中抗稻瘟病，抗白叶枯病、纹枯病，抗旱，抗倒伏。

产量及适宜地区：2000年辽宁省中晚熟区域试验，平均单产8 674.5kg/hm²，比对照辽粳454增产3.5%；2001年续试，平均单产9 175.5kg/hm²，比对照辽粳454增产7.92%；两年平均单产8 925kg/hm²，比对照辽粳454增产5.71%。2002年生产试验，平均单产9 667.5kg/hm²，比对照辽粳294增产9.2%。适宜在沈阳以南平原稻区及宁夏、新疆、河北等稻区种植。

栽培技术要点：播种前种子严格消毒，4月上中旬播种，采用大棚旱育秧，播种量催芽种子150～200g/m²；5月中下旬移栽，行株距30cm×16.5cm，每穴栽插3～4苗。生育期间施硫酸铵990kg/hm²，先施足底肥，施肥原则前重后轻，前期适当施氮肥促进分蘖，后期适当增加穗粒肥用量。水分管理采取浅水层，分蘖末期适当晒田，出穗后以浅、湿、干间歇灌溉为主，干湿交替，在9月15日前不断水的灌溉方法。6月下旬至7月上中旬注意防治二化螟，抽穗前及时防治稻曲病等病虫害。

沈稻1号（Shendao 1）

品种来源：沈阳农业大学以千代锦/沈农8801为杂交组合，采用系谱法选育而成。2006年通过辽宁省农作物品种审定委员会审定，审定编号为辽审稻2006172。

形态特征和生物学特性：粳型常规水稻，感光性弱，感温性中等，基本营养生长期短，属中熟早粳。苗期叶色浓绿，叶片直立，全株型紧凑，分蘖力中等，半紧穗型，颖壳黄白，无芒。全生育期150d，株高95cm，穗长17cm，穗粒数120.0粒，千粒重25g。

品质特性：糙米粒长5mm，糙米长宽比1.8，糙米率81.6%，精米率73.4%，整精米率66.3%，垩白粒率6%，垩白度0.4%，透明度1级，碱消值7级，胶稠度68mm，直链淀粉含量16.9%，蛋白质含量7.8%。

抗性：轻感穗颈瘟。

产量及适宜地区：2004—2005年两年辽宁省中早熟区域试验，两年平均单产8 062.5kg/hm²，比对照铁粳5号增产3.7%。2006年生产试验，平均单产7 984.5kg/hm²，比对照沈农315增产5.3%。适宜在辽宁东部及北部稻区种植。

栽培技术要点：4月上旬播种，5月下旬插秧，行株距30cm×13.3cm，每穴3苗；施硫酸铵750kg/hm²，磷225kg/hm²，钾300kg/hm²；浅水插秧，浅湿分蘖，够苗晾田；注意防治稻瘟病。

沈稻10号（Shendao 10）

品种来源：沈阳农业大学以越光/沈农8718为杂交组合，采用系谱法选育而成。2006年通过辽宁省农作物品种审定委员会审定，审定编号为辽审稻2006175。

形态特征和生物学特性：粳型常规水稻，感光性弱，感温性中等，基本营养生长期短，属中熟早粳。株型紧凑，分蘖力强，弯曲穗型，颖壳黄白。全生育期152d，株高105cm，穗长19cm，穗粒数100.0粒，千粒重25g。

品质特性：糙米粒长5.1mm，糙米长宽比1.9，糙米率83.1%，精米率76.8%，整精米率74.8%，垩白粒率6%，垩白度0.6%，透明度1级，碱消值7级，胶稠度62mm，直链淀粉含量16.6%，蛋白质含量8.2%。

抗性：中抗穗颈瘟。

产量及适宜地区：2005—2006年两年辽宁省中早熟区域试验，平均单产8 154kg/hm²，比对照铁粳5号增产5.5%。2006年生产试验，平均单产8 266.5kg/hm²，比对照沈农315增产9%。适宜在辽宁东部及北部稻区种植。

栽培技术要点：4月上旬播种，5月下旬插秧，行株距30cm×13.3cm，每穴3苗；施硫酸铵750kg/hm²，磷300kg/hm²，钾225kg/hm²；浅水插秧，浅湿分蘖，够苗晾田。

沈稻11 (Shendao 11)

品种来源：沈阳农业大学以越富/沈农8718为杂交组合，采用系谱法选育而成。2008年通过国家农作物品种审定委员会审定，审定编号为国审稻2008039。

形态特征和生物学特性：粳型常规水稻，感光性弱，感温性中等，基本营养生长期短，属中熟早粳。株型紧凑，叶片坚挺上举，茎叶淡绿，散穗型。颖色及颖尖均呈黄色，种皮白色。全生育期156.9d，比对照吉玉粳晚熟10d，株高101.3cm，穗长17.8cm，穗粒数90.4粒，结实率88.6%，千粒重24g。

品质特性：整精米率71.8%，垩白粒率10%，垩白度0.7%，直链淀粉含量17.4%，胶稠度78.5mm，国标一级优质米标准。

抗性：抗穗颈瘟。

产量及适宜地区：2005年北方稻区中早粳早熟区域试验，平均单产9 550.5kg/hm²，比对照吉玉粳减产3.4%；2006年续试，平均单产9 234kg/hm²，比对照吉玉粳减产1.6%；两年平均单产9 415.5kg/hm²，比对照吉玉粳减产2.6%。2007年生产试验，平均单产8 107.5kg/hm²，比对照吉玉粳减产7.6%。适宜在吉林晚熟稻区、辽宁东北部、宁夏引黄灌区及内蒙古赤峰、通辽南部地区种植。

栽培技术要点：东北、西北早熟稻区根据当地生产情况与吉玉粳同期播种。普通旱育苗150～200g/m²，盘育每盘60～80g。行距33～40cm，穴距15～20cm，平均每穴栽插3苗。施纯氮150kg/hm²，五氧化二磷45kg/hm²，氧化钾60kg/hm²，配合施用农家肥效果好。浅水插秧，浅湿分蘖，够苗晾田，浅水养胎，浅湿抽穗，寸水开花，湿润壮粒。注意及时防治稻瘟病和二化螟，适时防治其他病虫害。

沈稻18 (Shendao 18)

品种来源：沈阳农业大学以G785/沈农9624为杂交组合，采用系谱法选育而成。2009年通过辽宁省农作物品种审定委员会审定，审定编号为辽审稻2009218。

形态特征和生物学特性：粳型常规水稻，感光性弱，感温性中等，基本营养生长期短，属中熟早粳。苗期健壮，株型紧凑，分蘖力中等，叶片坚挺上举，茎叶淡绿，半直立穗型。颖壳黄色，种皮白色，部分粒有芒。全生育期157d，株高105cm，穗粒数150.0粒，千粒重24.2g。

品质特性：糙米粒长5mm，糙米长宽比1.9，糙米率81.9%，精米率73.1%，整精米率69.2%，垩白粒率13%，垩白度1.6%，胶稠度72mm，直链淀粉含量18.1%，蛋白质含量8.2%，国标二级优质米标准。

抗性：抗稻瘟病。

产量及适宜地区：一般单产11 250kg/hm²。适宜在昌图以南稻区种植。

栽培技术要点：4月10日前后采用营养土保温旱育苗，应用床土调制剂或壮秧剂。普通旱育苗播种150～200g/m²，盘育每盘播60～80g，稀播育壮秧。出苗后，一叶一心期开始通风炼苗，及时浇水或灌水。5月20日前后插秧，行距30cm，穴距15～20cm，机械插秧每穴平均栽插3～5苗，手插秧平均每穴栽插2～3苗，保证插秧质量。浅水层管理为主，即浅水插秧，浅湿分蘖。分蘖后期适当晾田，浅水抽穗开花，湿润灌浆壮粒。纯氮195kg/hm²、五氧化二磷82.5kg/hm²、氧化钾150kg/hm²（N：P_2O_5：K_2O≈2：1：2）。配合施用农家肥效果好，但要相应减少化肥使用量。50%～60%氮肥及全部磷、钾肥作基肥施；氮肥20%作返青肥施，20%～30%作分蘖肥施。也可以一次性施肥或全层施肥。秧田用除草剂进行土壤封闭，或用秧田除草颗粒剂。本田也应用除草剂除草，并辅以人工除草。对于病虫害以防为主，配合药剂防治。抽穗前7～10d喷药防治二化螟和稻曲病，抽穗前10～15d、齐穗后喷药防治稻瘟病（水稻抽穗开花时不能打药）。其他管理按常规进行。

沈稻2号 （Shendao 2）

品种来源：沈阳农业大学以辽947/珍优2号为杂交组合，采用系谱法选育而成。原品系号为沈农9624。分别通过辽宁省（2005）和国家（2006）农作物品种审定委员会审定，审定编号分别为辽审稻2005127和国审稻2006066。

形态特征和生物学特性：粳型常规水稻，感光性弱，感温性中等，基本营养生长期短，属中熟早粳。株型紧凑，叶片坚挺上举，茎叶淡绿，半直立穗型，主蘖穗整齐。颖壳黄色，种皮白色，无芒。全生育期153.2d，比对照金珠1号早熟3.7d，株高97cm，穗长15cm，穗粒数101.8粒，结实率92.5%，千粒重25.4g。

品质特性：整精米率68.3%，垩白粒率12%，垩白度1.6%，胶稠度82mm，直链淀粉含量17.3%，国标二级优质米标准。

抗性：中抗稻瘟病。

产量及适宜地区：2003年北方稻区中早粳晚熟区域试验，平均单产8 989.5kg/hm^2，比对照金珠1号减产2.2%；2004年续试，平均单产9 897kg/hm^2，比对照金珠1号增产6.2%；两年平均单产9 408kg/hm^2，比对照金珠1号增产1.7%。2005年生产试验，平均单产9 778.5kg/hm^2，比对照金珠1号增产9.8%。适宜在辽宁南部、新疆南部、北京、天津的稻瘟病轻发稻区种植。

栽培技术要点：辽宁南部、京津地区根据当地生产情况与金珠1号同期播种，普通旱育播种150～200g/m^2，盘育每盘60～80g。行距株距30cm×（15～20）cm，平均每穴栽插3苗。重施基肥，早施追肥，氮、磷、钾配合施用，施氮165kg/hm^2，磷37.5kg/hm^2，钾52.5kg/hm^2，配合施用农家肥效果好。水分管理采用浅水插秧，浅湿分蘖，够苗晾田，浅水养胎，浅湿抽穗，寸水开花，湿润壮粒。注意及时防治稻瘟病、二化螟等病虫害。

沈稻29（Shendao 29）

品种来源：沈阳农业大学以农林313/沈农9562为杂交组合，采用系谱法选育而成。2009年通过辽宁省农作物品种审定委员会审定，审定编号为辽审稻2009213。

形态特征和生物学特性：粳型常规水稻，感光性弱，感温性中等，基本营养生长期短，属中熟早粳。株型紧凑，分蘖力较强，叶片直立，茎叶深绿，半直立穗型。颖色及颖尖均呈黄色，种皮白色，无芒。全生育期156d，株高104cm，穗长19cm，穗粒数125.0粒，千粒重24.1g。

品质特性：糙米粒长4.8mm，糙米长宽比1.8，糙米率83.2%，精米率75.1%，整精米率73.1%，垩白粒率1%，垩白度0%，胶稠度68mm，直链淀粉含量17.8%，蛋白质含量8.7%。

抗性：中抗苗瘟和叶瘟，抗穗颈瘟。

产量及适宜地区：2007年辽宁省中熟区域试验，平均单产9 303kg/hm²，比沈稻6号增产1.8%；2008年续试，平均单产8 815.5kg/hm²，比对照沈稻6号减产0.7%；两年平均单产9 060kg/hm²，比对照沈稻6号增产0.6%。2008年生产试验，平均单产9 160.5kg/hm²，比对照沈稻6号增产3.9%。适宜在沈阳以北稻区种植。

栽培技术要点：4月10日前后采用营养土保温旱育苗，应用床土调制剂或壮秧剂。普通旱育苗150～200g/m²，盘育每盘60～80g；5月20日前后插秧，稀植，行距30cm，穴距13.3～16.7cm，平均每穴栽插3苗；施氮180kg/hm²，磷45kg/hm²，钾60kg/hm²，40%～50%氮肥及全部磷、钾肥作基肥施；氮肥20%作返青肥施，20%～30%作分蘖肥施，其余作调整肥或促花肥施；本田除草主要用丁草胺、苄嘧磺隆等，并辅以人工除草；以防为主，配合药剂防治；其他管理按常规进行。

沈稻3号 （Shendao 3）

品种来源：沈阳农业大学以抗盐100//珍珠粳/丰锦///屈锦为杂交组合，采用系谱法选育而成。原品系号为沈农9734。2005年通过辽宁省农作物品种审定委员会审定，审定编号为辽审稻2005128。

形态特征和生物学特性：粳型常规水稻，感光性弱，感温性中等，基本营养生长期短，属中熟早粳。株型紧凑，叶片坚挺上举，茎叶淡绿，半直立穗型，分蘖力较强，主蘖穗整齐。颖色及颖尖均呈黄色，种皮白色，无芒。全生育期157d，株高98cm，有效穗数405万穗/hm²，每穗颖花数130个，穗粒数120.0粒，结实率90%，千粒重25g。

品质特性：糙米粒长5mm，糙米长宽比为1.8，糙米率82.9%，精米率76.9%，整精米率67.6%，垩白粒率4%，垩白度0.4%，胶稠度62mm，直链淀粉含量17.2%，蛋白质含量7.3%，国标一级优质米标准。

抗性：感穗颈瘟，抗倒伏，耐低温，抗旱，耐瘠薄。

产量及适宜地区：2002年辽宁省中晚熟区域试验，平均单产9 082.5kg/hm²，比对照辽粳294增产5.2%；2003年续试，平均单产8 803.5kg/hm²，比对照辽粳294增产3.1%；两年平均单产8 943kg/hm²，比对照辽粳294增产4.2%。2003年生产试验，平均单产8 815.5kg/hm²，比对照辽粳294增产2.9%。适宜在开原以南的辽河平原及气候类似地区种植。

栽培技术要点：旱育稀播，播种量150～200g/m²，行株距为30cm×13.3cm，每穴栽插3～4苗。施硫酸铵825kg/hm²，过磷酸钙300kg/hm²，钾肥150kg/hm²，浅水插秧，寸水缓苗，浅水分蘖，化学除草辅以人工拔草，适时防治二化螟等，注意防治稻瘟病。

沈稻4号（Shendao 4）

品种来源：沈阳农业大学以沈农91/S22//丰锦为杂交组合，采用系谱法选育而成。原品系号为沈农8714。2002年通过辽宁省农作物品种审定委员会审定，审定编号为辽审稻2002107。

形态特征和生物学特性：粳型常规水稻，感光性弱，感温性中等，基本营养生长期短，属中熟早粳。株型紧凑，分蘖力较强，叶片坚挺上举，茎叶淡绿，直立穗型，颖壳黄色，种皮白色，无芒。全生育期158d，株高100cm，穗长18cm，有效穗数450万穗/hm²，穗粒数110.0粒，结实率90%，千粒重25g。

品质特性：糙米长宽比1.7，糙米率84.7%，精米率76.4%，整精米率67.8%，垩白粒率4%，垩白度0.3%，胶稠度78mm，直链淀粉含量17.1%，国标一级优质米标准。

抗性：中抗穗颈瘟病，轻感稻曲病，抗倒伏，耐低温，耐干旱，耐瘠薄。

产量及适宜地区：1998—1999年两年辽宁省中熟区域试验，平均单产8 734.5kg/hm²，比对照铁粳4号增产8.4%。2000年生产试验，平均单产8 830.5kg/hm²，比对照铁粳4号增产7.3%。适宜在开原以南辽河平原及气候类似稻区种植。

栽培技术要点：普通旱育苗150～200g/m²，盘育每盘60～80g。插秧行距30cm，穴距13～17cm，平均每穴插3苗。施硫酸铵780kg/hm²，过磷酸钙375kg/hm²，硫酸钾150kg/hm²，配合施用农家肥效果好。综合防治病、虫、草害，抽穗前注意防治稻曲病。其他管理按常规进行。

沈稻47 (Shendao 47)

品种来源：沈阳农业大学以辽粳454/沈农8801为杂交组合，采用系谱法选育而成。原品系号为沈稻47。2010年通过辽宁省农作物品种审定委员会审定，审定编号为辽审稻2010235。

形态特征和生物学特性：粳型常规水稻，感光性弱，感温性中等，基本营养生长期短，属中熟早粳。苗期健壮，分蘖力强。半直立穗型，株型紧凑，叶片直立。颖壳黄色，无芒。全生育期156d，株高105cm，穗长25cm，每穗颖花数160个，穗粒数150.0粒，穗数375万穗/hm²，结实率90%，千粒重26g。

品质特性：糙米粒长5mm，糙米长宽比1.7，糙米率82.4%，精米率74.2%，整精米率73.6%，垩白粒率14%，垩白度1.4%，透明度1级，碱消值7级，胶稠度90mm，直链淀粉含量17.7%，蛋白质含量7.9%。

抗性：抗稻瘟病，抗倒伏，耐低温、抗旱、耐瘠薄。

产量及适宜地区：一般单产11 250kg/hm²。适宜在辽宁铁岭、沈阳、辽阳、鞍山、营口、盘锦、锦州等地种植。

栽培技术要点：稀播育壮秧，4月10日播种，旱育苗播种150～200g/m²，盘育苗每盘60～80g。5月20日前后插秧，行距30cm，穴距15～20cm，机插秧每穴栽插3～5苗，手插秧每穴栽插2～3苗。浅水灌溉，浅水插秧，浅湿分蘖，分蘖后期适当晾田，浅水抽穗开花，湿润灌浆壮粒。施硫酸铵900kg/hm²，磷酸二铵150kg/hm²，钾肥150kg/hm²。硫酸锌肥37.5kg/hm²。注意防治二化螟，在移栽前3d及分蘖期枯鞘率1%时用三唑磷和氟虫腈混配剂对水喷雾，积极防治二化螟。将保护性药剂和内吸性药剂混配施用，可有效防治稻曲病。一般在水稻破口前5～7d，用15%三唑酮对水喷雾，效果甚佳。

沈稻5号（Shendao 5）

品种来源：沈阳农业大学以沈农91/S22//丰锦为杂交组合，采用系谱法选育而成。原品系号为沈农9418。分别通过辽宁省（2002）和国家（2005）农作物品种审定委员会审定，审定编号分别为辽审稻2002110和国审稻2005043。

形态特征和生物学特性：粳型常规水稻，感光性弱，感温性中等，基本营养生长期短，属中熟早粳。株型紧凑，叶片坚挺上举，茎叶浓绿，半直立穗型，主蘖穗整齐。颖壳黄色，种皮白色，无芒。在辽南、南疆及京、津地区种植。全生育期155.3d，与对照金珠1号相当，株高91.9cm，穗长15.7cm，穗粒数98.8粒，结实率92.8%，千粒重26.3g。

品质特性：整精米率67.5%，垩白粒率19%，垩白度2.2%，胶稠度83mm，直链淀粉含量16.6%，国标二级优质米标准。

抗性：抗穗颈瘟。

产量及适宜地区：2002年北方稻区中早粳晚熟区域试验，平均单产9 504kg/hm^2，比对照金珠1号增产0.7%；2003年续试，平均单产8 296.5kg/hm^2，比对照金珠1号减产9.8%；两年平均单产8 940kg/hm^2，比对照金珠1号减产4.1%。2004年生产试验，平均单产8 376kg/hm^2，比对照金珠1号减产0.5%。适宜在辽宁南部稻区、新疆南疆、北京、天津及河北芦台稻区种植。

栽培技术要点：采用旱育秧，普通旱育苗播种量150～200g/m^2。移栽：行株距30cm×（13.3～16.7）cm，每穴3苗。施纯氮165kg/hm^2，五氧化二磷37.5kg/hm^2，氧化钾52.5kg/hm^2，配合施用农家肥。秧田和本田杂草以除草剂防除为主，并辅以人工除草；注意防治稻曲病、纹枯病等病虫害。

沈稻6号 (Shendao 6)

品种来源: 沈阳农业大学以沈农8718/辽粳454为杂交组合, 采用系谱法选育而成。2005年通过辽宁省农作物品种审定委员会审定, 审定编号为辽审稻2005124。

形态特征和生物学特性: 粳型常规水稻, 感光性弱, 感温性中等, 基本营养生长期短, 属中熟早粳。株型紧凑, 叶片坚挺上举, 茎叶淡绿, 半直立穗型, 分蘖力较强, 主蘖穗整齐。颖壳黄色, 种皮白色, 无芒。全生育期155d, 株高100cm, 穗长18cm, 有效穗数375万穗/hm², 每穗颖花数120个, 穗粒数110.0粒, 结实率90%, 千粒重25g。

品质特性: 糙米粒长4.9mm, 糙米长宽比1.8, 糙米率82.1%, 精米率74.2%, 整精米率72.4%, 垩白粒率12%, 垩白度1.1%, 胶稠度66mm, 链淀粉含量17.7%, 蛋白质7.7%, 国标一级优质米标准。

抗性: 中感穗颈瘟, 抗倒伏, 耐低温, 抗旱。

产量及适宜地区: 2001年辽宁省中熟区域试验, 平均单产9 060kg/hm², 比对照辽盐16增产3.4%; 2002年续试, 平均单产9 493.5kg/hm², 比对照辽盐16增产2.8%; 两年平均单产9 277.5kg/hm², 比对照辽盐16增产3.1%。2003年生产试验, 平均单产9 463.5kg/hm², 比对照辽盐16增产6.3%。适宜在沈阳以北稻区种植。

栽培技术要点: 育苗要旱育稀播育壮秧, 播种量150～200g/m², 插秧行株距为30cm×13.3cm, 每穴栽插3～4苗。施硫酸铵900kg/hm², 过磷酸钙450kg/hm², 钾肥150kg/hm², 浅水插秧, 寸水缓苗, 浅水分蘖, 药剂除草辅以人工拔草, 适时防治二化螟等。

沈稻8号（Shendao 8）

品种来源：沈阳农业大学以辽947／珍优1号为杂交组合，采用系谱法选育而成。原品系号为沈稻9648。2005年通过辽宁省农作物品种审定委员会审定，审定编号为辽审稻2005158。

形态特征和生物学特性：粳型常规水稻，感光性弱，感温性中等，基本营养生长期短，属中熟早粳。秧苗矮壮，株型紧凑，分蘖力强，叶片直立，叶色深绿，半直立穗型，主蘖穗整齐。颖壳黄色，种皮白色，无芒。全生育期158d，株高100cm，穗长16cm，穗粒数120.0粒，结实率90%，千粒重25g。

品质特性：糙米粒长4.8mm，糙米长宽比1.7，糙米率83.6%，精米率76.7%，整精米率68.8%，垩白粒率4%，垩白度0.5%，透明度1级，碱消值7级，胶稠度82mm、直链淀粉含量17.2%，蛋白质含量7.7%。

抗性：中抗穗颈瘟病。

产量及适宜地区：2004—2005年两年辽宁省中熟区域试验，平均单产8 913kg/hm²，比对照辽盐16增产7.1%。2004年生产试验，平均单产9 622.5kg/hm²，比对照辽盐16增产9.7%。适宜在沈阳以北稻区种植。

栽培技术要点：旱育苗，在4月上旬育苗，一般在5月中旬至5月末插秧。插秧密度以30cm×13.3cm或30cm×16.6cm，每穴栽插3～4苗。施纯氮150kg/hm²，纯磷45kg/hm²，纯钾60kg/hm²。注意防治稻水象甲、二化螟等虫害。

沈稻9号 (Shendao 9)

品种来源：沈阳农业大学以越光/辽粳294为杂交组合，采用系谱法选育而成。原品系号为沈稻9866。2005年通过辽宁省农作物品种审定委员会审定，审定编号为辽审稻2005166。

形态特征和生物学特性：粳型常规水稻，感光性弱，感温性中等，基本营养生长期短，属迟熟早粳。幼苗粗壮，株型紧凑，分蘖力较强，叶片坚挺上举，叶色浓绿，半直立穗型。颖壳黄色，种皮白色，无芒。全生育期160d，株高110cm，穗长20cm，有效穗数405万穗/hm²，穗粒数113.0粒，结实率90%，千粒重25g。

品质特性：糙米粒长4.9mm，糙米长宽比1.7，糙米率83.2%，精米率74.6%，整精米率67.5%，垩白粒率8%，垩白度0.9%，透明度1级，碱消值7级，胶稠度82mm，直链淀粉17.3%，蛋白质8.6%。

抗性：中抗穗颈瘟，抗倒伏，耐低温，耐干旱。

产量及适宜地区：2004年辽宁省中晚熟区域试验，平均单产9 120kg/hm²，比对照辽粳294增产4%；2005年续试，平均单产9 639kg/hm²，比对照辽粳294增产4.9%；两年平均单产9 379.5kg/hm²，比对照辽粳294增产4.4%。2005年生产试验，平均单产9 478.5kg/hm²，比对照辽粳294增产9.2%。适宜在沈阳以南的辽河平原及气候类似地区种植。

栽培技术要点：播种前种子严格消毒，4月中旬前播种，普通旱育苗150 ～ 200g/m²，盘育每盘60 ～ 80g。5月中旬插秧，插秧规格30cm×（13.3 ～ 16.7）cm，每穴栽插3苗。施纯氮165kg/hm²，纯磷37.5kg/hm²，纯钾52.5kg/hm²。预防稻水象甲、二化螟、稻飞虱、纹枯病、稻曲病。

沈东1号 (Shendong 1)

品种来源：辽宁省沈阳市东陵区农业技术推广中心以IA30/丰锦为杂交组合，采用系谱法选育而成。原品系号为东7140。1993年通过辽宁省农作物品种审定委员会审定，审定编号为辽审稻1993044。

形态特征和生物学特性：粳型常规水稻，感光性弱，感温性中等，基本营养生长期短，属中熟早粳。株型紧凑，分蘖力强，叶片坚挺上举，茎叶淡绿，散穗型。颖壳黄色，种皮白色，稀短芒。全生育期153d，株高95cm，穗长17cm，有效穗数495万穗/hm²，穗粒数90粒，结实率86%，千粒重26g。

品质特性：糙米率83.3%，精米率74.6%，整精米率73%，垩白粒率5%，碱消值7级，胶稠度80mm，直链淀粉含量16.5%，蛋白质含量8.5%。

抗性：中抗稻瘟病，抗倒伏，抗寒。

产量及适宜地区：1985—1986年两年辽宁省中熟区域试验，平均单产7 330.5kg/hm²，比对照秋光增产9.8%。1987—1988年两年生产试验，平均单产8 256kg/hm²，比对照秋光增产24.1%。2005—2009年吉林省累计推广种植80.5万hm²。适宜在辽宁沈阳、鞍山、辽阳、锦州铁岭南部、及营口部分稻区种植。

栽培技术要点：稀播种育壮秧，播种量要求控制在150～250g/m²，并要求增施优质农家肥，适时早通风，早炼苗，以利培育壮秧；行株距30cm×（13～20）cm，每穴栽插3～4苗；插秧前施过磷酸钙675kg/hm²或磷酸二铵150kg/hm²，整个生育期间要求施硫酸铵或氯化铵675kg/hm²。

沈粳 4311 （Shengeng 4311）

品种来源：辽宁省沈阳利昌种业有限公司从自选品系海丰4号的变异株中系选而成。原品系号为 P4311。2006年通过辽宁省农作物品种审定委员会审定，审定编号为辽审稻2006182。

形态特征和生物学特性：粳型常规水稻，感光性弱，感温性中等，基本营养生长期短，属中熟早粳。株型紧凑，分蘖力较强，叶片上冲，叶色浓绿，半紧穗型。颖壳黄白，种皮白色，无芒。全生育期155d，株高119.4cm，穗长19cm，穗粒数120.0粒，千粒重29.2g。

品质特性：糙米粒长5.3mm，糙米长宽比1.8，糙米率84.6%，精米率75.7%，整精米率70.2%，垩白粒率15%，垩白度1.2%，胶稠度82mm，直链淀粉含量17.3%，蛋白质含量7.9%。

抗性：中抗穗颈瘟。

产量及适宜地区：2005—2006年两年辽宁省中熟区域试验，平均单产8 662.5kg/hm^2，比对照（辽盐16、辽粳371）增产7.4%。2006年生产试验，平均单产8 439kg/hm^2，比对照辽粳371增产5.2%。适宜在沈阳以北稻区种植。

栽培技术要点：4月5～10日播种，培育壮秧，播种量为200g/m^2；5月15日插秧，行株距30cm×（13.3～16.7）cm，每穴3～4苗。一般施硫酸铵900kg/hm^2，磷120kg/hm^2，钾150kg/hm^2。水层管理要求做到带水插秧、寸水缓苗、浅水分蘖、有效分蘖末期适当晒田，后期干干湿湿间歇灌溉。注意防治稻曲病。在出穗前初期和齐穗期各喷一次稻瘟灵防治稻瘟病。注意防治稻水象甲、二化螟和稻纵卷叶螟等虫害。

沈农014 (Shennong 014)

品种来源：沈阳农业大学以沈农265/9660为杂交组合，采用系谱法选育而成。原品系号为沈农6014。2006年通过辽宁省农作物品种审定委员会审定，审定编号为辽审稻2006174。

形态特征和生物学特性：粳型常规水稻，感光性弱，感温性中等，基本营养生长期短，属早熟早粳。苗期叶色浓绿，叶片挺直，株型紧凑，分蘖力中等偏强，半直立穗型，颖壳黄白，稀短芒。全生育期149d，株高101.3cm，穗长17cm，穗粒数131.7粒，结实率87.2%，千粒重24.5g。

品质特性：糙米粒长4.8mm，糙米长宽比1.7，糙米率81.6%，精米率73.6%，整精米率69.9%，垩白粒率10%，垩白度0.6%，胶稠度49mm，直链淀粉含量16.4%，蛋白质含量8.3%。

抗性：轻感穗颈瘟。

产量及适宜地区：2004—2005年两年辽宁省中早熟区域试验，两年平均单产8 215.5kg/hm²，比对照铁粳5号增产5.7%。2006年生产试验，平均单产8 320.5kg/hm²，比对照沈农315增产9.8%。适宜在辽宁东部及北部稻区种植。

栽培技术要点：4月上旬播种，5月中旬插秧，行株距30cm×13.3cm，每穴栽插3～5苗；施硫酸铵975kg/hm²，磷150kg/hm²，钾150kg/hm²；水层管理采用浅、湿、干间歇灌溉；注意防治稻瘟病。

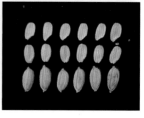

沈农016 (Shennong 016)

品种来源：沈阳农业大学以沈农92326/沈农95008为杂交组合，采用系谱法选育而成。原品系号为沈农01606。2005年通过辽宁省农作物品种审定委员会审定，审定编号为辽审稻2005130。

形态特征和生物学特性：粳型常规水稻，感光性弱，感温性中等，基本营养生长期短，属迟熟早粳。株型前期松散，中后期紧凑。繁茂性好。叶片前期略弯曲，后期直立，剑叶较大。半松散穗型。颖壳黄色，种皮白色，无芒。全生育期160d，株高105cm，有效穗数450万穗/hm^2，穗粒数130.0粒，结实率90%，千粒重25g。

品质特性：糙米粒长4.7mm，糙米长宽比1.8，糙米率84.1%，精米率75.9%，整精米率70.6%，垩白粒率16%，垩白度1.7%，胶稠度83mm，直链淀粉含量16.5%，蛋白质含量8.4%，国标二级优质米标准。

抗性：中抗苗瘟和叶瘟，抗穗颈瘟。

产量及适宜地区：2002年辽宁省中晚熟区域试验，平均单产9 342kg/hm^2，比对照辽粳294增产8.2%；2003年续试，平均单产9 346.5kg/hm^2，比对照辽粳294增产9.5%；两年平均单产9 345kg/hm^2，比对照辽粳294增产8.9%。2003年生产试验，平均单产9 087kg/hm^2，比对照辽粳294增产6%。适宜在辽宁及我国北方各省活动积温在3 300℃以上地区种植。

栽培技术要点：4月上中旬播种，采用旱育秧，播种量催芽种子200g/m^2；5月中下旬移栽，行株距30cm×16.5cm，每穴栽插3～4苗。氮、磷、钾配方施肥，施纯氮180kg/hm^2，分4～5次均施，五氧化二磷67.5kg/hm^2（作底肥），氧化钾105kg/hm^2（作底肥和拔节期追肥）。灌溉应采取分蘖期浅、孕穗期深、籽粒灌浆期浅的灌溉方法；7月上中旬注意防治二化螟，抽穗前及时防治稻瘟病等病虫害。

沈农1033（Shennong 1033）

品种来源：沈阳农学院以福锦/千重浪为杂交组合，采用系谱法于1977年育成。

形态特征和生物学特性：粳型常规水稻，感光性弱，感温性中等，基本营养生长期短，属中熟早粳。株型紧凑，顶叶较短厚而挺立。基部节间较短粗。散穗型，稻穗着粒较密，颖壳黄色，种皮白色，无芒。全生育期158d，株高95cm，有效穗数480万穗/hm²，穗粒数80.0粒，千粒重25g。

品质特性：直链淀粉含量18%，蛋白质含量8.5%。

抗性：抗稻瘟病，轻感纹枯病和白叶枯病，抗稻纵卷叶螟、稻飞虱、叶蝉和稻蓟马。

产量及适宜地区：一般单产8 250kg/hm²。适宜在辽宁沈阳、昌图、北镇、盘锦、盘山、大洼种植。

栽培技术要点：4月上中旬播种，采用旱育秧，播种量150～200g/m²；5月中下旬移栽，行株距30cm×10cm，每穴栽插2～3苗。

沈农129（Shennong 129）

品种来源：沈阳农业大学以青系96的变异株为材料，采用系谱法选育而成。1991年通过辽宁省农作物品种审定委员会审定，审定编号为辽审稻1991034。

形态特征和生物学特性：粳型常规水稻，感光性弱，感温性中等，基本营养生长期短，属中熟早粳。株型紧凑，叶片长宽适中，坚硬挺直，与茎秆夹角小，散穗型，成熟时谷粒黄色，无芒。全生育期150d，株高100cm，穗长19cm，穗粒数146.0粒，结实率80%，千粒重25.3g。

品质特性：糙米率84.4%，精米率75.7%，垩白粒率4.2%，直链淀粉含量20%，蛋白质含量9.1%。

抗性：抗稻瘟病，轻感稻曲病、恶苗病，耐肥，抗倒伏。

产量及适宜地区：1988年辽宁省中熟区域试验，平均单产7 500kg/hm²，比对照秋光增产6.9%；1989年续试，平均单产8 548.5kg/hm²，比对照秋光增产3.8%；两年平均单产8 025kg/hm²，比对照秋光增产5.2%。1989年生产试验，平均单产9 117kg/hm²，比对照秋光增产18.4%；1990年生产试验，平均单产9 394.5kg/hm²，比对照秋光增产20%；两年平均单产9 285kg/hm²，比对照秋光增产19%。2005—2009年辽宁省累计推广种植约2.67万hm²。适于辽宁铁岭、抚顺、本溪等地，也可在沈阳、鞍山、锦州及辽阳的部分地区（特别是井灌区）推广种植。

栽培技术要点：4月15日播种，采用旱育秧，播种量以200g/m²为宜，5月中下旬移栽，栽植密度30cm×（13～20）cm，每穴栽插2～3苗。施硫酸铵750kg/hm²，磷肥750kg/hm²，硫酸钾180kg/hm²，要增施农家肥，重施底肥，分蘖肥分2～3次施，一般情况不施穗肥，粒肥酌情施用。寸水促分蘖，浅湿结合，有效分蘖终止期落干晒田以蹲苗壮秆，生育后期干干湿湿，收割前10d撤水。7月上中旬注意防治二化螟，抽穗前及时防治稻瘟病等病虫害。

沈农159 (Shennong 159)

品种来源：沈阳农业大学以黄金光/辽粳5号为杂交组合，采用系谱法选育而成。原品系号为沈农1578。1999年辽宁省农作物品种审定委员会审定，审定编号为辽审稻1999077。

形态特征和生物学特性：粳型常规水稻，感光性弱，感温性中等，基本营养生长期短，属中熟早粳。株型紧凑，叶色淡绿，叶形较宽短、挺直，直立穗型，分蘖力强。粒型椭圆，颖壳黄色，无芒。全生育期159d，株高100cm，穗长15cm，有效穗数405万穗/hm²，穗粒数100.0粒，结实率90%，千粒重25g。

品质特性：糙米粒长4.8mm，糙米长宽比1.6，糙米率83.5%，精米率77.3%，整精米率71.7%，垩白粒率8%，垩白度0.8%，胶稠度62mm，直链淀粉含量17.2%，蛋白质含量7.8%。

抗性：抗稻瘟病，抗白叶枯病，纹枯病和稻曲病轻，抗寒，抗倒伏。

产量及适宜地区：1995—1996年两年辽宁省中熟区域试验，平均单产8 467.5kg/hm²，比对照秋光增产6.6%。1997—1998年两年生产试验，平均单产9 603kg/hm²，比对照秋光增产12.8%。适宜在辽宁中南部有效积温3 200℃稻区种植。

栽培技术要点：4月上旬播种，采用旱育秧，播种量200～250g/m²；5月中旬移栽，行株距30cm×（13.3～16.5）cm，每穴栽插3～4苗。一般施氮肥（以硫酸铵计）825kg/hm²，磷酸二铵150kg/hm²，钾肥112.5kg/hm²，氮肥分三段5次（底肥、蘖肥、调整肥、穗肥、粒肥）施入，前多后少，底肥约占40%，磷肥可作底肥或底肥、穗肥各占50%。钾肥作蘖肥和穗肥各施50%。灌溉以浅、湿、干间歇灌水方法为宜，分蘖期视长势适当晒田，成熟期不宜撤水过早。7月上中旬注意防治二化螟，抽穗前及时防治稻瘟病等病虫害。

沈农2100（Shennong 2100）

品种来源：沈阳农业大学以沈农265／沈农95008为杂交组合，采用系谱法选育而成。原品系号为沈农0299。2005年通过辽宁省农作物品种审定委员会审定，审定编号为辽审稻2005164。

形态特征和生物学特性：粳型常规水稻，感光性弱，感温性中等，基本营养生长期短，属迟熟早粳。苗期叶色浓绿，叶片挺直，株型紧凑，分蘖力较强，半松散穗型，颖壳黄白，偶有稀短芒。全生育期161d，株高105cm，穗长19cm，穗粒数130.0粒，千粒重25.5g。

品质特性：糙米粒长4.8mm，糙米长宽比1.8，糙米率83.3%，精米率75.6%，整精米率69.8%，垩白粒率10%，垩白度1%，透明度1级，碱消值7级，胶稠度56mm，直链淀粉18%，蛋白质7.9%。

抗性：抗穗颈瘟。

产量及适宜地区：2003—2004年两年辽宁省中晚熟区域试验，平均单产9 222kg/hm²，比对照辽粳294增产5.1%。2005年生产试验，平均单产9 120kg/hm²，比对照辽粳294增产5.1%。适宜在沈阳以南稻区种植。

栽培技术要点：播种前种子要严格消毒，4月上旬播种，播种量200g/m²，5月中下旬插秧，行株距30cm×16.7cm，每穴栽插3～4苗。施硫酸铵900kg/hm²，磷酸二铵120kg/hm²，钾肥120kg/hm²。分蘖盛期喷施杀虫双防治二化螟，破口前2～3d注意防治稻曲病和纹枯病。

沈农 265 （Shennong 265）

品种来源：沈阳农业大学以辽粳326//1308/02428为杂交组合，采用系谱法选育而成。原品系号为沈农95-265。2001年通过辽宁省农作物品种审定委员会审定，审定编号为辽审稻2001085。

形态特征和生物学特性：粳型常规水稻，感光性弱，感温性中等，基本营养生长期短，属中熟早粳。株型紧凑，分蘖力较强，叶色深绿，直立大穗，剑叶突出穗顶，茎秆粗壮。颖壳黄色，种皮白色，无芒或极少芒。全生育期157d，株高102cm，穗长16cm，穗粒数120.0粒，千粒重26g。

品质特性：糙米粒长4.5mm，糙米长宽比1.6，糙米率82.4%，精米率75.1%，整精米率63.3%，垩白粒率12%，垩白度0.2%，胶稠度78mm，直链淀粉含量16%，国标二级优质米标准。

抗性：中感苗瘟和叶瘟，抗穗颈瘟，纹枯病轻。

产量及适宜地区：1997—1998年两年辽宁省中熟区域试验，平均单产8 014.5kg/hm²，比对照铁粳4号增产7.9%。1999—2000年两年生产试验，平均单产9 628.5kg/hm²，比对照铁粳4号增产13.5%。适宜在辽宁所有稻区及吉林南部四平、公主岭、通化等稻区种植，也可在宁夏银川、灵武、中宁及河北昌黎、隆化等地种植。

栽培技术要点：用育苗灵或浸种剂严格浸种消毒，适时早播、稀播，普通旱育苗播干籽150 ~ 200g/m²，盘育苗播50 ~ 75g/盘。适时早插秧，在沈阳、鞍山地区以5月中旬插秧较为适宜。行株距30cm×13.3cm，每穴栽插2 ~ 3苗。宜采取浅、湿、干间歇灌溉，当达到预期茎蘖数以后，注意排水晾田，控制无效分蘖，提高成穗率。一般施硫酸铵990kg/hm²，磷酸二铵150kg/hm²，硫酸钾150kg/hm²。氮肥分三段5次（底肥、蘖肥、调整肥、穗肥、粒肥）施入，应特别注意施穗肥，以发挥其大穗优势。磷、钾肥50%作基肥，50%作穗肥。移栽后5 ~ 10d施用除草剂进行大田封闭，一般施用60%丁草胺乳油150mL加10%苄嘧磺隆可湿性粉剂，以药土法或药肥法施入，同时保持水层（3 ~ 5cm）5 ~ 7d。6月中下旬及7月上旬注意防治二化螟和纹枯病。出穗前5 ~ 7d喷施络氨铜防治稻曲病。孕穗期和齐穗期喷施稻瘟灵或三环唑防治稻瘟病。

沈农315 (Shennong 315)

品种来源：沈阳农业大学以农林315/沈农8834为杂交组合，采用系谱法选育而成。2001年通过辽宁省农作物品种审定委员会审定，审定编号为辽审稻2001096。

形态特征和生物学特性：粳型常规水稻，感光性弱，感温性中等，基本营养生长期短，属中熟早粳。苗期秧苗健壮，株型紧凑，分蘖力较强，散穗型，颖色及颖尖均呈黄色，种皮白色，少短芒。全生育期152d，株高100cm，穗长20cm，穗粒数80.0粒，结实率90%，千粒重26g。

品质特性：糙米率83%，精米率75.2%，整精米率69.4%，糙米长宽比1.7，垩白粒率13%，垩白度1.5%，透明度1级，碱消值7级，胶稠度81mm，直链淀粉含量16.3%，蛋白质含量9.7%，国标二级优质米标准。

抗性：中抗叶瘟病，中感穗颈瘟病，抗旱，耐低温。

产量及适宜地区：1999年辽宁省中早熟区域试验，平均单产7 248kg/hm²，比对照铁粳5号增产2.8%。适宜在辽宁本溪、抚顺、铁岭、沈阳等稻区种植。

栽培技术要点：4月上中旬播种，采用大棚旱育秧，播种量催芽种子200g/m²；5月中下旬移栽，行株距30cm×16.5cm，每穴栽插3～4苗。平衡施肥，施硫酸铵675kg/hm²、过磷酸钙300kg/hm²、硫酸钾150kg/hm²。灌溉应采取分蘖期浅、孕穗期深、籽粒灌浆期浅的方法；7月上中旬注意防治二化螟，抽穗前及时防治稻瘟病等病虫害。

沈农514 (Shennong 514)

品种来源：沈阳农业大学以沈农189//抗1/中新120为杂交组合，采用系谱法选育而成。1995年通过辽宁省农作物品种审定委员会审定，审定编号为辽审稻1995051。

形态特征和生物学特性：粳型常规水稻，感光性弱，感温性中等，基本营养生长期短，属迟熟早粳。株型紧凑，叶片浓绿挺直，直立穗型，分蘖早且多。颖壳黄色，种皮白色，稀短芒，全生育期160d，株高91.5cm，穗长17.2cm，有效穗数375万穗/hm²，穗粒数124粒，结实率90%，千粒重25.4g。

品质特性：糙米率83.5%，精米率75.6%，整精米率74.1%，垩白粒率42%，碱消值7级，直链淀粉含量19.8%，蛋白质含量9.2%。

抗性：中抗穗颈瘟病、纹枯病、白叶枯病、稻曲病。

产量及适宜地区：1991—1992年两年辽宁省中晚熟区域试验，平均单产8 548.5kg/hm²，比对照辽粳5号增产6.2%。1993—1994年两年生产试验，平均单产9 304.5kg/hm²，比对照辽粳5号增产16.1%。适宜在辽宁沈阳以南及河北、江西、山东等地推广种植。

栽培技术要点：4月上中旬播种，采用旱育秧，播种量催芽种子150～200g/m²；5月20日插秧，行株距30cm×13.3cm，每穴栽插3～4苗。应浅水灌溉，分蘖末期适当晾田。乳熟以后可间歇灌水，撤水不宜过早。7月上中旬注意防治二化螟，抽穗前及时防治稻瘟病等病虫害。

沈农604 (Shennong 604)

品种来源：沈阳农业大学以沈农265/SN604为杂交组合，采用系谱法选育而成。原品系号为沈农0266。2005年通过辽宁省农作物品种审定委员会审定，审定编号为辽审稻2005138。

形态特征和生物学特性：粳型常规水稻，感光性弱，感温性中等，基本营养生长期短，属中熟早粳。株型紧凑，分蘖力中等偏强。茎秆粗壮，根系发达。叶片宽窄适中，挺直厚实，浓淡适中。半直立穗型。谷粒卵圆形，颖壳黄白，偶有稀短芒。全生育期156d，株高105.2cm，穗长17cm，穗粒数121.6粒，结实率86.5%，千粒重25.9g。

品质特性：糙米粒长4.9mm，糙米长宽比1.8，糙米率83.7%，精米率76.1%，整精米率71.5%，垩白粒率12%，垩白度1.9%，胶稠度76mm，直链淀粉含量17.8%，蛋白质含量7.3%。

抗性：抗稻瘟病。

产量及适宜地区：2003年辽宁省中熟区域试验，平均单产9 081kg/hm²，比对照辽盐16增产6.8%；2004年续试，平均单产9 282kg/hm²，比对照辽盐16增产9.1%；两年平均单产9 181.5kg/hm²，比对照辽盐16增产8%。2004年生产试验，平均单产9 045kg/hm²，比对照辽盐16增产8.3%。适宜在辽宁及我国北方各省活动积温在3 100℃以上地区种植。

栽培技术要点：旱育苗稀播种，播种量150～200g/m²。早炼苗，炼好苗。铁岭地区应在5月25日前插完秧，沈阳以南适当错后插秧期。行距30cm，穴距16.7～20cm，每穴栽插3～4苗。施肥量按当中等施肥水平，提倡多施农家肥，少施化肥，配合磷、钾、锌、硅肥，

氮肥应分期施用，磷肥做底肥一次施入，钾肥在返青期、孕穗期两次施入。生育前期以浅水层为主，分蘖盛期，要适当晾田。扬花、灌浆期采取浅、湿、干交替灌水，千万不可长时间大水深灌。水稻虫害逐年加重，特别是稻水象甲大面积发生，要引起重视，目前主要采用药剂防治，在水稻返青分蘖期间施用1～2次内吸剂农药，防治稻象甲和二化螟危害，拔节孕穗期施用1～2次药，防治稻螟蛉、二化螟和稻蝗虫危害。

沈农606（Shennong 606）

品种来源：沈阳农业大学以沈农92326/沈农265-11为杂交组合，采用系谱法选育而成。2003年通过辽宁省农作物品种审定委员会审定，审定编号为辽审稻2003120。

形态特征和生物学特性：粳型常规水稻，感光性弱，感温性中等，基本营养生长期短，属中熟早粳。株型紧凑，叶片坚挺上举，茎叶浓绿，分蘖力较强，半直立穗型，主蘖穗整齐。颖壳黄色，种皮白色，稀短芒。全生育期158d，株高105cm，穗长18cm，穗粒数120.0粒，千粒重25g。

品质特性：糙米率82.5%，整精米率69.8%，垩白粒率22%，垩白度2.2%，胶稠度86mm，直链淀粉含量16.36%。

抗性：高感穗颈瘟病，抗倒伏。

产量及适宜地区：2000—2001年两年辽宁省中晚熟区域试验，平均单产8 542.5kg/hm²，比对照辽粳454增产1.2%。2002年生产试验，平均单产9 687kg/hm²，比对照辽粳294增产9.4%。一般单产7 500kg/hm²。适宜在沈阳以南稻区种植。

栽培技术要点：播种前种子严格消毒，稀播培育带蘖壮秧，4月上中旬播种，采用大棚旱育秧，播种量催芽种子150～200g/m²；5月中下旬移栽，行株距30cm×16.5cm，每穴栽插3～4苗。施硫酸铵900kg/hm²，磷酸二铵150kg/hm²，钾肥150kg/hm²。化学辅以人工除草，7月上中旬注意防治二化螟，抽穗前及时防治稻瘟病等病虫害。

沈农611 （Shennong 611）

品种来源：沈阳农业大学以沈农189//抗1/中新120为杂交组合，采用系谱法选育而成。1994年辽宁省农作物品种审定委员会审定，审定编号辽审稻1994048。

形态特征和生物学特性：粳型常规水稻，感光性弱，感温性中等，基本营养生长期短，属迟熟早粳。株型紧凑，叶片直立，茎叶深绿，直穗或穗稍倾斜，分蘖力强。颖壳黄色，种皮白色，无芒。全生育期162d，株高92cm，穗长16cm，有效穗数450万穗/hm²，穗粒数100.0粒，结实率90%，千粒重26g。

品质特性：糙米率84%，精米率76.7%，整精米率72.1%，垩白粒率58%，碱消值7级，胶稠度81 mm，直链淀粉含量19.6%，蛋白质含量7.8%。

抗性：耐寒，抗倒伏。

产量及适宜地区：1990—1991年两年辽宁省中晚熟区域试验，平均单产8 068.5kg/hm²，比对照增产4.1%。1992—1993年两年生产试验，平均单产10 003.5kg/hm²，比对照辽粳5号增产20.5%。适宜在辽宁铁岭南部、沈阳、沈阳以南、辽西及河北等地推广种植。

栽培技术要点：采用营养土软盘旱育稀播育壮秧，行株距30cm×（16～17）cm，每穴栽插2～3苗，施足底肥，平衡施肥，分段施肥。全生育期施硫酸铵1 125kg/hm²。防止长期大水深灌，应特别强调中后期适当控水，适时断水晾田，使土壤保持湿润状态；7月上中旬注意防治二化螟，抽穗前及时防治稻瘟病等病虫害。

沈农7号 （Shennong 7）

品种来源：沈阳农业大学以农林315///沈农91/S22//丰锦为杂交组合，采用系谱法选育而成。原品系号为沈农9457。2004年通过国家农作物品种审定委员会审定，审定编号为国审稻2004051。

形态特征和生物学特性：粳型常规水稻，感光性弱，感温性中等，基本营养生长期短，属中熟早粳。株型紧凑，叶片坚挺上举，茎叶淡绿，半松散穗型，主蘖穗整齐。颖壳黄色，种皮白色，稀短芒。全生育期152.3d，比对照吉玉粳晚熟7d，株高93.8cm，穗粒数73.1粒，结实率90.4%，千粒重26.2g。

品质特性：整精米率68.4%，垩白粒率12%，垩白度1.2%，胶稠度85mm，直链淀粉含量16.3%。

抗性：中抗稻瘟病。

产量及适宜地区：2001年北方稻区中早粳早熟区域试验，平均单产8 830.5kg/hm²，比对照吉玉粳增产2.9%；2002年续试，平均单产9 105kg/hm²，比对照吉玉粳减产1.2%；两年平均单产8 968.5kg/hm²，比对照吉玉粳增产0.7%。2003年生产试验，平均单产8 140.5kg/hm²，比对照吉玉粳增产0.8%。适宜在黑龙江第一积温带上限、吉林中熟稻区、辽宁东北部、宁夏引黄灌区及内蒙古东南部、甘肃河西走廊稻瘟病轻发稻区种植。

栽培技术要点：根据当地种植习惯与吉玉粳同期播种，普通旱育秧苗播种150～200g/m²；行距30cm，株距13.3～16.7cm，每穴插3苗；施硫酸铵750kg/hm²，过磷酸钙450kg/hm²，硫酸钾150kg/hm²，配合施好农家肥。水浆管理要做到浅水插秧，浅湿分蘖，够苗晒田，浅水养胎，浅湿抽穗，寸水开花，湿润壮籽；防治病虫：注意防治稻瘟病。

沈农702 (Shennong 702)

品种来源：沈阳农业大学以辽粳5号/8411//腾系127为杂交组合，采用系谱法选育而成。2002年通过辽宁省农作物品种审定委员会审定，审定编号为辽审稻2002105。

形态特征和生物学特性：粳型常规水稻，感光性弱，感温性中等，基本营养生长期短，属中熟早粳。株型紧凑，叶片坚挺上举，茎叶浓绿，半散穗型。颖壳黄色，种皮白色，稀短芒。全生育期157d，株高95cm，穗长18cm，穗粒数100.0粒，千粒重25g。

品质特性：糙米长宽比1.8，糙米率84.4%，精米率76.2%，整精米率56.7%，垩白粒率3%，垩白度0.4%，透明度1级，碱消值7级，胶稠度62mm，直链淀粉含量18.5%。

抗性：中抗稻瘟病。

产量及适宜地区：1999—2000年两年辽宁省中熟区域试验，平均单产8 752.5kg/hm²，比对照铁粳4号增产10.3%。2001年生产试验，平均单产9 147kg/hm²，比对照辽粳207增产1.5%。一般单产9 000kg/hm²。适宜在辽宁沈阳、铁岭、辽阳、鞍山、营口、盘锦等稻区种植。

栽培技术要点：播种前种子严格消毒，稀播培育带蘖壮秧，5月中下旬插秧，行株距为30cm×（13.3～16.6）cm，每穴栽插3～4苗。硫酸铵930kg/hm²，磷酸二铵150kg/hm²，钾肥112.5kg/hm²，化学并辅以人工除草。7月上中旬防治二化螟，注意防治稻曲病发生。

沈农8718 (Shennong 8718)

品种来源：沈阳农业大学以沈农91/S22为杂交组合，采用系谱法选育而成。分别通过辽宁省（1999）和国家（2003）农作物品种审定委员会审定，审定编号分别为辽审稻1999078和国审稻2003019。

形态特征和生物学特性：粳型常规水稻，感光性弱，感温性中等，基本营养生长期短，属中熟早粳。株型紧凑，叶片宽厚，叶色较深，弯曲穗型，分蘖力中等。椭圆粒形，颖壳黄色，部分顶粒有短芒。全生育期155d，比对照秋光迟熟4.5d，株高105cm，穗长20cm，有效穗数360万穗/hm^2，穗粒数130.0粒，结实率90%，千粒重26g。

品质特性：糙米长宽比1.8，糙米率78%，精米率77.3%，整精米率71.3%，垩白粒率2.3%，垩白度17.5%，胶稠度62mm，直链淀粉含量16.5%，蛋白质含量9.2%。

抗性：抗稻瘟病，稻曲病轻，抗旱，抗寒。

产量及适宜地区：1999年北方稻区中早粳中熟区域试验，平均单产9 496.5kg/hm^2，比对照秋光增产1.3%；2000年续试，平均单产9 597kg/hm^2，比对照秋光增产1.9%。2000年生产试验，平均单产8 925kg/hm^2，比对照秋光减产5.5%。适宜在吉林南部、辽宁、宁夏、北京及山西中部和新疆中北部稻瘟病轻发区种植。

栽培技术要点：4月上中旬播种，采用旱育秧，播种量旱育苗150～200g/m^2；5月中下旬移栽，行株距30cm×（13.3～16.7）cm，每穴栽插3～4苗。氮、磷、钾施用比例为1：0.5：0.5，施硫酸铵720kg/hm^2，过磷酸钙375kg/hm^2，硫酸钾150kg/hm^2，并配合施用农家肥。浅水插秧，浅湿分蘖，够苗晒田，浅水养胎，浅湿抽穗，寸水开花，湿润壮粒；7月上中旬注意防治二化螟，抽穗前及时防治稻瘟病等病虫害。

沈农87-913 (Shennong 87-913)

品种来源：沈阳农业大学以秀岭A/8411//御米糯为杂交组合，采用系谱法选育而成。1994年通过辽宁省农作物品种审定委员会审定，审定编号为辽审稻1994049。

形态特征和生物学特性：粳型常规糯性旱稻，感光性弱，感温性中等，基本营养生长期短，属迟熟早粳。株型紧凑，叶片坚挺上举，茎叶深绿，散穗型。颖壳黄色，种皮白色，有顶芒。全生育期130d，在沈阳地区需要≥10℃活动积温2850℃。株高90cm，穗长17～19cm，有效穗450万穗/hm²，穗粒数70.0～80.0粒，结实率90%，千粒重25g。

品质特性：糙米率82.3%，精米率73.1%，整精米率64.7%，碱消值7级，胶稠度81mm，直链淀粉含量2.1%，蛋白质含量9.5%。

抗性：耐旱，耐低温，不早衰，抗稻曲病、纹枯病、中抗稻瘟病。

产量及适宜地区：1990—1991年两年辽宁省旱稻中熟区域试验，平均单产4893kg/hm²，比对照旱152增产15.2%；1992—1993年两年生产试验，平均单产5559kg/hm²，比对照旱152增产10%。一般单产5250kg/hm²。适于在辽宁铁岭、沈阳、抚顺、辽阳稻区种植。不得在pH>7的土壤种植。

栽培技术要点：宽行稀播，行距40～50cm，播量105kg/hm²，覆土1～2.5cm，压实。两次施肥，全年施纯氮112.5kg/hm²，底肥占70%，穗肥30%，配合施磷钾肥，底肥用磷酸二铵最佳。适时药剂除草，可用敌稗乳油9kg/hm²加二甲四氯0.45kg/hm²，喷雾灭草，视草情喷药2～3次。及时防虫，秧苗长到6～7片时注意防治黏虫，敌百虫0.75kg/hm²，对水喷雾。8月初注意防治稻螟蛉和稻曲病。

沈农8801 （Shennong 8801）

品种来源：沈阳农业大学以沈农91/S22为杂交组合，采用系谱法选育而成。1997年通过辽宁省农作物品种审定委员会审定，审定编号为辽审稻1997063。

形态特征和生物学特性：粳型常规水稻，感光性弱，感温性中等，基本营养生长期短，属中熟早粳。株型紧凑，叶片坚挺上举，叶色较深，叶片宽厚，直立穗型，分蘖力较强。颖壳黄色，个别粒着短芒。全生育期156d，株高95cm，穗长16cm，穗粒数134.2粒，结实率90%，千粒重27g。

品质特性：糙米率85.6%，精米率80%，整精米率70.9%。

抗性：中抗稻瘟病，耐低温，耐干旱和瘠薄。

产量及适宜地区：1993—1994年两年辽宁省中熟区域试验，平均单产8 242.5kg/hm²，比对照秋光增产5.9%。1995—1996年两年生产试验，平均单产8 944.5kg/hm²，比对照秋光增产12.8%。适宜在铁岭以南辽河平原稻区种植。

栽培技术要点：4月上中旬播种，采用大棚旱育秧，播种量150～200g/m²；5月20日移栽，行株距30cm×16.5cm，每穴栽插3～4苗。一般地块底肥施磷酸二铵150kg/hm²，尿素150kg/hm²；返青后施蘖肥150kg/hm²尿素，6月15日后施保蘖肥37.5kg/hm²尿素，抽穗前15～18d施尿素60kg/hm²作为穗肥。灌溉应采取分蘖期浅、孕穗期深、籽粒灌浆期浅的灌溉方法；7月上中旬注意防治二化螟，抽穗前及时防治稻瘟病等病虫害。

沈农 90 - 17 (Shennong 90 - 17)

品种来源：沈阳农业大学以H60/陆奥小町为杂交组合，采用系谱法选育而成。1995年通过辽宁省农作物品种审定委员会审定，审定编号为辽审稻1995052。

形态特征和生物学特性：粳型常规水稻，感光性弱，感温性中等，基本营养生长期短，属中熟早粳。株型紧凑，叶片坚挺上举，叶色深绿，宽窄适中。穗形弯曲，主蘖穗整齐。谷粒长圆形，颖壳黄色，有短芒。全生育期152d，株高95cm，穗长17cm，有效穗数405万穗/hm²，穗粒数95.0粒，结实率85%，千粒重25g。

品质特性：糙米粒长5.1mm，糙米长宽比1.8，糙米率84.6%，精米率61.4%，胶稠度79mm，直链淀粉含量20.2%，蛋白质含量9.1%。

抗性：中抗稻瘟病，耐低温，抗倒伏。

产量及适宜地区：1992—1993年两年辽宁省中熟区域试验，两年平均单产8 857.5kg/hm²，比对照秋光增产8%。1993—1994年两年生产试验，平均单产9 261kg/hm²，比对照秋光增产15.1%。1995—2003年辽宁和吉林、河北部分地区累计推广面积300万hm²。适宜在辽宁沈阳、铁岭、本溪及辽阳、鞍山部分地区推广种植，也可在吉林、河北等种植秋光品种的地区种植。

栽培技术要点：4月10日前后播种，采用旱育秧，播种量催芽种子300g/m²；5月20日插秧，行株距30cm×16cm，每穴栽插2～3苗。施农家肥18 000kg/hm²，过磷酸钙825kg/hm²，硫酸铵750kg/hm²，钾肥90kg/hm²为宜。出穗前施钾肥75kg/hm²。灌溉宜带水插秧，浅水返青，浅湿结合促分蘖，够苗晾田，过旺烤田，中水护胎，干湿抽穗，寸水开花，浅湿灌溉壮粒，黄熟落干，收割前10～15d断水。7月上中旬注意防治二化螟，抽穗前及时防治稻瘟病等病虫害。

沈农91 （Shennong 91）

品种来源：沈阳农业大学以辽粳5号/外引系150为杂交组合，采用系谱法选育而成。1990年通过辽宁省农作物品种审定委员会审定，审定编号为辽审稻1990031。

形态特征和生物学特性：粳型常规水稻，感光性弱，感温性中等，基本营养生长期短，属迟熟早粳。株型紧凑，叶直立而厚硬，叶角小，茎叶深绿，直立穗型，分蘖早而多，颖壳黄色，种皮白色，无芒。全生育期162d，株高93cm，穗长17cm，有效穗数420万穗/hm²，穗粒数90.0粒，结实率88%，千粒重26g。

品质特性：精米率73.5%。

抗性：抗稻瘟病和白叶枯病，轻感纹枯病和稻曲病，耐肥，耐寒，抗倒伏。

产量及适宜地区：1986—1987年两年辽宁省中晚熟区域试验，平均单产8 250kg/hm²。1988—1989年两年生产试验，平均单产9 790.5kg/hm²，比对照辽粳5号增产15.5%。一般单产10 500kg/hm²。适宜在辽宁中部、南部及西部稻区种植，也可在华北及西北稻区种植。

栽培技术要点：4月5日前播种，采用旱育秧，每盘播量50～60g干籽，旱育苗150～200g/m²干籽。5月15日插秧，行株距30cm×13.3cm，每穴栽插3～4苗。注意前期多施底肥，后期少施或不施，前后肥量比例以8：2或7：3为宜；水分管理应以浅水为主，分蘖末期应晒田，乳熟期后间歇灌溉，撤水不宜过早。6月中旬注意稻曲病及二化螟的防治。

沈农9741 （Shennong 9741）

品种来源：沈阳农业大学以黄金光/辽粳5//福锦/千重浪为杂交组合，采用系谱法选育而成。分别通过辽宁省（2002）和国家（2005）农作物品种审定委员会审定，审定编号分别为辽审稻2002106和国审稻2005045。

形态特征和生物学特性：粳型常规水稻，感光性弱，感温性中等，基本营养生长期短，属迟中熟早粳。株型紧凑，叶片坚挺上举，茎叶浓绿，半直立穗型。颖壳黄色，种皮白色，稀短芒。全生育期156d，株高100cm，穗粒数150.0粒，结实率90%，千粒重25g。

品质特性：糙米粒长5mm，糙米长宽比1.9，糙米率80.6%，整精米率64.6%，垩白粒率19%，垩白度1.9%，胶稠度87mm，直链淀粉含量16.1%。

抗性：中抗苗瘟病和叶瘟病，中抗穗颈瘟病。

产量及适宜地区：1999—2000年两年辽宁省中熟区域试验，平均单产8 670kg/hm²，比对照铁粳4号增产9.2%。一般单产10 500kg/hm²。适宜在辽宁中部和北部活动积温2 800℃以上地区及河北、新疆、吉林、宁夏等部分稻区种植。

栽培技术要点：营养土保温旱育苗或盘育苗，稀播种培育带蘖壮秧。旱育苗播种量在200g/m²以内，盘育苗50～70g/盘，也可加大播量做直播栽培。行株距为30cm×13.3cm，每穴3～4苗。施硫酸铵825kg/hm²，分三段5次（底肥、蘖肥、调整肥、穗肥、粒肥）施入，亦可作基肥和穗肥分两次施入。水分管理宜采用浅、湿、干间歇灌溉，注意中期落干晒田，后期撤水不宜过早。

沈农9816（Shennong 9816）

品种来源：沈阳农业大学1998年以江西丝苗/辽粳454人工去雄杂交，再以辽粳454为轮回亲本回交系选而成。2008年通过辽宁省农作物品种审定委员会审定，审定编号为辽审稻2008204。

形态特征和生物学特性：粳型常规水稻，感光性弱，感温性中等，基本营养生长期短，属中熟早粳。苗期叶色浓绿，叶片挺直，株型紧凑，分蘖力中等偏强，半直立穗型，颖壳黄白，偶有稀短芒。全生育期157d，株高100.8cm，穗长17cm，穗粒数139.1粒，千粒22.6g。

品质特性：糙米粒长4.7mm，糙米长宽比1.7，糙米率80.9%，精米率72.1%，整精米率69.4%，垩白粒率11%，垩白度1.5%，透明度1级，碱消值7级，胶稠度84mm，直链淀粉含量17.7%，蛋白质含量8.4%。

抗性：中抗穗颈瘟。

产量及适宜地区：2006—2007年两年辽宁省中晚熟区域试验，平均单产8 967kg/hm^2，比对照（辽粳294、辽粳9号）增产5.4%。2007年生产试验，平均单产9 135kg/hm^2，比对照辽粳9号增产3.7%。适宜在沈阳以南熟稻区种植。

栽培技术要点：4月上旬播种，5月中旬插秧，行株距30cm×（13.3～16.6）cm，每穴栽插3～5苗；施硫酸铵975kg/hm^2，分三段5次施入；施磷酸二铵150kg/hm^2，作基肥一次性施入；施钾肥150kg/hm^2，60%作基肥，40%作穗肥，也可作基肥一次施入。水层管理采用浅、湿、干间歇灌溉；注意防治稻曲病、纹枯病和稻瘟病。

沈农 9903（Shennong 9903）

品种来源：沈阳农业大学以沈农 89366/辽粳 454//沈农 9741 为杂交组合，采用系谱法选育而成。2009 年通过辽宁省农作物品种审定委员会审定，审定编号为辽审稻 2009214。

形态特征和生物学特性：粳型常规水稻，感光性弱，感温性中等，基本营养生长期短，属中熟早粳。株型紧凑，叶片坚挺上举，茎叶深绿，半直立穗型。颖壳黄色，种皮白色，无芒。全生育期 157d，株高 100.6cm，穗长 16.5cm，穗粒数 126.0 粒，结实率 85%～90%，千粒重 25g。

品质特性：糙米粒长 4.7mm，糙米长宽比 1.7，糙米率 81.1%，精米率 72.5%，整精米率 68.1%，垩白粒率 10%，垩白度 0.9%，胶稠度 80mm，直链淀粉含量 17.2%，蛋白质含量 9.1%，国标一级优质米标准。

抗性：中抗苗瘟和叶瘟，中抗穗颈瘟。

产量及适宜地区：2007 年辽宁省中熟区域试验，平均单产 9 373.5kg/hm²，比对照沈稻 6 号增产 2.6%；2008 年续试，平均单产 8 952kg/hm²，比对照沈稻 6 号增产 0.8%；两年平均单产 9 163.5kg/hm²，比对照沈稻 6 号增产 1.7%。2008 年生产试验，平均单产 8 847kg/hm²，比对照增产 0.4%。适宜在辽宁中部和南部稻区种植。

栽培技术要点：播前晒种前进行严格浸种消毒，适时早播，一般于 4 月上旬播种，稀播种培育带蘖壮秧，普通旱育苗播干籽 200g/m²，盘育苗每盘应控制在 50～70g，钵盘育苗每孔 3～4 粒。适时早插秧，沈阳以南地区以 5 月上旬插秧为宜。行株距 30cm×16.7cm，每穴栽插 3～4 苗。采取浅、湿、干间歇灌溉，当达到预期茎蘖数后，注意排水晾田，控制无效分蘖，提高成穗率。一般施硫酸铵 975kg/hm²，磷酸二铵 150kg/hm²，钾肥 150kg/hm²。氮肥分三段 5 次施入，磷钾肥可作基肥一次性施入。6 月中旬和出穗前 3～5d，注意防治二化螟、稻曲病和纹枯病。齐穗后喷施稻瘟灵或三环唑防治稻瘟病。如发现有稻飞虱，应及时喷施吡虫啉或敌敌畏等防治。

沈农香糯1号 （Shennongxiangnuo 1）

品种来源：沈阳农业大学以川叶香/沈农91为杂交组合，采用系谱法选育而成。原品系号为沈农9014。1996年通过辽宁省农作物品种审定委员会审定，审定编号为辽审稻1996056。

形态特征和生物学特性：粳型常规糯性水稻，感光性弱，感温性中等，基本营养生长期短，属中熟早粳。株形紧凑，叶色浓绿，活秆成熟，分蘖力中等，弯穗型，无芒。全生育期157d，株高95cm，穗长20cm，穗粒数100.0～130.0粒，结实率75%，千粒重27～29g。

品质特性：糙米长宽比1.8，糙米率83.1%，精米率74.2%，整精米率65%，胶稠度100mm，直链淀粉含量1.4%，蛋白质含量8.2%，部颁一级优质糯米标准。

抗性：中抗稻瘟病、纹枯病，轻感稻曲病，耐肥，抗倒伏，易感二化螟。

产量及适宜地区：1993年辽宁省中熟区域试验，平均单产7 648.5kg/hm²，比对照辽糯1号增产4.8%；1994年续试，平均单产6 904.5kg/hm²，比对照辽糯1号增产7.8%；两年区域试验，平均单产7 276.5kg/hm²，比对照辽糯1号增产6.2%。1994年生产试验，平均单产7 681.5kg/hm²，比对照辽糯1号增产10.1%；1995年生产试验，平均单产7 803kg/hm²，比对照辽糯1号增产16.8%；两年生产试验平均单产7 747.5kg/hm²，比对照辽糯1号增产13.6%。1995年试种面积约530hm²。适宜在沈阳及沈阳以南稻区种植，也可在铁岭、抚顺和本溪南部地区种植。

栽培技术要点：4月10日以后播种，采用旱育秧，播种量旱育苗150～200g/m²；5月20～25日移栽，行株距29.7cm×13.2cm，每穴栽插2～4苗。施硫酸铵780kg/hm²，钾肥（硫酸钾）180kg/hm²，磷肥675kg/hm²，适量施用微肥，提倡多施农家肥，注意后期钾肥的施用。灌溉应采取浅湿灌溉，停水不宜过早。7月上中旬注意防治二化螟，抽穗前及时防治稻瘟病等病虫害。

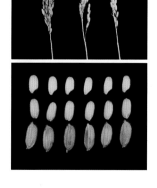

沈糯1号 (Shennuo 1)

品种来源：沈阳市农业科学院以辽粳5号/北京香江米为杂交组合，采用系谱法选育而成。1996年通过辽宁省农作物品种审定委员会审定，审定编号为辽审稻1996057。

形态特征和生物学特性：粳型常规糯性水稻，感光性弱，感温性中等，基本营养生长期短，属中熟早粳。株型紧凑，叶片较厚，短而上举，叶色浓绿，半直立穗型，分蘖力较强。颖壳黄色，无芒，紫颖尖。全生育期158d，株高97cm，穗长14.6cm，有效穗数450万穗/hm²，穗粒数103.0粒，结实率80%，千粒重23.5g。

品质特性：糙米率81.7%，胶稠度98mm，直链淀粉含量0.5%，蛋白质含量10%。

抗性：中感稻瘟病、稻曲病，耐肥，抗倒伏，抗寒。

产量及适宜地区：1993—1994年两年辽宁省中熟区域试验，平均单产8 097kg/hm²，比对照辽糯1号增产18.2%。1994—1995年两年生产试验，平均单产8 505kg/hm²，比对照辽糯1号增产15.5%。一般单产8 250kg/hm²。适宜在辽宁中部稻区种植。

栽培技术要点：4月上旬播种，采用旱育秧，播种量催芽种子150～200g/m²；5月25日前移栽，行株距13.2cm×16.5cm，每穴栽插2～3苗。施氮肥（按硫酸铵计算）780kg/hm²，过磷酸钙750kg/hm²，硫酸钾225kg/hm²，依据前稳、中保、后养的原则施入。灌溉应采取分蘖后期改浅水灌溉为间歇灌溉，结实灌浆期采用干湿交替，以干为主的灌溉方式，成熟期切忌断水过早；7月上中旬注意防治二化螟，抽穗前及时防治稻瘟病等病虫害。

沈元1号 (Shenyuan 1)

品种来源：沈阳农业大学以沈农129/旱72为杂交组合，采用系谱法选育而成。2007年通过国家农作物品种审定委员会审定，审定编号为国审稻2007052

形态特征和生物学特性：粳型常规旱稻，感光性弱，感温性中等，基本营养生长期短，属迟熟旱粳。株型紧凑，叶片坚挺上举，茎叶深绿，半散穗型。颖壳黄色，种皮白色，稀短芒。全生育期136d，与旱稻297相同，株高98.1cm，穗长20cm，有效穗数330万穗/hm²，穗粒数102.9粒，结实率92.1%，千粒重26.3g。

品质特性：整精米率68.3%，垩白粒率9%，垩白度0.7%，胶稠度82mm，直链淀粉含量16.8%，国标一级优质米标准。

抗性：中抗穗颈瘟，抗旱。

产量及适宜地区：2004年北方一季稻区晚熟旱稻区域试验，平均单产5 194.5kg/hm²，比对照旱稻297增产3.6%；2005年续试，平均单产6 375kg/hm²，比对照旱稻297增产5.2%；两年平均单产5 785.5kg/hm²，比对照旱稻297增产4.5%。2006年生产试验，平均单产5 538kg/hm²，比对照旱稻297增产8.9%。适宜在辽宁南部、河北、北京、天津一季稻区作旱稻种植。

栽培技术要点：播种前做好种子消毒杀菌以防治恶苗病和干尖线虫病菌。深耕翻，耙细，整平，起垄作畦。播种行距30cm，播种量112.5kg/hm²，覆土厚1～2cm，播后压实，出苗前注意松土露苗。播后5～7d用丁草胺4.5kg/hm²加除草醚6kg/hm²，喷雾，封闭除草。后期杂草可用10.5kg/hm²敌稗，喷雾做茎叶处理。全生育期施纯氮120kg/hm²，底肥占60%，追肥占40%，出穗前施钾肥75kg/hm²，促进成熟，防早衰。有条件的地方生育后期灌3～4次水。

苏粳2号（Sugeng 2）

品种来源：辽宁省沈阳市苏家屯区示范农场以91-44/秋光//辽粳244为杂交组合，采用系谱法选育而成。2005年通过辽宁省农作物品种审定委员会审定，审定编号为辽审稻2005156。

形态特征和生物学特性：粳型常规水稻，感光性弱，感温性中等，基本营养生长期短，属中熟早粳。株型紧凑，分蘖力较强，叶片上冲，叶色浓绿，半紧穗型。颖壳黄褐色，种皮白色，无芒。全生育期156d，株高104cm，穗长16.8cm，穗粒数125.9粒，结实率89%，千粒重25.6g。

品质特性：糙米粒长4.9mm，糙米长宽比1.7，糙米率74.9%，精米率74.9%，整精米率69.6%，垩白粒率15%，垩白度2.3%，胶稠度63mm，直链淀粉含量17.1%，蛋白质含量8.7%。

抗性：中抗穗颈瘟。

产量及适宜地区：2004—2005年两年辽宁省中熟区域试验，平均单产9 079.5kg/hm²，比对照辽盐16增产9.1%。2005年生产试验，平均单产9 855kg/hm²，比对照辽盐16增产12.3%。适宜在沈阳以北稻区种植。

栽培技术要点：4月上旬播种，种子严格消毒，培育壮秧，播种量150g/m²；5月中旬插秧，行株距30cm×（16.5～20）cm，每穴栽插2～3苗。全生育期施硫酸铵900kg/hm²，磷酸二铵165kg/hm²，钾肥150kg/hm²。6月末至7月初，注意防治二化螟和纹枯病，出穗前7～10d，喷施络氨铜防治稻曲病。

添丰9681（Tianfeng 9681）

品种来源：辽宁省绥中县水稻研究所以29-2红粳米/2615-46为杂交组合，采用系谱法选育而成。2005年通过辽宁省农作物品种审定委员会审定，审定编号为辽审稻2005140。

形态特征和生物学特性：粳型常规水稻，感光性弱，感温性中等，基本营养生长期短，属中熟早粳。株型紧凑，分蘖力中等，叶色浓绿，紧穗型。颖壳黄白，种皮白色，无芒。全生育期159d，株高111.5cm，穗长18.5cm，穗粒数131.5粒，结实率89.7%，千粒重26.7g。

品质特性：糙米粒长4.9mm，糙米长宽比1.8，糙米率81.6%，精米率72.8%，整精米率65.1%，垩白粒率14%，垩白度1%，胶稠度72mm，直链淀粉含量15%，蛋白质含量9.8%。

抗性：中抗穗颈瘟。

产量及适宜地区：2002—2003年两年辽宁省中晚熟区域试验，平均单产9 031.5kg/hm^2，比对照辽粳294增产4.3%。2004年生产试验，平均单产9 408kg/hm^2，比对照辽粳294增产4.8%。适宜在沈阳以南稻区种植。

栽培技术要点：4月上旬播种，旱育壮秧，播种量为150～200g/m^2；5月中下旬插秧，行株距30cm×14cm，每穴栽插4～5苗。采用氮、磷、钾、锌配合平衡施肥和氮肥平稳促进施肥技术。中等肥力地块施硫酸铵750kg/hm^2、磷酸二铵150kg/hm^2、硫酸钾112.5kg/hm^2（盐碱地用硫酸钾）、锌肥30kg/hm^2。在施用农家肥的地块适当减少化肥的用量。化学并辅以人工除草。注意防治稻瘟病、白叶枯病和稻曲病。

田丰202 （Tianfeng 202）

品种来源：盘锦北方农业技术开发有限公司从M163品系中系选而成。原品系号为雨田202。2005年通过辽宁省农作物品种审定委员会审定，审定编号为辽审稻2005165。

形态特征和生物学特性：粳型常规水稻，感光性弱，感温性中等，基本营养生长期短，属中熟早粳。株型紧凑，分蘖力较强，叶片宽厚，叶色浓绿，半紧穗型。颖壳黄褐色，种皮白色，无芒。全生育期157d，株高95cm，穗长17cm，穗粒数145.0粒，结实率93%，千粒重25g。

品质特性：糙米粒长5mm，糙米长宽比1.8，糙米率83.6%，精米率74.2%，整精米率67.5%，垩白粒率8%，垩白度1.4%，透明度1级，碱消值7级，胶稠度88mm，直链淀粉含量17.3%，蛋白质含量8.8%。

抗性：中抗穗颈瘟，抗倒伏，耐盐，耐低温，耐干旱。

产量及适宜地区：2004—2005年两年辽宁省中晚熟区域试验，平均单产9 481.5kg/hm²，比对照辽粳294增产5.6%。2005年生产试验，平均单产9 238.5kg/hm²，比对照辽粳294增产6.4%。适宜在沈阳以南稻区种植。

栽培技术要点：4月中旬播种，播前种子要严格消毒，培育壮秧，播种量为150～200g/m²；5月中下旬插秧，行株距30cm×（16.5～20）cm，每穴栽插3～4苗。一般施氮肥900kg/hm²，磷肥180kg/hm²，钾肥225kg/hm²，硅钙肥225kg/hm²，6月末至7月初，注意防治二化螟和稻水象甲等虫害。

铁粳1号 （Tiegeng 1）

品种来源：铁岭农业科学研究所以京引83/京引177为杂交组合，采用系谱法选育而成。原品系号为7207-9-1-5。1981年通过辽宁省农作物品种审定委员会审定，审定编号为辽审稻1981008。

形态特征和生物学特性：粳型常规水稻，感光性弱，感温性中等，基本营养生长期短，属中熟早粳。株型紧凑，分蘖力强，叶片直立上举，茎叶浓绿，弯曲穗型。颖壳黄色，种皮白色，稀中芒。全生育期150d，株高96cm，穗长18.7cm，有效穗数517.5万穗/hm²，穗粒数60.0粒，结实率85%，千粒重28g。

品质特性：糙米率83.5%，精米率75%，整精米率73%。

抗性：中抗稻瘟病、白叶枯病，抗稻曲病，耐冷，耐肥，抗倒伏。

产量及适宜地区：1979—1980年两年辽宁省中熟区域试验，平均单产7 356kg/hm²，比对照京引177增产4.2%。1979—1980年两年生产试验，平均单产7 171.5kg/hm²，比对照京引177增产15.5%。一般单产7 500kg/hm²。适宜在辽宁沈阳、铁岭、西部井灌稻区及早丰、京引177种植地区种植。

栽培技术要点：4月上中旬播种，稀播育壮秧；5月中下旬移栽，行株距30cm×（10～13）cm，每穴栽插3～4苗。施硫酸铵900kg/hm²，配合施用磷、钾肥。水层管理以浅水灌溉为主，适时晒田。

铁粳10号 （Tiegeng 10）

品种来源：铁岭市农业科学院与辽宁万孚种业有限公司以超产1号/辽粳135为杂交组合，采用系谱法选育而成。原品系号为铁9902-6。2010年通过辽宁省农作物品种审定委员会审定，审定编号为辽审稻2010228。

形态特征和生物学特性：粳型常规水稻，感光性弱，感温性中等，基本营养生长期短，属中熟早粳。苗期叶色绿，叶片宽短直立。株型紧凑，分蘖力强，叶片坚挺上举，茎叶淡绿，半直立穗型，主蘖穗整齐。颖壳黄色，种皮白色，无芒。全生育期157d，株高110.5cm，穗长17cm，穗粒数109.6粒，结实率86.4%，千粒重24.3g。

品质特性：糙米粒长4.6mm，糙米长宽比1.6，糙米率83.4%，精米率74.3%，整精米率72%，垩白粒率6%，垩白度0.9%，透明度1级，碱消值7级，胶稠度82mm，直链淀粉含量17.4%，蛋白质含量9.6%。

抗性：中感穗颈瘟。

产量及适宜地区：2005—2006年两年辽宁省中熟区域试验，平均单产8 694kg/hm²，比对照辽盐16（辽粳371）增产7.8%。2007年生产试验，平均单产9 028.5kg/hm²，比对照沈稻6号增产1%。适宜在沈阳以北稻区种植。

栽培技术要点：4月10日播种，5月20日插秧，行株距30cm×（13.3～16.6）cm，每穴栽插2～4苗；施硫酸铵900kg/hm²，磷肥750kg/hm²，钾肥150kg/hm²；掌握浅、湿、干的浅水间歇灌溉原则；注意防治纹枯病、稻曲病，稻瘟病高发区也要注意加以特殊防治。

铁粳2号 (Tiegeng 2)

品种来源：铁岭农业科学研究所以京引83/京引177为杂交组合，采用系谱法选育而成。原品系号为7207-22-2-4。1987年通过辽宁省农作物品种审定委员会审定，审定编号为辽审稻1987019。

形态特征和生物学特性：粳型常规水稻，感光性弱，感温性中等，基本营养生长期短，属早熟早粳。株型紧凑，叶片坚挺上举，茎叶深绿，散穗型。颖壳黄色，种皮白色，无芒。全生育期145d，株高86cm，穗长16.9cm，穗粒数66.0粒，有效穗数555万穗/hm²，结实率87%，千粒重26g。

品质特性：糙米率83%，精米率76%，整精米率73%。

抗性：中抗稻瘟病和白叶枯病，抗稻曲病，耐寒，耐肥，抗倒伏。

产量及适宜地区：1981—1982年两年辽宁省中早熟区域试验，平均单产6 490.5kg/hm²，比对照京引127增产9.3%。1982—1983年两年生产试验，平均单产7 588.5kg/hm²，比对照京引127增产18.4%。适宜在吉林南部、辽宁东北部及陕北稻区种植。

栽培技术要点：壮秧稀植，播量200g/m²，行株距26cm×10cm。要求上等肥力水平，在铁岭施纯氮180kg/hm²，前促宜重，另外配合施用磷、钾肥。

铁粳3号（Tiegeng 3）

品种来源：铁岭市农业科学院从铁粳1号变异株中选择，采用系谱法选育而成。原品系号为铁852（铁选1-2）。1988年通过辽宁省农作物品种审定委员会审定，审定编号为辽审稻1988022。

形态特征和生物学特性：粳型常规水稻，感光性弱，感温性中等，基本营养生长期短，属中熟早粳。株型紧凑，分蘖力中等，叶片坚挺上举，茎叶浅淡绿，散穗型。颖壳黄色，种皮白色，无芒。全生育期153d，株高93cm，穗长18.6cm，有效穗数390万穗/hm²，穗粒数138.0粒，结实率64%，千粒重27g。

品质特性：糙米率83%，精米率75%，整精米率59%，垩白粒率12%，碱消值7级，胶稠度80mm，直链淀粉含量18.5%，蛋白质含量7.9%。

抗性：抗稻瘟病，抗寒。

产量及适宜地区：1985—1986年两年辽宁省中熟区域试验，平均单产7 138.5kg/hm²，比对照秋光增产10.5%。1986—1987年两年生产试验，平均单产7 929kg/hm²，比对照吉玉粳增产16.7%。适宜在辽宁开原、铁岭、沈阳、锦州、盘锦、锦州中熟稻区种植。

栽培技术要点：旱育苗，稀播种，行株距30cm×（14～17）cm，每穴栽插4～5苗，施硫酸铵780kg/hm²，配合使用磷肥，以浅水灌溉为主，拔节后晒田，乳熟期间歇灌溉。

铁粳4号（Tiegeng 4）

品种来源：铁岭农业科学研究所以7636-3/川籼22为杂交组合，采用系谱法选育而成。原编号铁8467，1992年通过辽宁省农作物品种审定委员会审定并命名，审定编号为辽审稻1992040。

形态特征和生物学特性：粳型常规水稻，感光性弱，感温性中等，基本营养生长期短，属中熟早粳。株型紧凑，叶片坚挺上举，茎叶深绿，散穗型，分蘖中等。颖壳黄色，种皮白色，籽粒稍长，中短芒，全生育期158d，株高96cm，穗长21.6cm，穗粒数105.0粒，结实率82.5%，千粒重26.5g。

品质特性：糙米率84.3%，部颁二级优质米标准。

抗性：抗恶苗病，抗稻瘟病，耐寒，耐盐碱，耐旱，抗倒伏。

产量及适宜地区：1989—1990年两年辽宁省中熟区域试验，平均单产8 287.5kg/hm²，比对照吉玉粳减产9.2%；2004年续试，平均单产8 514kg/hm²，比对照秋光平均单产7 870.5kg/hm²增产8.2%。1990—1991年两年生产试验，平均单产9 594kg/hm²，比对照秋光平均单产7 716kg/hm²增产18.1%。适宜于辽宁营口以北、开原以南、辽宁西部及抚顺平原地区，也可在河北承德、陕西榆林、宁夏灵武及黄河流域的麦茬稻地区种植。

栽培技术要点：4月初播种，采用旱育秧，播干籽200g/m²；5月25～30日适时移栽，行株距30cm×15cm，每穴栽插2～3苗。施硫酸铵900kg/hm²、过磷酸钙900kg/hm²、氯化钾225kg/hm²。氮肥按前稳、中促、后保的原则施用。全生育期间采用间歇灌溉法，避免长期保有水层。另注意防治病虫危害。7月上中旬注意防治二化螟，抽穗前及时防治稻瘟病等病虫害。

铁粳5号 (Tiegeng 5)

品种来源：铁岭农业科学研究所以7636-3/川籼22为杂交组合，采用系谱法选育而成。1993年通过辽宁省农作物品种审定委员会审定，审定编号为辽审稻1993043。

形态特征和生物学特性：粳型常规水稻，感光性弱，感温性中等，基本营养生长期短，属早熟早粳。株型紧凑，叶片坚挺上举，叶片宽，叶色深绿，散穗型，分蘖力中等。颖壳黄色，种皮白色，短芒。全生育期145d，比秋光早熟3～4d，株高95cm，穗长21cm，穗粒数100.0粒，结实率75%，千粒重25g。

品质特性：糙米率83%，精米率72.1%，整精米率68%。

抗性：抗穗颈瘟和枝梗瘟，耐旱，耐寒。

产量及适宜地区：1990—1991年两年辽宁省中早熟区试，平均单产7335kg/hm²，比对照辽粳10号增产16.1%。1991—1992年两年生产试验，平均单产8250kg/hm²，比对照辽粳10号增产19%。1996—1998年辽宁省三年累计推广种植10万hm²。适宜在辽宁东北部、北部丘陵区、西北部低洼地区种植。吉林种植秋光地区及陕西北部也可种植。

栽培技术要点：4月初旱育苗，采用旱育秧，播干种子200g/m²；5月25～30日适时移栽，行株距30cm×15cm，每穴栽插2～3苗。施硫酸铵900kg/hm²、过磷酸钙900kg/hm²、氯化钾225kg/hm²。氮肥按前稳、中促、后保的原则施用。全生育期间采用间歇灌溉法，避免长期保有水层。7月上中旬注意防治二化螟，抽穗前及时防治稻瘟病等病虫害。

铁粳6号 （Tiegeng 6）

品种来源：铁岭市农业科学院以78T37/8739为杂交组合，采用系谱法选育而成。原品系号为铁8880。2002年通过辽宁省农作物品种审定委员会审定，审定编号为辽审稻2002099。

形态特征和生物学特性：粳型常规水稻，感光性弱，感温性中等，基本营养生长期短，属早熟早粳。苗期叶片短宽直立、叶色深绿，根系发达，株型紧凑，分蘖力较强。茎秆粗壮，半直立穗型，颖色及颖尖均呈黄色，种皮白色，稀短芒。全生育期148d，株高85～90cm，穗长18cm，穗粒数120.0粒，千粒重26.6g。

品质特性：糙米粒长4.8mm，糙米长宽比1.7，糙米率83.5%，精米率74.2%，整精米率72.3%，垩白粒率14%，垩白度1.5%，透明度1级，碱消值7级，胶稠度78mm，直链淀粉含量16.1%。

抗性：抗稻瘟病、白叶枯病、纹枯病，抗倒伏。

产量及适宜地区：1998年辽宁省中早熟区域试验，平均单产8 104.5kg/hm²，比对照铁粳5号增产6.3%；1999年续试，平均单产7 593kg/hm²，比对照铁粳5号增产7.7%；两年平均单产7 849.5kg/hm²，比对照铁粳5号平均增产7%。2000年生产试验，平均单产8 893.5kg/hm²，比对照铁粳5号增产12.7%。适宜在辽宁沈阳、铁岭、抚顺及锦州西北地区种植，也可在吉林南部、河北承德、宁夏、陕西北部、内蒙古等地种植；河北、山东等地可作冬麦下茬复种。

栽培技术要点：播前用浸种灵消毒，4月初播种，采用纯旱育秧，播种量不超过200g/m²，苗达一叶一心时开始通风炼苗，保证秧苗健壮。行株距要求30cm×（13.2～16.5）cm，每穴栽插3～4苗。总施肥量按当地中上等施肥水平，以硫酸铵计算975kg/hm²。基肥施农家肥60 000kg/hm²，硫酸铵225kg/hm²，水稻专用肥375kg/hm²，尿素150kg/hm²；返青分蘖期追尿素150kg/hm²；减数分裂期追尿素75kg/hm²。生育前期以浅水层管理，浅水移栽，浅水缓苗，浅水分蘖。中后期采取浅、湿、干交替灌溉。收获前不易撤水过早，保持根系活力，达到活叶活秆成熟。除草以化学药剂为主、人工拔草为辅，适时防治稻水象甲、二化螟、稻螟蛉、稻曲病等。

铁粳7号 (Tiegeng 7)

品种来源：铁岭市农业科学院以辽粳207/9419为杂交组合，采用系谱法选育而成。原品系号为铁9466。分别通过辽宁省（2005）和国家（2007）农作物品种审定委员会审定，审定编号分别为辽审稻2005122和国审稻2007043。

形态特征和生物学特性：粳型常规水稻，感光性弱，感温性中等，基本营养生长期短，属中熟早粳。幼苗叶色深绿，株型紧凑，分蘖力较强，直立穗型，黄颖尖，无芒。在东北、西北晚熟稻区种植全生育期平均156.3d，与对照秋光相当，株高91cm，穗长14.6cm，穗粒数109.3粒，结实率86.8%，千粒重25.3g。

品质特性：整精米率67.7%，垩白粒率20%，垩白度1.9%，胶稠度74mm，直链淀粉含量16.4%，国标二级优质米标准。

抗性：抗稻瘟病。

产量及适宜地区：2004年北方稻区中早粳中熟区域试验，平均单产9 424.5kg/hm²，比对照秋光增产3.1%；2005年续试，平均单产10 404kg/hm²，比对照秋光增产5.6%；两年平均单产9 915kg/hm²，比对照秋光增产4.4%。2006年生产试验，平均单产9 858kg/hm²，比对照秋光增产4%。适宜在吉林晚熟稻区、辽宁北部、宁夏引黄灌区、北疆沿天山稻区和南疆、陕西榆林地区、河北北部、山西太原小店区和晋源区种植。

栽培技术要点：东北、西北晚熟稻区根据当地生产情况与秋光同期播种，播前浸种消毒。纯旱育秧播种量200g/m²。行株距30cm×（13.2～16.5）cm，每穴栽插3～4苗。施纯氮180kg/hm²，磷酸二铵150kg/hm²，钾肥150kg/hm²。生育前期以浅水层管理，浅水移栽，浅水缓苗，浅水分蘖。中后期采取浅、湿、干交替灌溉，收获前不宜撤水过早，保持根系活力，达到活秆成熟。适时防治稻水象甲、二化螟、稻螟蛉虫及稻曲病。

铁粳8号 (Tiegeng 8)

品种来源：铁岭市农业科学院以营8433/铁9464为杂交组合，采用系谱法选育而成。原品系号为铁9638。2005年通过辽宁省农作物品种审定委员会审定，审定编号为辽审稻2005161。

形态特征和生物学特性：粳型常规水稻，感光性弱，感温性中等，基本营养生长期短，属中熟早粳。株型紧凑，分蘖力强，茎叶淡绿，半散穗型。颖壳黄色，种皮白色，中短芒。全生育期153d，株高100cm，穗粒数110.0粒，千粒重27g。

品质特性：糙米粒长4.9mm，糙米长宽比1.8，糙米率83.5%，精米率76.2%，整精米率70.3%，垩白粒率16%，垩白度2.2%，胶稠度78mm，直链淀粉含量16.9%，蛋白质含量8.6%。

抗性：抗稻瘟病，耐寒，耐旱。

产量及适宜地区：2004—2005年两年辽宁省中熟区域试验，平均单产8 932.5kg/hm²，比对照辽盐16平均增产7.4%。2005年生产试验，平均单产9 624kg/hm²，比对照辽盐平均增产9.7%。适宜在辽宁昌图以南、鞍山以北、抚顺、辽西井灌区及河北承德、青龙等地区，宁夏，陕西北部，也可在天津、北京、河北、河南、山东等地做冬麦下茬复种。

栽培技术要点：旱育苗稀播种150～200g/m²。早炼苗，炼好苗。铁岭地区应在5月25日前插完秧，沈阳以南适当错后插秧期。行距30cm，穴距16.7～20cm，每穴栽插3～4苗。施肥量按当地中等施肥水平，提倡多施农家肥，少施化肥，配合磷、钾、锌、硅肥，氮肥应分期施用，磷肥作底肥一次施入，钾肥在返青期、孕穗期两次施入。生育前期以浅水层为主，分蘖盛期，要适当晾田。扬花、灌浆期采取浅、湿、干交替灌水，千万不可长时间大水深灌。水稻虫害逐年加重，特别是稻水象甲大面积发生，要引起重视，目前主要采用药剂防治，在水稻返青分蘖期间施用1～2次内吸剂农药，防治象甲和二化螟危害，拔节孕穗期施用1～2次药，防治稻螟蛉、二化螟和稻蝗虫危害。

铁粳9号（Tiegeng 9）

品种来源：铁岭市农业科学院1997年以2026/中作58为杂交组合，采用系谱法选育而成。2008年通过辽宁省农作物品种审定委员会审定，审定编号为辽审稻2008198。

形态特征和生物学特性：粳型常规水稻，感光性弱，感温性中等，基本营养生长期短，属中熟早粳。苗期叶色绿，叶片宽短直立，株型紧凑，分蘖力强，半直立穗型，颖壳黄色，无芒。全生育期157d，株高110.5cm，穗长15～18cm，穗粒数109.6粒，结实率86.4%，千粒重24.3g。

品质特性：糙米粒长4.6mm，糙米长宽比1.6，糙米率83.4%，精米率74.3%，整精米率72%，垩白粒率6%，垩白度0.9%，透明度1级，碱消值7级，胶稠度82mm，直链淀粉含量17.4%，蛋白质含量9.6%。

抗性：中感穗颈瘟。

产量及适宜地区：2005—2006年两年辽宁省中熟区域试验，两年平均单产8 694kg/hm²，比对照（辽盐16、辽粳371）增产7.8%。2007年生产试验，平均单产9 028.5kg/hm²，比对照沈稻6号增产1%。适宜在沈阳以北稻区种植。

栽培技术要点：4月10日播种，5月20日插秧，行株距30cm×（13.3～16.6）cm，每穴栽插2～4苗；施硫酸铵900kg/hm²，磷肥750kg/hm²，钾肥150kg/hm²；掌握浅、湿、干的浅水间歇灌溉原则；注意防治纹枯病、稻曲病，稻瘟病高发区也要注意加以特殊防治。

卫国（Weiguo）

品种来源：原熊岳农业试验站以农林7号/农林1号为杂交组合，在编号79.3.4（15-6）杂交材料中选育而成。1955年报中华人民共和国农业部批准，在辽宁省南部地区推广的水稻品种。

形态特征和生物学特性：粳型常规水稻，感光性弱，感温性中等，基本营养生长期短，属迟熟早粳。幼苗矮，苗期生长迟缓，扎根较慢。移栽后返青快，分蘖力较强，叶片直立，叶色浓绿，植株健壮，抽穗整齐，穗大，穗颈较短，着粒密，谷粒椭圆形，粒较大，颖壳黄白，无芒。全生育期160d，株高93cm，穗长19cm，穗粒数128.0粒，结实率85.7%，千粒重23.1g。

品质特性：糙米率80.7%。

抗性：抗穗颈瘟病，抗旱，耐肥，抗倒伏。

产量及适宜地区：1951—1953年各地区域试验，平均单产6 010.5kg/hm²，比对照陆羽132增产11.6%。1953—1956年各地生产试验，平均单产4 702.5kg/hm²，比对照陆羽132增产11.7%。1949—1953年各地试验，平均单产6 376.5kg/hm²，比对照陆羽132增产11.1%。一般单产5 250kg/hm²。适宜在辽宁大连以北、沈阳以南，北纬39°～41°无霜期170～180d的地区种植。1956年浙江、福建、江西、广东、广西、湖南、湖北、江苏等地在籼稻改粳稻过程中，也大量引进了卫国品种大量引种。

栽培技术要点：喜沙质壤土和腐殖质多的田块，不适于山地栽培。加强秧田的灌排管理，以增强抗逆能力。一般采用旱育苗的方法。本田选择肥沃地块，增施粪肥，以充分发挥其耐肥丰产性能。

祥丰00-93 （Xiangfeng 00-93）

品种来源：辽宁省庄河市祥丰水稻研究所以97-112/港辐1号为杂交组合，采用系谱法选育而成。2005年通过辽宁省农作物品种审定委员会审定，审定编号为辽审稻2005150。

形态特征和生物学特性：粳型常规水稻，感光性弱，感温性中等，基本营养生长期短，属迟熟早粳。株型紧凑，分蘖力强，叶片狭长上举，叶色浓绿，半直立穗型。颖壳黄白，种皮白色，短芒。全生育期162d，株高115cm，穗长17cm，穗粒数100.0粒，结实率90%，千粒重26g。

品质特性：糙米粒长5mm，糙米长宽比1.8，糙米率84.6%，精米率76.3%，整精米率72.8%，垩白粒率13%，垩白度1.8%，胶稠度74mm，直链淀粉含量17.3%，蛋白质含量7.4%。

抗性：抗穗颈瘟。

产量及适宜地区：2002—2003年两年辽宁省晚熟区域试验，平均单产7 683kg/hm²，比对照中辽9052增产4.1%。2004年生产试验，平均单产7 279.5kg/hm²，比对照中辽9052增产2.7%。适宜在黄渤海沿岸种植。

栽培技术要点：4月中旬播种，培育壮秧；5月下旬至6月上旬插秧，插秧密度以稀植栽培技术为主，一般行株距（30.3～36.6）cm×（16.7～19.9）cm，每穴栽插2～3苗。施肥氮、磷、钾和硅肥配合使用。采取浅、湿、干交替灌溉。化学并辅以人工除草。注意防治稻瘟病、稻曲病和二化螟。

祥育3号 (Xiangyu 3)

品种来源：辽宁省庄河市祥丰水稻研究所以庄粳1号/丹繁4号为杂交组合，采用系谱法选育而成。原品系号为祥丰751。2006年通过辽宁省农作物品种审定委员会审定，审定编号为辽审稻2006192。

形态特征和生物学特性：粳型常规水稻，感光性弱，感温性中等，基本营养生长期短，属迟熟早粳。株型紧凑，分蘖力中等，叶片披散，叶色淡绿，散穗型。颖壳黄白，种皮白色，有稀芒。全生育期168d，株高120cm，穗长18cm，穗粒数120.0粒，千粒重26.7g。

品质特性：糙米粒长5.3mm，糙米长宽比1.9，糙米率84.3%，精米率77.7%，整精米率71.4%，垩白粒率10%，垩白度2%，胶稠度61mm，直链淀粉含量17%，蛋白质含量8.9%。

抗性：抗穗颈瘟。

产量及适宜地区：2005—2006年两年辽宁省晚熟区域试验，平均单产6 886.5kg/hm²，比对照中辽9052增产4.4%。2006年生产试验，平均单产6 807kg/hm²，比对照庄育3号增产4.8%。适宜在辽宁大连、丹东等沿海稻区种植。

栽培技术要点：4月中旬播种，培育壮秧，播种量为200g/m²；5月下旬插秧，行株距33cm×16.5cm，每穴栽插3苗。一般施硫酸铵750kg/hm²，磷375kg/hm²，钾150kg/hm²。水层管理采用浅、湿、干灌溉技术。在出穗前初期和齐穗期各喷一次稻瘟灵水剂防治稻瘟病。注意防治稻水象甲、二化螟和稻纵卷叶螟等虫害。

新宾1号 (Xinbin 1)

品种来源：辽宁省新宾县农业科学研究所1954年以农林1号/黄毛为杂交组合，1960年育成，1964年认定推广。

形态特征和生物学特性：粳型常规水稻，感光性弱，感温性中等，基本营养生长期短，属早熟早粳。分蘖力中等，抽穗整齐，谷粒长椭圆形，着粒稀，粒大，颖壳黄色，间稀短芒，种皮白色。全生育期135d，株高100cm，穗长17cm，穗粒数60.0粒，结实率83.6%，千粒重28g。

品质特性：糙米率83.4%。

抗性：抗稻瘟病，抗寒，耐肥，抗倒伏。

产量及适宜地区：一般单产6 000kg/hm²。适宜在辽宁新宾、清原、桓仁、铁岭、开原及河北张家口等地种植。

栽培技术要点：选肥力较好的地块种植，多施农家肥。

新宾2号（Xinbin 2）

品种来源：辽宁省新宾县农业科学研究所以藤念/公交17为杂交组合，采用系谱法选育而成。20世纪60年代推广。

形态特征和生物学特性：粳型常规水稻，感光性弱，感温性中等，基本营养生长期短，属早熟早粳。株型紧凑，叶片坚挺上举，茎叶深绿，半散穗型。颖壳黄色，种皮白色，无芒。全生育期138d，株高98cm，穗长19.2cm，穗粒数122.0粒，结实率83%，千粒重25.3g。

品质特性：糙米率83.6%。

抗性：抗稻瘟病，抗寒，耐肥，抗倒伏。

产量及适宜地区：一般单产6 750kg/hm²。适宜在辽宁新宾、清原、桓仁、铁岭、开原及河北张家口等地种植。

栽培技术要点：选肥力较好的地块种植，多施农家肥。

新育3号 (Xinyu 3)

品种来源：新疆新实良种股份有限公司与新宾满族自治县农业科学研究所从吉D-91变异株选出，采用系谱法选育而成。原品系号为新-3。2010年通过辽宁省农作物品种审定委员会审定，审定编号为辽审稻2010229。

形态特征和生物学特性：粳型常规水稻，感光性弱，感温性中等，基本营养生长期短，属早熟早粳。株型紧凑，叶片披直，茎叶深绿，散穗型。颖壳及颖尖均呈黄色，种皮白色，无芒。全生育期147d，株高110cm，穗长19.6cm，穗粒数99.2粒，结实率87.2%，千粒重25.9g。

品质特性：整精米率72.1%，垩白粒率16%，垩白度2.2%，胶稠度79mm，直链淀粉含量17.4%，国标二级优质米标准。

抗性：中抗稻瘟病、耐寒、抗旱、耐涝。

产量及适宜地区：2008年辽宁省中早熟区域试验，平均单产8 317.5kg/hm²，比对照沈农315增产5%；2009年续试，平均单产8 160kg/hm²，比对照沈农315增产7.6%。2009年生产试验，平均单产7 983kg/hm²，比对照沈农315增产8.1%。适宜在辽宁东部山区，新宾、清源、西丰、桓仁、宽甸等地种植。

栽培技术要点：可采取无纺布旱育稀植栽培，在4月中旬开始播种，苗床播种150～200g/m²，稀播育壮秧；适时移栽，一般在5月下旬开始插秧，行株距（30～33）cm×（12～18）cm，每穴栽插3～4苗。该品种适宜在中等肥力地块种植，耙地前施入底肥：施尿素112.5kg/hm²、三元复合肥300kg/hm²，或用水稻专用肥。移栽缓苗后追施分蘖肥用硫酸铵210kg/hm²，或大颗粒氮肥180kg/hm²，根据不同地力增减化肥的使用量，浅水灌溉，干干湿湿，适时晒田，孕穗抽穗期水层应保持在3cm，及时对病、虫、草害进行防治，7月末至8月初抽穗开花前和开花灌浆后用稻瘟灵防治水稻穗茎瘟病害，成熟后及时收获。

信友早生（Xinyouzaosheng）

品种来源：东北沦陷时期日本人在辽宁省盘山县等地垦植，种植的一个比较耐盐碱的品种。

形态特征和生物学特性：粳型常规水稻，感光性弱，感温性中等，基本营养生长期短，属迟熟早粳。分蘖力中等，茎秆较细，秆软，易倒伏，穗长粒大、着粒密，颖壳厚，有黄色长芒。全生育期165d，株高100cm，穗长16.6cm，穗粒数65.0粒。

品质特性：糙米率82%。

抗性：感稻瘟病，抗盐碱，耐寒。

产量及适宜地区：一般单产2 500.5kg/hm²。适宜在辽宁南部沿海盘山、营口、锦西、锦县等稻区种植。

栽培技术要点：不择地块，适于粗放栽培，但易倒伏，抗稻瘟病弱，应加强本田管理，注意防治稻瘟病。

兴粳2号 (Xinggeng 2)

品种来源：辽宁省沈阳市新城子区兴隆台农业站从秀岭变异株中选择，采用系谱法选育而成。原品系号为79-1-2-7。1991年通过辽宁省农作物品种审定委员会审定，审定编号为辽审稻1991035。

形态特征和生物学特性：粳型常规水稻，感光性弱，感温性中等，基本营养生长期短，属中熟早粳。株型紧凑，分蘖力强，叶片短、宽、厚，坚挺上举，茎叶深绿，半散穗型。颖壳黄色，种皮白色，白色长芒。全生育期157d，株高100cm，穗长18cm，穗粒数130.0粒，结实率90%，千粒重26g。

品质特性：糙米率81%，精米率73%，整精米率70%。

抗性：中抗稻瘟病，抗白叶枯病，抗倒伏。

产量及适宜地区：1988—1989年两年中熟区域试验，平均单产8 293.5kg/hm²，比对照秋光增产7.5%。1989—1990年两年生产试验，平均单产10 165.5kg/hm²，比对照秋光增产18%。适宜在辽宁中西部的辽河流域稻区种植。

栽培技术要点：稀播育壮秧。适时早插，行株距30cm×13cm，每穴栽插2～3苗。施硫酸铵600kg/hm²，过磷酸钙450kg/hm²，硫酸钾150kg/hm²。施肥时前重、中控、后养，平稳促进。浅、湿、干交替灌溉。收获前7d撒水。

盐丰47 (Yanfeng 47)

品种来源：辽宁省盐碱地利用研究所以光敏核不育系AB005为母本转育的各类型不育系为母系亲本，以多品种混合种为父本构建杂交群体，采用群体育种法选育而成。分别通过辽宁省（2001）和国家（2006）农作物品种审定委员会审定，审定编号为辽审稻2001095和国审稻2006068。

形态特征和生物学特性：粳型常规水稻，感光性弱，感温性中等，基本营养生长期短，属中熟早粳。蘖间角度适中、株型紧凑，叶片宽厚、剑叶短挺，叶色浓绿，半直立穗；颖壳黄色，种皮白色，无芒；全生育期157.2d，比对照金珠1号晚熟1.4d，株高98.1cm，穗长16.5cm，有效穗数340.5万穗/hm²，穗粒数135.5粒，结实率85.8%，千粒重26.2g。

品质特性：糙米粒长4.8mm，糙米长宽比1.6，糙米率83.5%，精米率76.2%，整精米率63.3%，垩白粒率37%，垩白度6.5%，透明度2级，碱消值7级，胶稠度80mm，直链淀粉含量15.7%，蛋白质含量8.2%，国标二级优质米标准。

抗性：抗稻瘟病，抗旱，耐盐，耐冷。

产量及适宜地区：2004年北方稻区中早粳晚熟区域试验，平均单产9 667.5kg/hm²，比对照金珠1号增产6.9%；2005年北方区域试验平均单产9 543kg/hm²，比对照金珠1号增产13.1%；两年区域试验平均单产9 605.3kg/hm²，比对照金珠1号增产9.9%。2005年生产试验，平均单产9 576kg/hm²，比对照金珠1号增产7.5%。2000—2012年累计推广种植面积93.3万hm²。适宜在辽宁沈阳以南中晚熟稻区及北京、天津、河北等地区种植。

栽培技术要点：4月上旬播种，5月中下旬移栽。播种量普通旱育苗200g/m²，钵体育苗450g/m²。插秧密度30cm×（13.3～16.6）cm，每穴栽插3～4苗。氮、磷、钾平衡施用。施纯氮量225kg/hm²，分5次施入；五氧化二磷120kg/hm²（作底肥）；氧化钾120kg/hm²（分蘖期作追肥）。水层管理以浅水为主，干湿结合，成熟后期撒水不宜过早。5月下旬至6月上旬对稻水象甲进行防治，6月下旬对二化螟进行防治。病害以防治稻瘟病为主。

盐粳1号（Yangeng 1）

品种来源：辽宁省盐碱地利用研究所以农林糯10号/矢祖为杂交组合，采用系谱法选育而成。原品种系代号为A30。1987年通过辽宁省农作物品种审定委员会审定，审定编号为辽审稻1987018。

形态特征和生物学特性：粳型常规水稻，感光性弱，感温性强，基本营养生长期短，属中熟早粳。株型紧凑，叶片挺立上举，叶色稍淡，散穗型，齐穗后穗位略高；颖壳黄色，颖尖有稀短芒，种皮白色；全生育期150d，株高95cm，穗长16cm，有效穗数450万穗/hm²，穗粒数90.0粒，结实率85%，千粒重25g。

品质特性：糙米粒长5mm，糙米长宽比1.7，糙米率83.2%，精米率71.3%，整精米率65.3%，垩白粒率0.8%，透明度1级，碱消值6级，胶稠度100mm，直链淀粉含量17.2%，蛋白质含量9%，国标一级优质米标准。

抗性：中抗稻瘟病，抗白叶枯病，抗旱，耐盐，耐冷。

产量及适宜地区：1983年辽宁省中熟区域试验，平均单产7 461kg/hm²，比对照秋光增产10.8%；1984年续试，平均单产7 408.5kg/hm²，比对照秋光增产4%。1984年生产试验，平均单产8 866.5kg/hm²，比对照秋光增产14.8%。适宜在辽宁铁岭、抚顺、本溪、锦州、沈阳等地种植。

栽培技术要点：4月中旬至中下旬播种，5月中下旬至6月中旬移栽。播种量普通旱育苗200g/m²，钵体育苗450g/m²。插秧行株距30cm×（13.3～16.6）cm，每穴栽插4～5株苗。氮、磷、钾平衡施用。纯氮量控制在165kg/hm²，分5次施入，以基肥和蘖肥为主；五氧化二磷82.5kg/hm²（作底肥）；氧化钾60kg/hm²（分蘖期作追肥）。水层管理以浅水为主，采取浅、湿、干相结合灌溉模式。5月下旬至6月上旬对稻水象甲进行防治，6月下旬对二化螟进行防治。在稻瘟病重发区抽穗前及时防治。

盐粳188（Yangeng 188）

品种来源：辽宁省盐碱地利用研究所以盐粳196/盐粳32//辽粳294为杂交组合，采用系谱法选育而成。2005年通过辽宁省农作物品种审定委员会审定，审定编号为辽审稻2005162。

形态特征和生物学特性：粳型常规水稻，感光性弱，感温性强，基本营养生长期短，属迟熟早粳。蘗间角度适中、株型紧凑，茎叶夹角小、叶片耸直，叶色深绿，直立穗；颖壳色黄色，种皮白色，无芒；全生育期161d，比对照辽粳294晚1d，株高105.9cm，穗长16.1cm，有效穗数400.5万穗/hm²，穗粒数121.3粒，结实率90.7%，千粒重25.1g。

品质特性：糙米粒长4.7mm，糙米长宽比1.7，糙米率83.1%，精米率74.6%，整精米率67.4%，垩白粒率8%，垩白度0.6%，透明度1级，碱消值7级，胶稠度91mm，直链淀粉含量19%，蛋白质含量7.9%，国标二级优质米标准。

抗性：抗稻瘟病，抗旱，耐盐，耐冷。

产量及适宜地区：2004年辽宁省中晚熟区域试验，平均单产9 823.5kg/hm²，比对照辽粳294增产12%；2005年续试，平均单产10 176kg/hm²，比对照辽粳294增产10.7%；两年平均单产10 000.5kg/hm²，比对照辽粳294增产11.3%。2005年生产试验，平均单产9 787.5kg/hm²，比对照辽粳294增产12.7%。适宜在辽宁沈阳以南稻区种植。

栽培技术要点：4月上旬播种，5月中下旬移栽。播种量普通旱育苗200g/m²，钵体育苗450g/m²。插秧密度30cm×（13.3～16.6）cm，每穴栽插3～4苗。氮、磷、钾平衡施用。施纯氮210kg/hm²，分5次施入；五氧化二磷105kg/hm²（作底肥）；氧化钾60kg/hm²（分蘗期作追肥）。水层管理以浅水为主，采取浅、湿、干相结合灌溉模式。5月下旬至6月上旬对稻水象甲进行防治，6月下旬对二化螟进行防治。稻瘟病重发区在抽穗前及时防治。

盐粳218 (Yangeng 218)

品种来源: 辽宁省盐碱地利用研究所以盐粳132/辽粳135//盐丰47为杂交组合,采用系谱法选育而成。2009年通过辽宁省农作物品种审定委员会审定,审定编号为辽审稻2009217。

形态特征和生物学特性: 粳型常规水稻,感光性弱,感温性中等,基本营养生长期短,属迟熟早粳;蘖间角度较小、株型紧凑,剑叶短挺、叶片上举,叶色深绿,直立穗;颖壳黄色,种皮白色,颖尖无芒;全生育期161d,比对照辽粳9号相同,株高108.1cm,穗长16.1cm,有效穗数373.5万穗/hm²,穗粒数129.1粒,结实率86.8%,千粒重24.4g。

品质特性: 糙米粒长4.7mm,糙米长宽比1.7,糙米率81.7%,精米率72.9%,整精米率69.1%,垩白粒率18%,垩白度1.7%,透明度1级,碱消值7级,胶稠度73mm,直链淀粉含量17%,蛋白质含量8.4%,国标二级优质米标准。

抗性: 抗稻瘟病,抗旱,耐盐,耐冷。

产量及适宜地区: 2007年辽宁省中晚熟区域试验,平均单产10 005kg/hm²,比对照辽粳9号增产4.2%;2008年续试,平均单产9 214.5kg/hm²,比对照辽粳9号增产4.6%;两年平均单产9 609kg/hm²,比对照辽粳9号增产4.4%。2008年生产试验,平均单产9 028.5kg/hm²,比对照辽粳9号增产5.9%。2009—2012年累计推广种植面积5.3万hm²。适宜在辽宁省沈阳以南稻区及天津、北京、河北等稻区种植。

栽培技术要点: 4月上旬播种,5月中下旬移栽。播种量普通旱育苗200g/m²,钵体育苗450g/m²。

插秧密度30cm×(13.3~16.6)cm,每穴栽插3~4苗。氮、磷、钾平衡施用。施纯氮225kg/hm²,分5次施入;五氧化二磷112.5kg/hm²(作底肥);氧化钾67.5kg/hm²(分蘖期作追肥)。水层管理以浅水为主,采取浅、湿、干相结合灌溉模式。5月下旬至6月上旬对稻水象甲进行防治,6月下旬对二化螟进行防治。稻瘟病重发区在抽穗前及时防治。

盐粳 228 （Yangeng 228）

品种来源：辽宁省盐碱地利用研究所以97F5-75/望水8818为杂交组合，采用系谱法选育而成。2009年通过辽宁省农作物品种审定委员会审定，审定编号为辽审稻2009222。

形态特征和生物学特性：粳型常规水稻，感光性弱，感温性强，基本营养生长期短，属迟熟早粳。蘖间角度适中，株型紧凑，茎叶夹角小、叶片上举，叶色深绿，直立穗；颖壳黄色，种皮白色，无芒；全生育期160d，比对照辽粳9号早1d，株高102.8cm，穗长17.2cm，有效穗数435万穗/hm²，穗粒数110.0粒，结实率85.5%，千粒重24.8g。

品质特性：糙米粒长4.9mm，糙米长宽比1.7，糙米率82.6%，精米率73.7%，整精米率71.8%，垩白粒率16%，垩白度1.7%，透明度1级，碱消值7级，胶稠度78mm，直链淀粉含量18.2%，蛋白质含量7.4%，国标二级优质米标准。

抗性：抗稻瘟病，抗旱，耐盐，耐冷。

产量及适宜地区：2007年辽宁省中晚熟区域试验，平均单产10 138.5kg/hm²，比对照辽粳9号增产11.4%；2008年续试，平均单产9 408kg/hm²，比对照辽粳9号增产3%；两年平均单产9 772.5kg/hm²，比对照辽粳9号增产7.2%。2008年生产试验，平均单产9 478.5kg/hm²，比对照辽粳9号增产11.1%。适宜在沈阳以南稻区种植。

栽培技术要点：4月上旬播种，5月中下旬移栽。播种量普通旱育苗200g/m²，钵体育苗450g/m²。插秧密度30cm×（13.3 ~ 16.6）cm，每穴栽插3 ~ 4苗。氮、磷、钾平衡施用。施纯氮210kg/hm²，分5 ~ 6次施入；五氧化二磷105kg/hm²（作底肥）；氧化钾63kg/hm²（分蘖期作追肥）。水层管理以浅水为主，采取浅、湿、干相结合灌溉模式。5月下旬至6月上旬对稻水象甲进行防治，6月下旬对二化螟进行防治。稻瘟病重发区在抽穗前及时防治。

盐粳34（Yangeng 34）

品种来源：辽宁省盐碱地利用研究所以辽盐2号/辽粳326为杂交组合，采用系谱法选育而成。2005年通过辽宁省农作物品种审定委员会审定，审定编号为辽审稻2005131。

形态特征和生物学特性：粳型常规水稻，感光性弱，感温性中等，基本营养生长期短，属迟熟早粳。蘖间角度适中、株型紧凑，茎叶夹角小、叶片宽厚、剑叶较长，叶色深绿，半弯曲穗；颖壳黄色，种皮白色，稀短芒；全生育期162d，与对照辽粳294相同，株高99.2cm，穗长15.5cm，有效穗数405万穗/hm²，穗粒数115.0粒，结实率90.7%，千粒重26.2g。

品质特性：糙米粒长4.7mm，糙米长宽比1.6，糙米率83.2%，精米率74.8%，整精米率71.9%，垩白粒率15%，垩白度1.4%，透明度1级，碱消值6.7级，胶稠度84mm，直链淀粉含量16.1%，蛋白质含量8.3%，国标二级优质米标准。

抗性：抗稻瘟病，抗旱，耐盐，耐冷。

产量及适宜地区：2002年辽宁省中晚熟区域试验，平均单产9 214.5kg/hm²，比对照辽粳294增产6.8%；2003年续试，平均单产9 085.5kg/hm²，比对照辽粳294增产6.4%。2003年生产试验，平均单产9 526.5kg/hm²，比对照辽粳294增产11.8%。适宜在沈阳以南中晚熟稻区种植。

栽培技术要点：4月上旬播种，5月中下旬移栽。播种量普通旱育苗200g/m²，钵体育苗450g/m²。插秧密度30cm×（13.3～16.6）cm，每穴栽插3～4苗。氮、磷、钾平衡施用。施纯氮210kg/hm²，分5次施入；五氧化二磷105kg/hm²（作底肥）；氧化钾63kg/hm²（分蘖期作追肥）。水层管理以浅水为主，采取浅、湿、干相结合灌溉模式。5月下旬至6月上旬对稻水象甲进行防治，6月下旬对二化螟进行防治。稻瘟病重发区在抽穗前及时防治。

盐粳456 （Yangeng 456）

品种来源：辽宁省盐碱地利用研究所以盐丰47/辽粳207为杂交组合，采用系谱法选育而成。2010年通过辽宁省农作物品种审定委员会审定，审定编号为辽审稻2010238。

形态特征和生物学特性：粳型常规水稻，感光性弱，感温性强，基本营养生长期短，属迟熟早粳。株型紧凑，茎叶夹角小，叶片直立，叶色浓绿，半直立穗；颖壳黄色，种皮白色，颖尖无芒；在辽宁全生育期163d，比对照辽粳294晚1d，株高104.9cm，穗长16.8cm，有效穗数405万穗/hm²，穗粒数124.3粒，结实率88.9%，千粒重25.7g。

品质特性：糙米粒长5.1mm，糙米长宽比2，糙米率83.4%，精米率74.5%，整精米率70.6%，垩白粒率19%，碱消值7级，胶稠度78mm，直链淀粉含量15.4%，蛋白质含量9%，国标二级优质米标准。

抗性：抗稻瘟病，抗旱，耐盐，耐冷。

产量及适宜地区：2008年辽宁省中晚熟区域试验，平均单产9 748.5kg/hm²，比对照辽粳9号增产10.7%；2009年续试，平均单产10 344kg/hm²，比对照辽粳9号增产7%。2009年生产试验，平均单产9 978kg/hm²，比对照辽粳9号增产8.7%。适宜在沈阳以南稻区种植。

栽培技术要点：4月上旬播种，5月中下旬移栽。播种量普通旱育苗200g/m²，钵体育苗450g/m²。插秧密度30cm×（13.3～16.6）cm，每穴栽插3～4苗。氮、磷、钾平衡施用。施纯氮210kg/hm²，分5次施入；五氧化二磷105kg/hm²（作底肥）；氧化钾63kg/hm²（分蘖期作追肥）。水层管理以浅水为主，采取浅、湿、干相结合灌溉模式。5月下旬至6月上旬对稻水象甲进行防治，6月下旬对二化螟进行防治。在稻瘟病重发区抽穗前及时防治。

盐粳48 (Yangeng 48)

品种来源：辽宁省盐碱地利用研究所以南粳35/丰锦为杂交组合，采用系谱法选育而成。1999年通过辽宁省农作物品种审定委员会审定，审定编号为辽审稻1999076。

形态特征和生物学特性：粳型常规水稻，感光性弱，感温性中等，基本营养生长期短，属迟熟早粳。分蘖与主茎间夹角小，株型紧凑，剑叶较长，叶色淡绿，弯曲穗；颖壳黄色，种皮白色，稀中芒；在辽宁全生育期接近160d，与对照丰锦相同，株高108.6cm，穗长17.1cm，有效穗数450万穗/hm²，穗粒数80.0粒，结实率90%，千粒重26.5g。

品质特性：糙米粒长5.2mm，糙米长宽比1.7，糙米率84%，精米率77.6%，整精米率76%，垩白粒率14%，垩白度1%，透明度1级，碱消值7级，胶稠度65mm，直链淀粉含量19%，蛋白质含量7.3%，国标一级优质米标准。

抗性：抗稻瘟病，抗旱中等，耐盐，耐冷。

产量及适宜地区：1995年辽宁省中晚熟区域试验，平均单产8 148kg/hm²，比对照丰锦增产6.9%；1996年续试，平均单产8 577kg/hm²，比对照丰锦增产6.3%。1997年生产试验，平均单产8 154kg/hm²，比对照丰锦增产11%。1998—2010年累计推广种植面积4.6万hm²。适宜在沈阳以南稻区种植。

栽培技术要点：4月上旬播种，5月中下旬移栽。播种量普通旱育苗200g/m²，钵体育苗450g/m²。插秧密度30cm×（13.3～16.6）cm，每穴栽插3～4苗。氮、磷、钾平衡施用。施纯氮量195kg/hm²，分5次施入；五氧化二磷90kg/hm²（作底肥）；氧化钾60kg/hm²（分蘖期作追肥）。水层管理以浅水为主，干湿结合，适期晾田。5月下旬至6月上旬对稻水象甲进行防治，6月下旬对二化螟进行防治。稻瘟病重发区在抽穗前及时防治。

盐粳68（Yangeng 68）

品种来源：辽宁省盐碱地利用研究所以89F5-91/盐粳32为杂交组合，采用系谱法选育而成。分别通过辽宁省（2003）和国家（2007）农作物品种审定委员会审定，审定编号分别为辽审稻2003114和国审稻2007040。

形态特征和生物学特性：粳型常规水稻，感光性弱，感温性强，基本营养生长期短，属迟熟早粳。蘖间角度适中、株型紧凑，茎叶夹角小、叶片直立，叶色深绿，半直立穗；颖壳黄色，种皮白色，无芒；全生育期162d，比对照辽粳294晚1d，株高101.3cm，穗长17.4cm，有效穗数415.5万穗/hm²，穗粒数122.3粒，结实率88.3%，千粒重24.7g。

品质特性：糙米粒长5.1mm，糙米长宽比2，糙米率83%，精米率74.5%，整精米率68.5%，垩白粒率6%，垩白度0.8%，透明度1级，碱消值5.3级，胶稠度92mm，直链淀粉含量19.2%，蛋白质含量9%，国标二级优质米标准。

抗性：抗稻瘟病，抗旱，耐盐，耐冷。

产量及适宜地区：2004年北方稻区中早粳晚熟区域试验，平均单产9 496.5kg/hm²，比对照金珠1号增产1.9%；2005年续试，平均单产8 938.5kg/hm²，比对照金珠1号增产6.1%；两年平均单产9 217.5kg/hm²，比对照金珠1号增产3.9%。2006年生产试验，平均单产9 528kg/hm²，比对照金珠1号增产5.7%。2003—2005年累计推广种植面积3万hm²。适宜在沈阳以南中晚熟稻区及北京、天津地区种植。

栽培技术要点：4月上旬播种，5月中下旬移栽。播种量普通旱育苗200g/m²，钵体育苗450g/m²。插秧密度30cm×（13.3～16.6）cm，每穴栽插3～4苗。氮、磷、钾平衡施用。施硫酸铵630kg/hm²，分5次施入；五氧化二磷315kg/hm²（作底肥）；氧化钾195kg/hm²（分蘖期作追肥）。水层管理以浅水为主，采取浅、湿、干相结合灌溉模式。5月下旬至6月上旬对稻水象甲进行防治，6月下旬对二化螟进行防治。稻瘟病重发区在抽穗前及时防治。

盐粳 98 (Yangeng 98)

品种来源：辽宁省盐碱地利用研究所以盐粳31/盐粳196为杂交组合，采用系谱法选育而成。2005年通过辽宁省农作物品种审定委员会审定，审定编号为辽审稻2005159。

形态特征和生物学特性：粳型常规水稻，感光性弱，感温性强，基本营养生长期短，属中熟早粳。蘖间角度较小、株型紧凑，叶片短宽、剑叶片直立，叶色浓绿，直立穗；颖壳黄色，种皮白色，颖尖无芒；全生育期155d，比对照辽盐16早2d，株高94cm，穗长15.2cm，有效穗数387万穗/hm²，穗粒数119.0粒，结实率91.5%，千粒重25g。

品质特性：糙米粒长4.7mm，糙米长宽比1.7，糙米率83.3%，精米率76%，整精米率70.5%，垩白粒率18%，垩白度2.6%，透明度1级，碱消值7级，胶稠度86mm，直链淀粉含量17.1%，蛋白质含量8.2%，国标二级优质米标准。

抗性：抗稻瘟病，抗旱，耐盐，耐冷。

产量及适宜地区：2003年辽宁省中熟区域试验，平均单产8 866.5kg/hm²，比对照辽盐16增产4.3%；2004年续试，平均单产8 811kg/hm²，比对照辽盐16增产3.58%，两年平均单产8 839.5kg/hm²，比对照辽盐16增产3.9%。2005年生产试验，平均单产9 325.5kg/hm²，比对照辽盐16增产6.3%。适宜在沈阳以北稻区及辽西井灌区种植。

栽培技术要点：4月中旬至中下旬播种，5月中下旬至6月初移栽。播种量普通旱育苗200g/m²，钵体育苗450g/m²。插秧密度30cm×（13.3～16.6）cm，每穴栽插4～5株苗。氮、磷、钾平衡施用。施纯氮量195kg/hm²，分5次施入；五氧化二磷97.5kg/hm²（作底肥）；氧化钾57kg/hm²（分蘖期作追肥）。水层管理以浅水为主，采取浅、湿、干相结合灌溉模式。5月下旬至6月上旬对稻水象甲进行防治，6月下旬对二化螟进行防治。稻瘟病重发区在抽穗前及时防治。

迎春2号 （Yingchun 2）

品种来源：辽宁省大石桥市农业技术推广中心以IR8/京引35//丰锦为杂交组合，采用系谱法选育而成。1985年通过辽宁省农作物品种审定委员会审定，审定编号为辽审稻1985012。

形态特征和生物学特性：粳型常规水稻，感光性弱，感温性中等，基本营养生长期短，属迟熟早粳。株型紧凑，叶片上举，半内卷，茎叶深绿，半散穗型。颖壳黄色，种皮白色，无芒。全生育期164d，株高105cm，穗长19cm，有效穗数420万穗/hm^2，穗粒90.0粒，结实率90%，千粒重26g。

品质特性：糙米率83.2%，精米率75%，整精米率73%，垩白粒率8%，直链淀粉含量19%，蛋白质含量7.8%。

抗性：中抗稻瘟病、白叶枯病和纹枯病，抗稻曲病，耐肥，抗倒伏，抗寒。

产量及适宜地区：1982—1983年两年辽宁省中晚熟区域试验，平均单产8 431.5kg/hm^2，比对照（京越1号、丰锦）增产12.8%。1983—1984年两年生产试验，平均单产8 310kg/hm^2，比对照丰锦增产13.6%。一般单产9 375kg/hm^2。1978—1985年为营口稻区主栽品种，累计种植面积10万hm^2。适宜在辽宁营口、盘锦稻区种植。

栽培技术要点：适时早播，4月10日播种，采用旱育秧，播种量催芽种子250g/m^2；适时早插，5月中下旬移栽，行株距30cm×17cm，每穴栽插3～4苗。施纯氮180kg/hm^2，并配合施用磷、钾、锌肥。灌溉应采取浅灌为主，干湿结合，中期适时烤田，控制无效分蘖；后期适当晾田。注意预防稻瘟病。

营8433 (Ying 8433)

品种来源: 辽宁省大石桥市农业技术推广中心水稻育种室以5094/C57-2-3//M95/S56为杂交组合，采用系谱法选育而成。1997年通过辽宁省农作物品种审定委员会审定，审定编号为辽审稻1997065。

形态特征和生物学特性: 粳型常规水稻，感光性弱，感温性中等，基本营养生长期短，属迟熟早粳。株型紧凑，叶片直立、较厚、淡绿色，半直立穗型，分蘖力强。颖壳黄白，中芒。全生育期160d，株高90～95cm，穗长15～16cm，有效穗数480万穗/hm²，穗粒数100.0粒，结实率70%，千粒重24g。

品质特性: 糙米率83.2%，精米率76.4%，整精米率65.3%，垩白粒率9%，垩白度2.4%，胶稠度66mm，直链淀粉含量18.6%。

抗性: 抗稻瘟病，中抗纹枯病，抗稻曲病，抗倒伏，耐肥，耐盐碱。

产量及适宜地区: 1993年辽宁省水稻中晚熟区域试验，平均单产8 230.5kg/hm²；1994年续试，平均单产8 074.5kg/hm²；两年平均单产8 152.5kg/hm²，比对照辽粳5号增产8.7%。1995—1996年两年生产试验，平均单产8 901kg/hm²，比对照辽粳5号增产12%。1995年种植5.3万hm²，其中营口3万hm²、盘锦2.3万hm²。适宜在辽宁营口、盘锦、辽阳、鞍山、海城、大连、沈阳等稻区种植。

栽培技术要点: 4月10～15日播种，采用旱育秧，播种量干籽150～200g/m²；5月20～25日移栽，行株距29.7cm×(13.2～16.5)cm，每穴栽插3～4苗。施硫酸铵975kg/hm²，磷肥825kg/hm²，钾肥120kg/hm²，锌肥37.5kg/hm²。灌溉应采取浅、湿、干相结合的灌溉方式。生育前期以浅为主，促进早分蘖，后期浅湿结合，不要断水过早；6月下旬至7月上旬要防治二化螟的发生。在破口、齐穗期药剂预防穗茎稻瘟病。

营9207（Ying 9207）

品种来源：辽宁省大石桥市种子有限公司以营8121/黏香稻为杂交组合，采用系谱法选育而成。原品系号为营9207。2008年通过辽宁省农作物品种审定委员会审定，审定编号为辽审稻2008203。

形态特征和生物学特性：粳型常规水稻，感光性弱，感温性中等，基本营养生长期短，属中熟早粳。株型紧凑，分蘖力强，叶片直立，叶色浓绿，半紧穗型。颖壳黄白，种皮白色，无芒。全生育期158d，株高105cm，穗长14cm，穗粒数135.0粒，千粒重23.3g。

品质特性：糙米粒长4.7mm，糙米长宽比1.7，糙米率84%，精米率74.9%，整精米率69.1%，垩白粒率19%，垩白度1.7%，胶稠度68mm，直链淀粉含量16.3%，蛋白质含量9.2%。

抗性：中抗穗颈瘟。

产量及适宜地区：2006—2007年两年辽宁省中晚熟区域试验，平均单产9 003kg/hm²，比对照辽粳294增产5.9%。2007年生产试验，平均单产8 412kg/hm²，比对照辽粳9号减产4.5%。适宜在沈阳以南稻区种植。

栽培技术要点：4月10～15日播种，播种量为200g/m²；5月20～25日插秧，行株距30cm×（13.3～16.6）cm，每穴栽插3～4苗。一般施硫酸铵1 050kg/hm²，磷酸二铵262.5kg/hm²，或施过磷酸钙825kg/hm²，钾肥112.5kg/hm²，锌肥30kg/hm²，硅肥225kg/hm²。在水稻生育期间，采取浅水灌溉和干、湿交替水层管理；注意防治病虫害。

营稻1号（Yingdao 1）

品种来源：辽宁省大石桥市茂洋种子有限公司以M95-28/辽粳454为杂交组合，采用系谱法选育而成。原品系号为茂洋1号。2008年通过辽宁省农作物品种审定委员会审定，审定编号为辽审稻2008199。

形态特征和生物学特性：粳型常规水稻，感光性弱，感温性中等，基本营养生长期短，属迟熟早粳。株型紧凑，分蘖力强，叶片直立，叶色淡绿，半散穗型。颖壳黄色，种皮白色，无芒。全生育期160d，株高111cm，穗长22cm，穗粒数159.7粒，千粒重24.3g。

品质特性：糙米粒长5mm，糙米长宽比1.9，糙米率82%，精米率73.3%，整精米率70.6%，垩白粒率18%，垩白度2.4%，胶稠度78mm，直链淀粉含量17.9%，蛋白质含量8.7%。

抗性：抗穗颈瘟。

产量及适宜地区：2006—2007年两年辽宁省中晚熟区域试验，平均单产9 519kg/hm²，比对照辽粳294增产7.9%。2007年生产试验，平均单产9 328.5kg/hm²，比对照辽粳9号增产5.9%。适宜在沈阳以南稻区种植。

栽培技术要点：4月10日播种，播种量为200g/m²；5月20日插秧，行株距30cm×16.6cm，每穴栽插3～4苗。一般施硫酸铵1 050kg/hm²，磷肥150kg/hm²，钾肥225kg/hm²。浅水层管理。

营丰1号（Yingfeng 1）

品种来源：辽宁省营口县农业中心以中丹1号/C57-2-3为杂交组合，采用系谱法选育而成。原品系号为7826-10-2。1988年辽宁省农作物品种审定委员会审定，审定编号为辽审稻1988023。

形态特征和生物学特性：粳型常规旱稻，感光性弱，感温性中等，基本营养生长期短，属迟熟早粳。苗期生长健旺，分蘖力强，株型紧凑，叶片坚挺上举，茎叶深绿，剑叶上冲，明显高出穗部，散穗型。颖壳黄色，种皮白色，稀间短芒。全生育期165d，株高85～90cm，穗长18.2cm，穗粒数60.0～70.0粒，结实率95%，千粒重28g。

品质特性：糙米率82.6%，精米率73.4%，蛋白质含量9.8%，直链淀粉含量16.9%，碱消值6级，胶稠度80mm。

抗性：抗稻瘟病、白叶枯病，耐纹枯病，耐肥，抗倒伏。

产量及适宜地区：一般单产7 200kg/hm²。适宜在华北地区作一季春旱种稻或麦茬稻种植。

栽培技术要点：作一季春旱种稻，播种期为5月上旬，旱长天数30～35d，注意四叶一心期水肥管理。施肥原则，前期重施肥促进多分蘖，保成穗数；中后期看苗补肥，争取大穗保粒数，提高千粒重。作麦茬稻，育秧期为5月中旬播种，6月中下旬插秧，行距20cm，穴距10～12cm。

营盐3号（Yingyan 3）

品种来源：辽宁省大石桥市茂洋种子有限公司以沈农611/辽粳326为杂交组合，采用系谱法选育而成。原品系号为茂洋3号。2009年通过辽宁省农作物品种审定委员会审定，审定编号为辽审稻2009216。

形态特征和生物学特性：粳型常规水稻，感光性弱，感温性中等，基本营养生长期短，属迟熟早粳。株型紧凑，叶片直立上举，茎叶深绿，直立穗型。颖壳黄色，种皮白色，无芒。全生育期161d，株高103.3cm，穗长17cm，穗粒数160.0粒，千粒重23g。

品质特性：糙米粒长5mm，糙米长宽比1.9，糙米率82.4%，精米率73.6%，整精米率71%，垩白粒率12%，垩白度2%，胶稠度86mm，直链淀粉含量18.4%，蛋白质含量8.5%。

抗性：中抗苗瘟和叶瘟。

产量及适宜地区：2007年辽宁省中晚熟区域试验，平均单产10 131kg/hm²，比对照辽粳9增产5.3%；2008年续试，平均单产9 613.5kg/hm²，比对照辽粳9号增产9.1%；两年平均单产9 876kg/hm²，比对照辽粳9号增产7.1%。2008年生产试验，平均单产9 822kg/hm²，比对照辽粳9号增产15.1%。适宜在沈阳以南稻区种植。

栽培技术要点：种子严格消毒以防恶苗病发生，一般4月上旬播种，播种量150～200g/m²，适时通风炼苗，培育带蘖壮秧；5月20日插秧，中等肥力田块行株距以30cm×（13.3～16.6）cm，每穴栽插3～4苗；根据地力情况，以增加穗数和每穗粒数为主，在施肥上要做到重施蘖肥，平稳促进，中等肥力田块一般施硫酸铵计825kg/hm²，磷酸二铵150kg/hm²，钾肥225kg/hm²，锌肥22.5kg/hm²；整个生育期采取浅、湿、干节水间歇灌溉技术。插秧时水层要保持1cm，插秧后至返青采用浅水管理，孕穗、抽穗、开花期是水稻需水量最多的时期，要保证充足的水分；乳熟期至收获前，保持土壤湿润，不可断水过早。6月末至7月初，注意防治二化螟，用药时间可根据当年的气候条件和田间调查的具体情况，把幼虫消灭在3龄前。

雨田1号（Yutian 1）

品种来源：盘锦北方农业技术开发有限公司从水稻品系M142田中选出变异株，采用系谱法选育而成。2003年通过国家农作物品种审定委员会审定，审定编号为国审稻2003017。

形态特征和生物学特性：粳型常规水稻，感光性弱，感温性中等，基本营养生长期短，属中熟早粳。株型紧凑，茎秆坚韧，分蘖期叶片坚挺，拔节后叶片上举，成熟后为叶下禾，分蘖力强，茎叶淡绿，长散穗型，主蘖穗整齐。颖壳黄色，长椭圆形，种皮白色，无芒。全生育期157d，与对照中丹2号相当，株高100cm，穗长20cm，有效穗数525万穗/hm²，穗粒数99.6粒，结实率94%，千粒重26g。

品质特性：糙米粒长5mm，糙米长宽比2，糙米率82.3%，精米率75.7%，整精米率74%，垩白粒率9%，垩白度3.2%，透明度1级，碱消值7级，胶稠度72mm，直链淀粉含量18.4%，蛋白质含量7.8%。

抗性：抗穗颈瘟病。

产量及适宜地区：1999年北方稻区中早粳晚熟区域试验，平均单产9 631.5kg/hm²，比对照中丹2号增产5.1%；2000年续试，平均单产9 477kg/hm²，比对照中丹2号增产9.9%；两年平均单产9 547.5kg/hm²，比对照中丹2号增产7.5%。2001年生产试验，平均单产8 734.5kg/hm²，比对照中丹2号增产3.5%。适宜在辽宁南部、河北北部、北京、宁夏、天津及新疆中部稻区种植。

栽培技术要点：栽插密度根据土壤肥力而定，栽插规格为：薄地29.7cm×（13.2～16.5）cm，每穴栽插2～3苗；中等肥力田29.7cm×（19.8～23.1）cm，每穴栽插3～4苗；高肥田29.7cm×（26.4～29.7）cm，每穴栽插4～5苗；施氮肥（以硫酸铵计）900kg/hm²，磷肥（以磷酸二铵计）187.5kg/hm²，钾肥（以硫酸钾计）150kg/hm²；水浆管理。坚持深、浅、干相结合，后期要间歇灌溉，收获前15d撤水，确保活秆收获；防治病虫。要及时防治恶苗病和二化螟等病虫危害。

雨田6号（Yutian 6）

品种来源：盘锦北方农业技术开发有限公司从水稻品系M106田中选出变异株，采用系谱法选育而成。2003年通过辽宁省农作物品种审定委员会审定，审定编号为辽审稻2003116。

形态特征和生物学特性：粳型常规水稻，感光性弱，感温性中等，基本营养生长期短，属迟熟早粳。株型紧凑，叶片坚挺上举，茎叶浓绿，直立穗型，分蘖力较强。颖壳黄色，种皮白色，无芒。全生育期162d，株高93.6cm，穗长16.3cm，穗粒数105.0粒，千粒重25g。

品质特性：糙米率82%，整精米率70.8%，垩白粒率17%，垩白度2.3%，胶稠度88mm，直链淀粉含量18.8%。

抗性：中抗穗颈瘟病，耐盐碱，抗倒伏。

产量及适宜地区：1999—2000年两年辽宁省晚熟区域试验，平均单产7 807.5kg/hm²，比对照丹粳4号增产6.53%。2001年生产试验，平均单产7 431kg/hm²，比对照东选2号增产10.9%。一般单产7 500kg/hm²。适宜在黄渤海沿岸稻区种植。

栽培技术要点：旱育稀播，4月上中旬播种，播种量催芽种子150 ~ 200g/m²；5月中下旬移栽，行株距30cm×13.3cm，每穴栽插3 ~ 4苗。施硫酸铵825kg/hm²，磷酸二铵150kg/hm²，化学辅以人工除草，综合防治病、虫、草害。

雨田7号 (Yutian 7)

品种来源：盘锦北方农业技术开发有限公司从M148品系中选择，采用系谱法选育而成。原品系号为辽盐6号。2001年通过国家农作物品种审定委员会审定，审定编号为国审稻2001034。

形态特征和生物学特性：粳型常规水稻，感光性弱，感温性中等，基本营养生长期短，属中熟早粳。株型紧凑，茎秆坚韧，分蘖期叶片半直立，拔节后叶片上举。分蘖力强，成穗率高，散穗型，颖壳黄色，粒形椭圆，无芒。北方稻区平均生育期为151d，比秋光迟熟2d。株高96cm，穗长24cm，有效穗数450万穗/hm²，穗粒数100.0粒，结实率90%，千粒重25g。

品质特性：糙米粒长5.1mm，糙米长宽比1.8，糙米率82.6%，精米率75.5%，整精米率72.9%，垩白粒率7%，垩白度1.2%，透明度1级，胶稠度82mm，直链淀粉含量18.2%，蛋白质含量7.4%。

抗性：中抗稻瘟病，耐肥，耐盐碱，耐旱，耐寒。

产量及适宜地区：1996年北方稻区中早粳中熟区域试验，平均单产9 168kg/hm²，比对照秋光增产13.3%；1997年续试，平均单产8 515.5kg/hm²，比对照秋光增产8.1%。1998年生产试验，平均单产9 378kg/hm²，比对照秋光平均增产14.4%。适宜在辽宁及西北、华北稻区种植。

栽培技术要点：辽宁、西北及华北秋光熟期稻区，可插秧或抛秧栽培，适当配合其他新的栽培方式（如盘育摆秧等）；华北晚熟稻区，可旱种或麦稻复种，也可作节水品种晚育晚栽；西北晚熟稻区可直播或飞机航播；栽培技术上，密度要做到肥地宜稀、薄地宜密；施肥要氮、磷、钾、硅与微肥按比例配合；水管理要坚持浅、湿、干相结合。

元丰6号 (Yuanfeng 6)

品种来源：沈阳农业大学以旱72/沈农129为杂交组合，采用系谱法选育而成。2005年通过辽宁省农作物品种审定委员会审定，审定编号为辽审稻2005155。

形态特征和生物学特性：粳型常规水稻，感光性弱，感温性中等，基本营养生长期短，属中熟早粳。秧苗健壮，根系发达，株型紧凑，分蘖中等偏强，叶片深绿色。半散穗形，颖壳黄色，种皮白色，稀短芒。全生育期150d，株高100cm，穗长18cm，穗粒数120.0粒，结实率90%，千粒重26g。

品质特性：糙米粒长5.2mm，糙米长宽比1.9，糙米率83.1%，精米率74.6%，整精米率69.9%，垩白粒率2.5%，垩白度2%，透明度1级，碱消值7级，胶稠度84mm，直链淀粉含量17.7%，蛋白质含量8.2%。

抗性：中抗稻瘟病，抗旱，耐寒，耐肥，抗倒伏。

产量及适宜地区：2003—2004年两年辽宁省中早熟区域试验，平均单产8 386.5kg/hm²，比对照铁粳5号平均单产7 686kg/hm²增产9.1%。适宜在辽宁铁岭（部分地区）、沈阳、辽阳、鞍山、锦州、抚顺、本溪地区及河北、宁夏、新疆部分地区种植。

栽培技术要点：4月上旬播种，采用塑料软盘和抛秧盘保温旱育苗，塑料软盘播量干籽70～100g，抛秧盘播量60～80g，适时通风炼苗。5月中下旬插秧，行株距30cm×（13.3～16.7）cm，每穴栽插3～4苗。氮、磷、钾配合施用比例是3∶2∶1。全生育期施硫酸铵900kg/hm²（底肥40%，追肥60%）。浅水促分蘖，分蘖终止期落干晾田，蹲苗壮秆。生育后期干干湿湿给水，增强根部透气性，防止早衰。7月上中旬注意防治二化螟。出穗前5～7d注意防治稻曲病。插秧后5～6d施丁草胺封闭防治杂草。

元子2号 （Yuanzi 2）

品种来源：1948年，延边地区龙井市当地农民由朝鲜咸镜北道明川郡引入的一个优良品种，即为朝鲜的远野2号，元子2号是龙井地方稻农给予的名称。1955年经东北地区水稻专业会议审查确定，并经农业部及辽宁省农业厅批准推广种植。

形态特征和生物学特性：粳型常规水稻，感光性弱，感温性中等，生育前期生长迟缓，属早熟早粳。株型较矮，根系发达，茎秆坚韧，不易倒伏，分蘖力强，有效分蘖多，穗较短，着粒密，籽粒饱满，椭圆形粒，有稀短芒，芒及颖尖为赤褐色，颖壳黄白。全生育期130d，株高95cm，穗长18cm，穗粒数109.1粒，千粒重25.8g。

品质特性：糙米率80%。

抗性：抗稻瘟病，抗穗颈瘟病，耐肥。

产量及适宜地区：1950年在新宾的试验点，平均产量比京租增产48%；东北农业科学研究所1950—1951年两年采用灌水直播，平均单产4 254kg/hm²，比对照兴亚增产8.5%；1952年采用冷床育苗移植，平均单产6 813kg/hm²，比对照兴亚增产10.5%；辽宁省熊岳试验站1950—1951年两年采用灌水直播，平均单产5 809.5kg/hm²，比对照京租增产12.8%；1952年育苗移栽，平均单产5 605.5kg/hm²，比对照田太增产10.6%；吉林省延边农业试验站1950—1951年两年采用育苗移栽方式，平均单产4 822.5kg/hm²，比对照小田代五增产13.3%。1950—1952年各地生产试验，平均单产5 577kg/hm²。适宜在辽宁中部、东北部及吉林部分稻区种植。并在南方各省籼稻改粳稻工作中作为早稻优良品种种植。

栽培技术要点：在低温条件下，易遭受冻害和发生烂秧，应注意适期播种，采用冷床旱育苗，加强防寒保温设备和秧田管理，克服冻害及烂秧等。此外，应注意选择肥沃的土壤种植，如在瘠薄地上要注意多施基肥，增施追肥。

袁粳9238（Yuangeng 9238）

品种来源：辽宁袁氏农业科技发展有限公司以丰优507/抚粳4为杂交组合，采用系谱法选育而成。原品系号为袁氏338。2010过辽宁省农作物品种审定委员会审定，审定编号为辽审稻2010232。

形态特征和生物学特性：粳型常规水稻，感光性弱，感温性中等，基本营养生长期短，属早熟早粳。苗期叶色淡绿，株型紧凑，分蘖力中等，叶片直立，茎叶淡绿，散穗型，主蘖穗整齐。颖壳及颖尖均呈黄色，种皮白色，稀短芒。全生育期143d，株高102.3cm，穗长20.5cm，有效穗数187.5万穗/hm²，穗粒数117.6粒，结实率88%，千粒重24.9g。

品质特性：糙米率83.8%，精米率75.4%，整精米率74%，糙米粒长5.4mm，糙米长宽比2.1，垩白粒率14%，垩白度1.7%，透明度1级，碱消值7级，胶稠度62mm，直链淀粉含量18.1%、蛋白质含量8.6%。

抗性：中抗穗颈瘟。

产量及适宜地区：2008—2009年两年辽宁省中早熟区域试验，平均单产8 311.5kg/hm²，比对照沈农315增产8.5%。2009年生产试验，平均单产8 256kg/hm²，比对照沈农315增产11.8%。适宜在辽宁东部及北部稻区种植。

栽培技术要点：5月末插秧为宜，旱育稀播育壮秧，播种量150～175g/m²，插秧密度30cm×（15～20）cm，每穴栽插2～4苗；施硫酸铵900kg/hm²，同时施足量的磷、钾、微肥；水层管理浅、湿、干相结合间歇灌溉；注意防治各种病虫杂草。

早丰 (Zaofeng)

品种来源：天津市农业科学院水稻研究所用 ^{60}Co 辐射下北种子，1965年育成。辽宁省农业科学院本溪县碱厂堡科研基地1971年引进，1974年由辽宁省农作物品种审定委员会审定，审定编号为辽审稻1974001。

形态特征和生物学特性：粳型常规水稻，感光性弱，感温性中等，基本营养生长期短，属早熟早粳。苗期矮壮，叶色浓绿，长势强，返青快，分蘖多，株型紧凑，矮秆，叶片直立，全生育期140d，株高90cm，穗长17cm，分蘖20个，穗粒数50.0粒，结实好，籽粒饱满，色泽好，千粒重25g。

品质特性：糙米率80%。

抗性：抗稻瘟病，耐寒，耐肥，抗倒伏。

产量及适宜地区：一般单产6 000kg/hm²。适宜在辽宁本溪、抚顺等地种植。

栽培技术要点：选用肥地，多施底肥，早施肥，重施蘖肥。

中丹 1 号 （Zhongdan 1）

品种来源：中国农业科学院作物育种与栽培研究所以 Pi5/ 喜峰为杂交组合，与丹东市农业科学研究所合作，采用系谱法选育而成。原品系号 5074。1979 年通过辽宁省农作物品种审定委员会审定，审定编号为辽审稻 1979004。

形态特征和生物学特性：粳型常规水稻，感光性弱，感温性中等，基本营养生长期短，属迟熟早粳。株型紧凑，分蘖力强，叶片坚挺上举，茎叶浅绿，弯曲穗型。颖壳黄色，种皮白色，稀间短芒。全生育期 160d，株高 95cm，穗长 18.5cm，有效穗数 450 万穗 /hm²，穗粒数 65.5 粒，结实率 95%，千粒重 25g。

品质特性：糙米率 84%，精米率 80%，整精米率 73%，垩白粒率 1%，碱消值 7 级，胶稠度 70mm，直链淀粉含量 19%，蛋白质含量 7.7%。

抗性：高抗稻瘟病和白叶枯病，轻感纹枯病，抗寒。

产量及适宜地区：1977—1978 年两年辽宁省晚熟区域试验，平均单产 6 607.5kg/hm²，比对照丰锦增产 47.1%。1978 年生产试验，平均单产 6 966kg/hm²，比对照丰锦增产 19.7%。一般单产 6 750kg/hm²。适宜在辽宁丹东、大连、盘锦、营口等地种植。

栽培技术要点：4 月上中旬播种，培育壮秧，5 月中下旬移栽，因地制宜，合理稀植，行株距（30 ～ 33）cm×（10 ～ 14）cm，每穴栽插 3 ～ 4 苗。合理施肥，科学管水，在施足底肥的条件下，追施氮肥，实行氮、磷、钾配合施用的原则，结合浅水灌溉，促进根系发育，以防倒伏。

中丹2号（Zhongdan 2）

品种来源：中国农业科学院作物育种与栽培研究所以Pi5/喜峰为杂交组合，与丹东市农科所协作，采用系谱法选育而成。原品系号为中系7068。1981年通过辽宁省农作物品种审定委员会审定，审定编号为辽审稻1981007。

形态特征和生物学特性：粳型常规水稻，感光性弱，感温性强，基本营养生长期短，属迟熟早粳。株型紧凑，叶片直立，茎秆坚韧，茎叶清秀，散穗型，分蘖中等，抽穗整齐。颖壳黄色，种皮白色，稀顶芒。全生育期160d，株高105cm，穗长20cm，穗粒数90.0粒，结实率88.5%，千粒重26g。

品质特性：糙米率83%，精米率80.2%，垩白粒率5.3%，胶稠度72.5mm，碱消值7级，直链淀粉含量18.2%，脂肪含量1.8%，蛋白质含量7.3%。

抗性：中抗稻瘟病、纹枯病和白叶枯病，耐盐碱，耐肥，抗倒伏。

产量及适宜地区：1978—1979年两年辽宁省晚熟区域试验，平均单产6 846kg/hm²，比对照丰锦增产9.9%。1980年生产试验，平均单产7 461kg/hm²，比对照丰锦增产6.5%。适宜在辽宁丹东、大连、辽阳、鞍山、营口、锦州等地种植。

栽培技术要点：4月下旬播种，采用旱育秧，播种量催芽种子200g/m²，5月中下旬移栽，行株距30cm×16.5cm，每穴栽插3～4苗。在施用氮肥方面，采用前重、中稳、后轻的原则。前期重施肥，促分蘖，保穗数；中期稳施肥争取大穗保粒数；后期轻施肥提高千粒重。在肥料的分配比例上，前期占总肥量的60%～70%（包括底肥和分蘖肥），孕穗肥占总肥量的20%，籽粒肥占总肥量的10%。在灌水方面，宜采用浅水勤灌，干湿交替的方法。7月上中旬注意防治二化螟，抽穗前及时防治稻瘟病等病虫害。

中丹4号 （Zhongdan 4）

品种来源：中国农业科学院作物科学研究所与丹东农业科学院稻作研究所以幸实/中作9017为杂交组合。采用系谱法选育而成。2005年通过辽宁省农作物品种审定委员会审定，审定编号为辽审稻2005151。

形态特征和生物学特性：粳型常规水稻，感光性弱，感温性中等，基本营养生长期短，属早熟中粳。幼苗健壮，根系发达，株型紧凑，分蘖力强，叶片坚挺上举，茎叶淡绿，半直立穗型，椭圆型粒，颖壳黄色，无芒。全生育期170d，株高92.9cm，穗长18.3cm，穗粒数92.1粒，结实率89.1%，千粒重28g。

品质特性：糙米率为84.1%，精米率75.5%，整精米率72.7%，糙米粒长4.9mm，糙米长宽比1.6，垩白粒率11%，垩白度0.7%，透明度1级，碱消值7级，胶稠度72mm，直链淀粉含量18.2%，蛋白质含量8%。

抗性：抗穗颈瘟。

产量及适宜地区：2002—2004年两年辽宁省晚熟区域试验，平均单产8 410.5kg/hm²，比对照东选2号（中丹9052）增产14%。2004年生产试验，平均单产8 232kg/hm²，比对照中辽9052增产16.2%。适宜在黄海、渤海沿岸稻区种植。

栽培技术要点：旱育苗，4月10～15日育苗，5月20～25日插秧为宜。行株距30cm×10cm，每穴栽插3～5苗，一般肥力地块，施硫酸铵675kg/hm²，磷酸二铵150kg/hm²，硫酸钾112.5kg/hm²。磷肥可一次底施，氮肥三段5次施。在稻瘟病易发地块，在分蘖期和破口期各喷一次三环唑和井冈霉素混合液；在白叶枯易发地块，用噻枯唑等加强防治。注意防治二化螟、稻水象甲、稻纵卷叶螟等危害。

中花9号 (Zhonghua 9)

品种来源：中国农业科学院作物育种与栽培研究所以京系17//砦2号/京系17为杂交组合，采用系谱法选育而成。1986年通过辽宁省农作物品种审定委员会审定，审定编号为辽审稻1986015。

形态特征和生物学特性：粳型常规水稻，感光性弱，感温性中等，基本营养生长期短，属迟熟早粳。株型紧凑，叶片淡绿狭长。叶片披散，散穗型。颖壳黄色，种皮白色，无芒。全生育期163d，株高118cm，穗长20cm，穗粒数146.0粒，结实率87%，千粒重26g。

品质特性：糙米率84.4%，精米率73.1%，整精米率69.2%，垩白粒率10%，碱消值7级，胶稠度70mm，直链淀粉含量18.5%，蛋白质含量8.6%。

抗性：抗稻瘟病，中抗白叶枯病，轻感纹枯病、恶苗病、干尖线虫病，耐肥，耐碱性。

产量及适宜地区：1983—1984年两年辽宁省晚熟区域试验，平均单产6 312kg/hm²，比对照京越1号增产10.5%。1984—1985年两年生产试验，平均单产6 958.5kg/hm²，比对照京越1号增产13.3%。适宜在华北稻区、辽宁晚熟稻区种植。

栽培技术要点：4月上中旬播种，采用旱育秧；5月下旬移栽，行距为23.2～26.5cm，株距10cm，每穴3～4苗。插秧前施足有机肥料，并配合含有氮、磷要素的化肥，各施225kg/hm²，移栽后至6月末施硫酸铵375kg/hm²，按苗情分2～3次施用。7月中旬按长势追施硫酸铵135kg/hm²，并追施钾肥。后期不宜多施氮肥；浅湿管理，并要做到因地、看苗适时适度烤田或晾田；7月上中旬注意防治二化螟，抽穗前及时防治稻瘟病等病虫害。

中辽9052（Zhongliao 9052）

品种来源：中国农业科学院作物科学研究所和辽宁省水稻研究所以C102/多收3号//辽粳5号为杂交组合，采用系谱法选育而成。2000年通过辽宁省农作物品种审定委员会审定，审定编号为辽审稻2000082。

形态特征和生物学特性：粳型常规水稻，感光性弱，感温性中等，基本营养生长期短，属早熟中粳。株型紧凑、叶片狭长、上举、浓绿色、散穗型、出穗整齐。颖壳黄褐色，稀短芒。全生育期170d，株高105cm，穗长19.2cm，有效穗数495万穗/hm²，结实率90%，千粒重28.2g。

品质特性：糙米粒长5mm，糙米长宽比1.7，糙米率84%，精米率76.6%，整精米率75.6%，垩白粒率16%，垩白度1.7%，胶稠度70mm，直链淀粉含量17.1%，蛋白质含量8.2%。

抗性：抗稻瘟病，抗稻曲病，耐肥、抗倒伏。

产量及适宜地区：1996年辽宁省晚熟区域试验，平均单产6 843kg/hm²，比对照京越1号增产4.5%；1997年续试，平均单产6 907.5kg/hm²，比对照京越1号增产8.7%；两年区域试验平均单产6 876kg/hm²，比对照京越1号增产6.6%。1998年生产试验，平均单产7 702.5kg/hm²，比对照京越1号增产10.3%；1999年生产试验，平均单产8 038.5kg/hm²，比对照京越1号增产13.9%；两年生产试验平均单产7 872kg/hm²，比对照京越1号增产12.1%。2002—2005年辽宁省累计推广种植5.1万hm²。适宜在辽宁东南沿海水稻多病区和重病区的丹东与大连两市栽培，也可在北京、天津、唐山和山东等地种植。

栽培技术要点：4月上旬播种，采用旱育秧，播种量干种子150～200g/m²；5月中下旬移栽，行株距30cm×（13.3～16.5）cm，每穴栽插3～4苗。施用优质农家肥30 000kg/hm²、硫酸铵300kg/hm²、磷酸二铵285kg/hm²、硫酸钾225kg/hm²、硫酸锌22.5kg/hm²和适量的硅肥作底肥，分蘖期和孕穗期适时适量追施氮肥，生育后期酌情喷施0.2%磷酸二氢钾作叶面肥。灌溉应采取带水插秧，寸水缓苗，浅水分蘖，在有效分蘖末期适当晒田。生育后期不可撤水过早，以防发生早衰而减产；7月上中旬注意防治二化螟，抽穗前及时防治稻瘟病等病虫害。

中作58 (Zhongzuo 58)

品种来源：沈阳市农业科学院以中花 7 号／中系 8408 为杂交组合，采用系谱法选育而成。2000 年通过辽宁省农作物品种审定委员会审定，审定编号为辽审稻2000080。

形态特征和生物学特性：粳型常规水稻，感光性弱，感温性中等，基本营养生长期短，属中熟早粳。株型紧凑，茎秆坚硬，叶片绿色，短而直立，紧穗型，分蘖力中等。粒圆形，颖壳黄色，无芒。全生育期155d，株高90cm，穗长17cm，穗粒数120.0粒，结实率95%，千粒重25g。

品质特性：糙米率80.5%，精米率71.8%，整精米率65.7%，胶稠度100mm，直链淀粉含量14.7%，蛋白质含量9.9%。

抗性：抗叶瘟，抗旱，抗倒伏，耐盐碱。

产量及适宜地区：1996—1997年两年辽宁省中熟区域试验，平均单产 7 675.5kg/hm^2，比对照铁粳 4 号增产4.2%。1998—1999 年两年生产试验，平均单产 8 620.5kg/hm^2，比对照铁粳4号增产12.7%。适宜在辽宁沈阳、盘锦、辽阳、铁岭、锦州、阜新等地作一季稻种植；北京、天津、河北等地可作麦茬稻种植，也可旱种。

栽培技术要点：4月上中旬播种，采用旱育秧，播种量干种150g/m^2；5月中下旬移栽，行株距30cm×13.3cm，每穴栽插3 ~ 4苗。施氮肥825kg/hm^2（以硫酸铵计算），磷肥180kg/hm^2（以磷酸二铵计算），钾肥180kg/hm^2（以硫酸钾计算），并配合施用硅、锌等微肥。施肥的分配比例为：氮肥插前底施20%，蘖肥60%分3次施，孕穗肥10%，粒肥10%；钾肥在分蘖期、孕穗期分2次施入；锌肥在分蘖期初期施入。施足农家肥（作底肥）。灌溉应采用深、浅、干相结合，后期要间歇灌溉；生育后期注意防治病虫害和鸟害。白叶枯病重发区种植要慎重。

庄粳2号（Zhuanggeng 2）

品种来源：辽宁省庄河市新玉种业公司从中辽9052变异株中系统选育而成。原品系编号为庄粳2号。2006年通过辽宁省农作物品种审定委员会审定，审定编号为辽审稻2006189。

形态特征和生物学特性：粳型常规水稻，感光性弱，感温性中等，基本营养生长期短，属迟熟早粳。株型紧凑，分蘖力中等，叶片直立，叶色浓绿，散穗型。颖壳黄色，种皮白色，无芒。全生育期164d，株高109.9cm，穗长20.2cm，穗粒数105.7粒，千粒重25.3g。

品质特性：糙米粒长5.2mm，糙米长宽比1.9，糙米率84.5%，精米率78.1%，整精米率65%，垩白粒率10%，垩白度0.7%，胶稠度61mm，直链淀粉含量16.4%，蛋白质含量8.6%。

抗性：中抗穗颈瘟。

产量及适宜地区：2004—2005年两年辽宁省晚熟区域试验，平均单产7 140kg/hm²，比对照中辽9052增产4.1%。2006年生产试验，平均单产6 556.5kg/hm²，比对照庄育3号增产0.9%。适宜在辽宁大连、丹东等沿海稻区种植。

栽培技术要点：4月15日播种，培育壮秧，播种量为200g/m²；5月25日插秧，行株距30cm×（14～16）cm，每穴栽插2～3苗。一般施硫酸铵750kg/hm²，磷150kg/hm²，钾150kg/hm²。水层管理采用浅、湿、干交替灌溉。在出穗前初期和齐穗期各喷一次稻瘟灵水剂防治稻瘟病。注意防治稻水象甲、二化螟和稻纵卷叶螟等虫害。

庄研5号 (Zhuangyan 5)

品种来源：辽宁省庄河市农业技术推广中心以庄91-122变异株系选而成。原品系号为庄育5号。2008年通过辽宁省农作物品种审定委员会审定，审定编号为辽审稻2008207。

形态特征和生物学特性：粳型常规水稻，感光性弱，感温性中等，基本营养生长期短，属迟熟早粳。株型紧凑，分蘖力中等，叶片直立，叶色淡绿，散穗型。颖壳黄色，种皮白色，无芒。全生育期167d，株高114.1cm，穗长22cm，穗粒数106.4粒，千粒重28.4g。

品质特性：糙米粒长5mm，糙米长宽比1.7，糙米率82.6%，精米率75.2%，整精米率70.5%，垩白粒率11%，垩白度1.6%，胶稠度66mm，直链淀粉含量16.8%，蛋白质含量7.6%。

抗性：高抗穗颈瘟。

产量及适宜地区：2005—2006年两年辽宁省晚熟区域试验，平均单产6 982.5kg/hm²，比对照中辽9052增产5.9%。2007年生产试验，平均单产7 984.5kg/hm²，比对照庄育3号增产8.5%。适宜在辽宁大连、丹东等沿海稻区种植。

栽培技术要点：4月16～18日播种，播种量为200g/m²；5月25～30日插秧，行株距30cm×15cm，每穴栽插3～4苗。一般施硫酸铵750kg/hm²，磷肥375kg/hm²，钾肥150kg/hm²。浅水层管理；病虫害正常防治。

庄研6号 （Zhuangyan 6）

品种来源：庄河市农业技术推广中心从庄97-122变异株中选择，采用系谱法选育而成。2009年通过辽宁省农作物品种审定委员会审定，审定编号为辽审稻2009224。

形态特征和生物学特性：粳型常规水稻，感光性弱，感温性中等，基本营养生长期短，属迟熟早粳。幼苗色深，根系发达，插后缓苗快，叶片直立，分蘖力中等，茎秆坚韧粗壮，散穗型，颖壳黄白，无芒。大连丹东地区生育期164d，株高111.1cm，穗长22cm，穗粒数119.3粒，结实率88.5%，千粒重28g。

品质特性：糙米长宽比1.6，糙米率85.4%，精米率77.7%，垩白粒率2%，垩白度0.2%，透明度1级，碱消值7级，胶稠度82mm，直链淀粉含量17.9%，蛋白质含量7.9%，部颁一级优质米标准。

抗性：高抗白叶枯，抗稻曲病，抗纹枯病，抗旱，抗倒伏。

产量及适宜地区：一般单产7 800kg/hm²。适宜在大连、丹东等辽宁南部稻区种植。

栽培技术要点：在庄河地区4月15～20日播种，5月下旬插秧。旱育苗播种量200g/m²，盘育苗手插秧每盘播种量60～70g，行株距30cm×（14～16）cm，每穴栽插2～3苗。硫酸铵675kg/hm²，磷酸二铵150kg/hm²，硫酸钾112.5kg/hm²。移栽前施入氮肥总量的30%和50%的钾肥及全部的磷酸二铵。6月10日，施入氮肥总量的40%。6月25日，施入氮肥总量的20%和余下的钾肥。7月20日前后，施入氮肥总量的10%。做到浅水插秧，寸水缓苗，浅水分蘖，有效分蘖末期适时晒田，采取浅、湿、干间歇灌溉。6月上旬防治稻水象甲，6月下旬至7月上旬，注意防治二化螟，8月防治卷叶虫、稻飞虱和稻曲病。

庄研7号 （Zhuangyan 7）

品种来源：庄河市农业技术推广中心从丹粳9号变异株中选择，采用系谱法选育而成。2009年通过辽宁省农作物品种审定委员会审定，审定编号为辽审稻2009225。

形态特征和生物学特性：粳型常规水稻，感光性弱，感温性中等，基本营养生长期短，属迟熟早粳。株型紧凑，叶片直立上举，茎叶深绿，散穗型。颖壳黄色，种皮白色，无芒。全生育期163d，株高112.7cm，穗长22cm，穗粒数120.7粒，结实率88.2%，千粒重28.2g。

品质特性：糙米长宽比1.7，糙米率84.7%，精米率76%，垩白粒率26%，垩白度2.7%，胶稠度75mm，直链淀粉含量18%，蛋白质含量8.1%。

抗性：中抗穗颈瘟，高抗白叶枯，抗稻曲病，抗纹枯病。

产量及适宜地区：2007年辽宁省晚熟区域试验，平均单产7 824kg/hm²，比对照庄育3号增产6.2%；2008年续试，平均单产6 849kg/hm²，比对照庄育3号增产6%；两年平均单产7 336.5kg/hm²，比对照庄育3号增产6.1%；2008年生产试验，平均单产6 840kg/hm²，比对照庄育3号增产4%。适宜在大连、丹东等辽宁南部稻区种植。

栽培技术要点：庄河地区4月15～20日育苗，5月下旬插秧。旱育苗播种量200g/m²，盘育苗手插秧每盘播种量60～70g，行距30～33cm，株距14～16cm，每穴栽插2～3苗。硫酸铵675kg/hm²，磷酸二铵150kg/hm²，硫酸钾112.5kg/hm²。于移栽前施入氮肥总量的30%和50%的钾肥及全部的磷酸二铵。6月10日施入氮肥总量的40%。6月25日施入氮肥总量的20%和余下的钾肥。7月20日前后，施入氮肥总量的10%。水分管理做到浅水插秧，寸水缓苗，浅水分蘖，有效分蘖末期适时晒田，采取浅、湿、干间歇灌溉。6月上旬防治稻水象甲，6月下旬至7月上旬，注意防治二化螟，8月防治卷叶虫、稻飞虱和稻曲病。

庄育3号 （Zhuangyu 3）

品种来源：庄河市农业中心从中辽9052中选分离单株，采用系谱法选育而成。2005年通过辽宁省农作物品种审定委员会审定，审定编号为辽审稻2005152。

形态特征和生物学特性：粳型常规水稻，感光性弱，感温性中等，基本营养生长期短，属迟熟早粳。幼苗色深，株型紧凑，分蘖力中等叶片坚挺上举，茎叶淡绿，半直立穗型，颖壳黄色，种皮白色，稀顶芒。全生育期167d，株高108cm，穗长20cm，穗粒数96.0粒，结实率93.2%，千粒重27.7g。

品质特性：糙米率为84.7%，精米率75.5%，整精米率73.6%，糙米粒长4.9mm，糙米长宽比1.7，垩白粒率12%，垩白度2%，透明度1级，碱消值7级，胶稠度76mm，直链淀粉含量17.3%，蛋白质含量7.7%。

抗性：抗穗颈瘟。

产量及适宜地区：2002—2004年两年辽宁省晚熟区域试验，平均单产8 046kg/hm²，比对照中辽9052增产9.1%。2004年生产试验，平均单产7 639.5kg/hm²，比对照中辽9052增产7.8%。适宜在黄渤海沿岸稻区种植。

栽培技术要点：旱育稀植，4月15日育苗，5月25日插秧，行距30～33cm，株距14～16cm，每穴栽插2～3苗。硫酸铵675kg/hm²，磷酸二铵150kg/hm²，硫酸钾112.5kg/hm²。采取浅、湿、干间歇灌溉。注意防治二化螟，卷叶虫、稻飞虱和稻曲病、稻水象甲。

第二节　杂交粳稻

地优57（Diyou 57）

品种来源：辽宁省盐碱地利用研究所以滇型不育系D56A/C57-10配组选育而成。1985年通过辽宁省农作物品种审定委员会审定，审定编号为辽审稻1985013。

形态特征和生物学特性：粳型三系杂交水稻，感光性弱，感温性中等，基本营养生长期短，属迟熟早粳。株型紧凑、茎秆粗壮，抗倒伏，叶片宽厚挺直、叶色浓绿，弯穗型；颖壳黄色，种皮白色，无芒。全生育期165d，株高95cm，穗长17cm，有效穗数450万穗/hm²，穗粒数130.0粒，结实率80%，千粒重28.3g。

品质特性：糙米率82.7%，精米率67%，整精米率60.5%，糙米长宽比1.68，垩白粒率40.5%。直链淀粉含量19.3%，蛋白质含量7.19%，胶稠度100mm，米质一般。

抗性：抗稻瘟病、白叶枯病，耐盐。

产量及适宜地区：1979年辽宁省中晚熟区域试验，平均单产8 122.5kg/hm²，比对照丰锦增产8.6%。适宜在辽宁南部辽河中下游稻区种植，也可在华北麦茬稻作栽培。

栽培技术要点：4月上旬播种，5月中下旬移栽。播种量普通旱育苗200g/m²，钵体育苗450g/m²。插秧密度30cm×（10～13.3）cm，每穴3～4苗。氮、磷、钾平衡施用。施纯氮量165kg/hm²，分5～6次施入；五氧化二磷90kg/hm²（作底肥）；氧化钾52.5kg/hm²（分蘖期作追肥）。水层管理以浅水为主，采取浅、湿、干相结合灌溉模式，后期撤水不宜过早。5月下旬至6月上旬对稻水象甲进行防治，6月下旬对二化螟进行防治。在稻瘟病重发区在抽穗前及时防治。

黎优57（Liyou 57）

品种来源：辽宁省水稻研究所以黎明A/C57配组选育而成。分别通过辽宁省（1980）和国家（1984）农作物品种审定委员会审定，审定编号分别为辽审稻1980005和国审稻GS01008-1984。

形态特征和生物学特性：粳型三系杂交水稻，感光性弱，感温性中等，基本营养生长期短，属迟熟早粳。株型紧凑、分蘖力较强，茎秆粗壮，叶片宽厚挺直、叶色浓绿，弯穗型；颖壳黄色，种皮白色，无芒。在辽宁沈阳市生育期为160d，需≥10℃活动积温3 400℃，株高100cm，主茎16片叶，穗长20cm，有效穗数375万穗/hm²，每穗颖花数140个，穗粒数110.0粒，结实率80%，千粒重27g。

品质特性：糙米长宽比1.7，糙米率82.9%，精米率67%，整精米率60.5%，垩白粒率40.5%，胶稠度100mm，直链淀粉含量19.3%，蛋白质含量7.2%。

抗性：中抗稻瘟病和白叶枯病。

产量及适宜地区：1978—1979年两年北方稻区中早粳晚熟区域试验，平均单产7 771.5kg/hm²，比对照丰锦增产9.6%。1979—1982年两年生产试验，平均单产9 000kg/hm²，比对照丰锦增产11%～20%。一般单产9 000kg/hm²。适宜在辽宁沈阳、辽阳、鞍山、营口、盘锦以及北京、天津、山东、河南、江苏北部种植。

栽培技术要点：适期早播、稀播，培育壮秧，辽宁省4月初播种，叶龄4～5叶。辽宁中南部稻区栽插15.0万～16.5万穴/hm²，每穴栽插2～3苗。氮肥平稳促进，磷、钾、锌肥配方施用，坚持前促、中控、后保的原则。带水插秧，浅水分蘖，够苗晒田，叶色褪淡复水，之后间歇灌溉，尽量延迟断水，收获前灌一次透水。及时防治病、虫、草害。

辽优0201 (Liaoyou 0201)

品种来源：辽宁省水稻研究所以秀A/C4111配组选育而成。2002年通过辽宁省农作物品种审定委员会审定，审定编号为辽审稻2002109。

形态特征和生物学特性：粳型三系杂交水稻，感光性弱，感温性中等，基本营养生长期短，属中熟早粳。株型紧凑，分蘖力强，繁茂性好，散穗形，转色好。全生育期155d，株高113cm，穗长25cm，每穗颖花数120～130粒，结实率85～90%，千粒重26g。

品质特性：糙米长宽比2，糙米率83.4%，精米率75.5%，整精米率72.3%，垩白粒率6%，垩白度0.7%，透明度1级，碱消值7级，胶稠度71mm，直链淀粉含量17.9%。

抗性：抗稻瘟病，抗倒伏。

产量及适宜地区：一般单产9 750kg/hm²。适宜在辽宁沈阳、辽阳、铁岭、开原等沙土地、瘠薄地、缺水地等区域种植，能发挥产量优势；也可在新疆、宁夏等地种植。

栽培技术要点：稀播育壮秧。园田育苗用种200g/m²。种子严格消毒，用菌虫清2号药剂浸种，防止恶苗病和干尖线虫病的发生。稀植，栽足基本苗。薄地、沙土地宜采用30cm×13.3cm，每穴栽插3～4苗；平肥地采用33×13.3cm，每穴栽插3～4苗；肥地36cm×13.3cm，每穴栽插3～4苗。肥水管理。平肥地施硫酸铵825kg/hm²，钾肥150kg/hm²，磷肥375kg/hm²，采取平稳促进的施肥方法；灌水采用干干湿湿、分蘖中后期适当晾田的节水稻作技术。病虫害防治。分蘖后期用井冈霉素防治纹枯病一次，同时注意防治二化螟、白叶枯病等病害。

辽优1052 (Liaoyou 1052)

品种来源：辽宁省水稻研究所以105A/C52配组选育而成。2005年通过辽宁省农作物品种审定委员会审定，审定编号为辽审稻2005125。

形态特征和生物学特性：粳型三系杂交水稻，感光性弱，感温性中等，基本营养生长期短，属中熟早粳。株型紧凑，茎秆粗壮，分蘖力强，叶片直立，成穗率高，半紧穗型。全生育期为158d，株高为115cm，穗长19～25cm，有效穗数375万穗/hm²，穗粒数130.0～150.0粒，结实率90%，千粒重24.5g。

抗性：抗倒伏。

产量及适宜地区：2001—2002年两年辽宁省中熟区域试验，平均单产11 184kg/hm²，一般单产10 500kg/hm²。适宜在辽宁沈阳、辽阳、铁岭、开原、鞍山、营口、盘锦、瓦房店等地种植；也可在新疆、宁夏、河北、陕西、山西等地种植。

栽培技术要点：种子严格消毒，用菌虫清2号药剂浸种，防止恶苗病和干尖线虫病的发生。稀播育壮秧，播种量200～250g/m²。合理密植，平肥地33cm×13.3cm，每穴栽插3～4苗。施硫酸铵900kg/hm²，钾肥150kg/hm²，磷酸二铵225kg/hm²，采用前重、中控、后补的原则，灌浆期可以叶面喷施肥或调节剂，促进籽粒饱满。浅、湿、干间歇灌溉（盐碱地除外），分蘖末期适当晒田，尽量延迟断水。及时防治病、虫、草害，特别注意防治稻曲病和稻飞虱，根据该品种直立大穗的特点，预防稻曲病尤为关键，在出穗前7～10d，选择晴天，用络氨铜4.5kg/hm²对水喷雾。6月中下旬至7月上旬注意防治二化螟。抽穗前3～4d用稻瘟灵等喷雾预防稻瘟病发生，8月上中旬，用敌敌畏喷雾或对土撒施，防治稻曲病、稻飞虱。

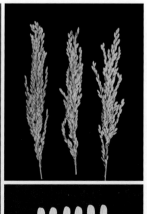

辽优1518 (Liaoyou 1518)

品种来源：辽宁省水稻研究所以151A/C418配组选育而成。分别通过辽宁省（2002）和国家（2004）农作物品种审定委员会审定，审定编号分别为辽审稻2002108和国审稻2004046。

形态特征和生物学特性：粳型三系杂交水稻，感光性弱，感温性中等，基本营养生长期短，属中熟早粳。全生育期155.2d，株高106.2cm，穗粒数143.2粒，结实率84.6%，千粒重26.9g。

品质特性：糙米长宽比1.9，糙米率82.6%，整精米率72.5%，垩白粒率25%，垩白度4.3%，胶稠度82mm，直链淀粉含量15.3%。

抗性：抗稻瘟病3级。

产量及适宜地区：2001年北方稻区中早粳晚熟区域试验，平均单产10 425kg/hm²，比对照金珠1号增产13.1%；2002年续试，平均单产10 300.5kg/hm²，比对照金珠1号增产9.2%；两年平均单产10 363.5kg/hm²，比对照金珠1号增产11.1%。2003年生产试验，平均单产8 880kg/hm²，比对照金珠1号增产0.4%。适宜在辽宁南部、新疆中南部、北京、天津及河北北部稻区种植。

栽培技术要点：适时播种，播种量200g/m²，培育带蘖壮秧，栽插规格为33.3cm×16.6cm或采用大垄双行（40+26.6）cm×16.6cm，每穴栽插3～4苗；施硫酸铵675kg/hm²，磷酸二铵225kg/hm²，硫酸钾150kg/hm²，分期施用；水浆管理采取浅、干、湿交替，够苗晒田，后期不可过早断水；注意防治稻曲病。

辽优20 (Liaoyou 20)

品种来源：辽宁省水稻研究所以5216A/C238配组选育而成。2006年通过辽宁省农作物品种审定委员会审定，审定编号为辽审稻2006186。

形态特征和生物学特性：粳型三系杂交水稻，感光性弱，感温性中等，基本营养生长期短，属迟熟早粳。株型较散，苗期叶色浓绿，叶片挺直，分蘖力较强，散穗型，颖壳黄色，无芒。全生育期162d，株高114cm，主茎17片叶，穗长23cm，穗粒数135.0粒，千粒重24.3g。

品质特性：糙米粒长5mm，糙米长宽比1.8，糙米率83.8%，精米率74.3%，整精米率66.6%，垩白粒率24%，垩白度3.2%，透明度1级，碱消值7级，胶稠度78mm，直链淀粉含量18.1%，蛋白质含量7.9%。

抗性：中感穗颈瘟。

产量及适宜地区：2004—2005年两年辽宁省中晚熟区域试验，平均单产9 813kg/hm²，比对照辽粳294增产8.2%；2006年生产试验，平均单产10 086kg/hm²，比对照辽粳294增产13.3%。适宜在沈阳以南稻区种植。

栽培技术要点：4月20播种，5月20插秧，行株距30cm×13.2cm，每穴栽插3苗；施硫酸铵600kg/hm²，磷肥150kg/hm²，钾肥150kg/hm²；注意防治稻瘟病。

辽优2006 (Liaoyou 2006)

品种来源：辽宁省水稻研究所以20A/C2106配组选育而成。分别通过辽宁省（2005）和国家（2006）农作物品种审定委员会审定，审定编号分别为辽审稻2005139和国审稻2006067。

形态特征和生物学特性：粳型三系杂交水稻，感光性弱，感温性中等，基本营养生长期短，属迟熟早粳。全生育期161d，比对照金珠1号晚熟2.4d，株高117.2cm，穗长24.3cm，穗粒数193.5粒，结实率78%，千粒重24g。

品质特性：整精米率65.9%，垩白粒率29%，垩白度6.4%，胶稠度81mm，直链淀粉含量16.3%。

抗性：苗瘟5级，叶瘟3级，穗颈瘟5级。

产量及适宜地区：2004年北方稻区中早粳晚熟区域试验，平均单产10 386kg/hm^2，比对照金珠1号增产11.4%；2005年续试，平均单产9 382.5kg/hm^2，比对照金珠1号增产11.4%；两年平均单产9 885kg/hm^2，比对照金珠1号增产11.4%。2005年生产试验，平均单产10 152kg/hm^2，比对照金珠1号增产14%。适宜在辽宁南部、新疆南部、北京、天津稻区种植。

栽培技术要点：辽宁南部、京津地区根据当地生产情况与金珠1号同期播种，培育带蘖壮秧，用种量250g/m^2。秧龄40d插秧，采取"田中稀，穴中密"的栽培方式，行株距33.3cm×16.6cm或采用大垄双行（40+26.6）cm×16.6cm，每穴栽插3～4苗。施肥上采用前促、中稳、后保的原则，氮肥平稳促进，增施磷、钾、锌肥。水分管理采用浅、干、湿交替灌溉，分蘖末期适当晒田，提高成穗率；孕穗与成熟期湿润灌溉，干湿交替；收获前尽量延迟断水，促进活秆成熟。注意防治二化螟，在疫区注意预防白叶枯病。

辽优2015 (Liaoyou 2015)

品种来源：辽宁省水稻研究所以20A/C4115配组选育而成。2006年通过国家农作物品种审定委员会审定，审定编号为国审稻2006075。

形态特征和生物学特性：粳型杂三系杂交旱稻，感光性弱，感温性中等，基本营养生长期短，属迟熟早粳。全生育期为116d，株高97.4cm，穗长19.7cm，有效穗数310.5万穗/hm²，成穗率62.4%，穗粒数96.2粒，结实率76.3%，千粒重25.2g。

品质特性：整精米率71%，垩白粒率10%，垩白度1.4%，胶稠度71mm，直链淀粉含量17.3%，国标二级优质米标准。

抗性：中感叶瘟和穗颈瘟，抗旱性5级。

产量及适宜地区：2004年黄淮海麦茬稻区旱稻中晚熟区域试验，平均单产4 606.5kg/hm²，比对照旱稻277增产7.5%；2005年续试，平均单产4 462.5kg/hm²，比对照旱稻277增产10.2%；两年平均单产4 534.5kg/hm²，比对照旱稻277增产8.8%。2005年生产试验，平均单产4 741.5kg/hm²，比对照旱稻277增产11.1%。适宜在河南、江苏、安徽、山东的黄淮流域和陕西汉中稻区作夏播旱稻种植。

栽培技术要点：播前种子晾晒，采用种衣剂包衣，可杀菌消毒，防止幼苗期地下害虫及鼠雀危害。黄淮海麦茬稻区根据当地旱稻生产情况适时播种。播种后出苗前，用除草剂进行土壤封闭，苗后用除草剂进行茎叶处理，后期遇杂草及时人工铲除。结合整地施农家肥15 000kg/hm²，随种施磷酸二铵150kg/hm²，硫酸钾150kg/hm²，硫酸铵225kg/hm²，还可施少量的微肥，在旱稻的拔节期、孕穗至抽穗期视苗酌情分别追施硫酸铵150kg/hm²。苗期一般不需灌水，在孕穗、灌浆期间，如遇干旱应及时灌水。根据当地病虫害实际和发生动态，主要注意防治黏虫、二化螟等虫害。

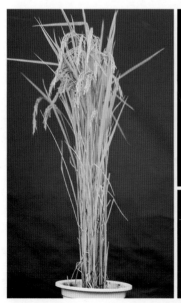

辽优2016 (Liaoyou 2016)

品种来源：辽宁省水稻研究所以辽20A/C216配组选育而成。2006年通过国家农作物品种审定委员会审定，审定编号为国审稻2006063。

形态特征和生物学特性：粳型三系杂交水稻，感光性弱，感温性中等，基本营养生长期短，属早熟中粳。全生育期167d，比对照中作93早熟3.8d，株高127.9cm，穗长24cm，穗粒数161.0粒，结实率83.5%，千粒重24.1g。

品质特性：整精米率62.3%，垩白粒率33%，垩白度5.5%，胶稠度82mm，直链淀粉含量15.4%。

抗性：苗瘟3级，叶瘟3级，穗颈瘟3级。

产量及适宜地区：2004年北方稻区京津塘粳稻区域试验，平均单产9 840kg/hm^2，比对照中作93增产8.2%。2005年续试，平均单产9 619.5kg/hm^2，比对照中作93增产20.2%；两年平均单产9 730.5kg/hm^2，比对照中作93增产13.8%。2005年生产试验，平均单产9 564kg/hm^2，比对照中作93增产25.1%。适宜在北京、天津、河北东部及中北部的一季春稻区种植。

栽培技术要点：京津唐一季春稻区根据当地生产情况适时播种，培育带蘖壮秧。秧龄40d插秧，行株距33.3cm×16.6cm或采用大垄双行（40+26.6）cm×16.6cm；每穴栽插3～4苗。施肥上采用前促、中稳、后保的原则，氮肥平稳促进，增施磷、钾、锌肥。水浆管理采用浅干湿交替灌溉，分蘖末期适当晒田，以提高成穗率；孕穗与成熟期湿润灌溉，干湿交替，以利保根养叶；收获前尽量延迟断水，促进活秆成熟。注意防治二化螟，在疫区注意预防白叶枯病。

辽优3015 (Liaoyou 3015)

品种来源：辽宁省水稻研究所以辽30A/C4115配组选育而成。2003年分别通过辽宁省和国家农作物品种审定委员会审定，审定编号分别为辽审稻2003111号和国审稻2003082。

形态特征和生物学特性：粳型三系杂交水稻，感光性弱，感温性中等，基本营养生长期短，属迟熟早粳。叶色浓绿，茎秆韧性好，半散穗型。全生育期160d，株高115cm，有效穗数315万穗/hm²，穗粒数180.0粒，结实率80%，千粒重24g。

抗性：高抗稻瘟病、白叶枯病，中抗染稻曲病，抗倒伏。

产量及适宜地区：一般单产10 500kg/hm²。适宜在沈阳以南及北京、天津、山东、河南等稻区种植。

栽培技术要点：播种前晒种，采用种衣剂包衣，也可选用多菌灵浸种；结合整地施农家肥15 000kg/hm²，随种施磷酸二铵150kg/hm²，硫酸钾150kg/hm²，硫酸铵225kg/hm²，并配施少量微肥；播种后出苗前，选用60%丁草胺4.5kg/hm²和噁草酮4.5kg/hm²混合对水喷雾进行土壤封闭，苗后用二氯喹啉酸0.75kg/hm²或敌稗7.5kg/hm²进行茎叶处理；在出苗期、拔节期、孕穗、灌浆期如遇干旱应及时灌水；注意防治稻瘟病等病虫危害。

辽优3072 (Liaoyou 3072)

品种来源：辽宁省水稻研究所以辽30A/C272配组选育而成。分别通过国家（2004）和辽宁省（2005）农作物品种审定委员会审定，审定编号分别为国审稻2004057和辽审稻2005126。

形态特征和生物学特性：粳型三系杂交水稻，感光性弱，感温性中等，基本营养生长期短，属中熟早粳。苗期生长旺盛，移栽后新根发生快，秧苗转色快，叶色深绿，生长旺盛，松散穗型，谷粒椭圆型。全生育为155～157d，株高118～122cm，每穴平均穗数12～14穗，穗长17～20cm，有效穗数300万穗/hm²，穗粒数185.0粒，结实率为78.5%，千粒重为26.5g。

品质特性：糙米长宽比为1.6，糙米率82%，精米率75%，整精米率69%，垩白粒率20.3%，垩白度1.6%。

抗性：高抗稻瘟病，抗白叶枯病和纹枯病，中抗稻曲病，抗倒伏。

产量及适宜地区：一般单产10 500kg/hm²。适宜在辽宁东港、大连、营口、盘锦、鞍山、辽阳、沈阳、锦州及北京、天津、河北、山东、河南、宁夏、新疆等地种植。

栽培技术要点：播种前用浸种灵浸种，防治干尖线虫病。播干籽100～150g/m²。采取"田中稀，穴中密"的栽植方式：密度30cm×16.7cm或33cm×13.3cm，每穴栽插3～4苗，掌握"肥地稀、薄地密"的原则。提倡前重、后轻的原则，即基肥施硫酸铵375kg/hm²、磷酸二铵225kg/hm²。施返青肥硫酸铵300kg/hm²，硫酸钾150kg/hm²，锌肥22.5kg/hm²。同时根据当地土壤肥力状况及水稻长势，酌情增减施肥。注意防治二化螟、稻飞虱，在抽穗前7～10d喷施络氨铜防治稻曲病，其他病害根据预报酌情防治。

辽优 3225 (Liaoyou 3225)

品种来源： 辽宁省水稻研究所以326A/C253配组选育而成。1998年通过辽宁省农作物品种审定委员会审定，审定编号为辽审稻1998066。

形态特征和生物学特性： 粳型三系杂交水稻，感光性弱，感温性中等，基本营养生长期短，属迟熟早粳。株形紧凑，幼苗粗壮、叶片宽厚、直立，剑叶浓绿与穗等高，分蘖力强，转色好，穗形稍松散，颖壳黄白。全生育期160d，株高105cm，穗粒数130.0粒，千粒重27.8g。

品质特性： 整精米率69.3%，垩白粒率45%，胶稠度76mm，直链淀粉含量17%。

抗性： 耐旱、耐寒、抗倒伏，中抗稻瘟病，白叶枯病1级。

产量及适宜地区： 1996—1997年两年辽宁省中晚熟区域试验，平均单产8 817kg/hm²，比对照辽粳326增产15.4%。一般单产10 500kg/hm²。适宜在辽宁沈阳、辽阳、鞍山、营口、盘锦及天津、山东、河南、新疆、宁夏等地种植。

栽培技术要点： 适时早播，播干籽100～150g/m²。采取"田中稀，穴中密"栽植方式：适时早插，密度33cm×16.7cm或36.7cm×13.3cm，每穴栽插4～5苗，掌握"肥地稀、薄地密"的原则。提倡前重、后轻的原则，即基肥施硫酸铵375kg/hm²、磷酸二铵225kg/hm²。施返青肥硫酸铵300kg/hm²，硫酸钾150kg/hm²，锌肥22.5kg/hm²。同时根据当地土壤肥力状况及水稻长势，酌情增减施肥。注意防治二化螟、稻飞虱，在抽穗前7～10d喷施络氨铜防治稻曲病，其他病害根据预报酌情防治。

辽优3418 （Liaoyou 3418）

品种来源：辽宁省水稻研究所以3A/C418配组选育而成。2001年通过国家农作物品种审定委员会审定，审定编号为国审稻2001035。

形态特征和生物学特性：粳型三系杂交水稻，感光性弱，感温性中等，基本营养生长期短，属迟熟早粳。株型紧凑，分蘖力强。全生育期160d，株高108cm，穗粒数143.3粒，结实率81.8%，千粒重26.4g。

品质特性：整精米率74%，垩白度15.3%，胶稠度78mm，直链淀粉含量16.9%。

抗性：抗倒伏，抗稻瘟病。

产量及适宜地区：1998—1999年两年北方稻区中早粳晚熟区域试验，平均单产9 346.5kg/hm²，比对照中丹2号增产17.3%。2000年生产试验，平均单产8 544kg/hm²，比对照中丹2号增产19.6%。适宜在辽宁、北京、天津、河北、新疆等地种植。

栽培技术要点：适期早播、稀播，培育壮秧，辽宁省4月初播种，叶龄4～5叶，每穴栽插2～3苗。氮肥平稳促进，磷、钾、锌肥配方施用，坚持前促、中控、后保的原则。带水插秧，浅水分蘖，够苗晒田，叶色褪淡复水，之后间歇灌溉，尽量延迟断水，收获前灌一次透水。及时防治病、虫、草害。

辽优4418 (Liaoyou 4418)

品种来源：辽宁省水稻研究所以秀岭A/C418配组选育而成。2001年通过国家农作物品种审定委员会审定，审定编号为国审稻2001033。

形态特征和生物学特性：粳型三系杂交水稻，感光性弱，感温性中等，基本营养生长期短，属中熟早粳。株型紧凑，分蘖力强，齐穗后叶里藏花，籽粒黄色，稀短芒。全生育期156d，株高109cm，穗粒数102.0粒，结实率80.7%，千粒重26.6g。

品质特性：精米率76.6%，整精米率70%，垩白粒率86%，垩白度11.2%，直链淀粉含量16.9%。

抗性：中抗叶稻瘟，感穗颈瘟。

产量及适宜地区：1998—1999年两年北方稻区中早粳中熟区域试验，平均单产10 237.5kg/hm²，比对照秋光增产7.4%。2000年生产试验，平均单产10 861.5kg/hm²，比对照秋光增产15%。适宜在辽宁、新疆、宁夏、北京、天津和河北唐山稻区作麦茬稻种植。

栽培技术要点：培育壮秧，叶龄4～5叶。辽宁北部地区，每穴2～3苗。氮肥平稳促进，磷、钾、锌配方施用，坚持前促、中控、后保的原则，施硫酸铵750kg/hm²、过磷酸钙600kg/hm²、钾肥300kg/hm²、锌肥45kg/hm²。带水插秧，浅水分蘖，够苗开始晒田，叶色褪淡复水，之后间歇灌溉，收获前灌一次透水。及时防治二化螟虫、纹枯病等病、虫、草害。

辽优5218 （Liaoyou 5218）

品种来源：辽宁省水稻研究所以5216A/C418配组选育而成。2001年通过辽宁省农作物品种审定委员会审定，审定编号为辽审稻2001089。

形态特征和生物学特性：粳型三系杂交水稻，感光性弱，感温性中等，基本营养生长期短，属迟熟早粳。株型紧凑，茎秆坚韧，分蘖力强，大穗、散穗。全生育期160d，株高118cm，穗长20cm，有效穗数345万穗/hm²，穗粒数150.0粒，结实率90%，千粒重26g。

品质特性：糙米率82%。

抗性：苗期耐低温，中抗稻瘟病、纹枯病及白叶枯病，抗倒伏。

产量及适宜地区：1998—1999年两年辽宁省中晚熟区域试验，平均单产9 525kg/hm²，比对照丹粳4号增产14.7%；1999—2000年生产试验，平均单产9 852kg/hm²，比对照丹粳4号增产15.16%。一般单产10 500kg/hm²。适宜在辽阳、海城、营口、盘锦、大连、东港、锦州、葫芦岛等及北京、天津、山西、陕西、山东、河南、河北等地种植。

栽培技术要点：种子严格消毒，用菌虫清2号药剂浸种，防止恶苗病和干尖线虫病的发生。辽南稻区4月10日前播完种。播种量200g/m²，培育带蘖壮秧，5月25日前插完秧。插秧规格33cm×13.3cm或（43.3+30）cm×13.3cm，每穴栽插3苗。施肥上采用前促、中稳、后保的原则，氮肥平稳促进，增施磷、钾、锌肥。底肥施硫酸铵300kg/hm²，磷酸二铵180kg/hm²，钾肥105kg/hm²，锌肥37.5kg/hm²。分蘖始期施硫酸铵180kg/hm²，分蘖盛期施硫酸铵150kg/hm²、钾肥105kg/hm²。减数分裂期施硫酸铵75kg/hm²。浅、湿、干间歇灌溉，分蘖末期适当晒田，尽量延迟断水。及时防治病、虫、草害，预防二化螟、稻曲病。东部沿海等重病稻区应注意预防白叶枯病、稻瘟病。

辽优5224 (Liaoyou 5224)

品种来源：辽宁省水稻研究所以5216A/C124配组选育而成。2006年通过辽宁省农作物品种审定委员会审定，审定编号为辽审稻2006193。

形态特征和生物学特性：粳型三系杂交水稻，感光性弱，感温性中等，基本营养生长期短，属迟熟早粳。幼苗粗壮、色浓绿、耐寒，秧苗生长发育快，叶片直立，分蘖力强，茎秆粗壮、有弹性，基部节间较短，成穗率高，散穗型，成熟期穗呈"叶下禾"状。全生育期161d，株高115cm，每穴穗数为18～20个，有效穗数316.5万穗/hm²，穗长24cm，结实率80%，穗粒数140.0粒，千粒重25.6g。

品质特性：整精米率66.9%，垩白粒率41%，垩白度3.7%，直链淀粉含量15.9%，胶稠度74mm。

抗性：中抗稻瘟病。

产量及适宜地区：2005年辽宁省晚熟区域试验，平均单产7 197kg/hm²，比对照中辽9052增产9.4%；2006年续试，平均单产7 582.5kg/hm²，比对照庄育3号增产14.7%；两年平均单产7 390.5kg/hm²，比对照中辽9052增产12%。2006年生产试验，平均单产7 503kg/hm²，比对照庄育3号增产15.5%。2006年北方稻区中早粳晚熟区域试验，平均单产9 705kg/hm²，比对照金珠1号增产16.6%。2007年续试，平均单产10 611kg/hm²，比对照金珠1号增产14.5%；两年平均单产10 192.5kg/hm²，比对照金珠1号增产14.5%。2007年生产试验，平均单产10 347kg/hm²，比对照金珠1号增产12.6%。适宜在辽宁南部、新疆南部、北京、天津等地种植。

栽培技术要点：适期早播早插，培育壮秧。稀播培育带蘖壮秧，用种量250g/m²。一叶一心炼苗，提早适应外温，床温控制在30℃以内，浇水管理，及时追肥打药。培育叶龄4～5叶，带蘖率30%的壮秧。建立理想的群体结构。插秧规格30cm×20cm或[(42～50)+

(27～30)]cm×16.5cm，每穴栽插3苗。施肥上采用前促、中稳、后保的原则，氮肥平稳促进，增施磷、钾、锌肥。底肥要全层施肥，施硫酸铵600kg/hm²，磷酸二铵180kg/hm²，钾肥105kg/hm²，锌肥37.5kg/hm²。分蘖始期施硫酸铵180kg/hm²，分蘖盛期施硫酸铵180kg/hm²、钾肥105kg/hm²。减数分裂期和出穗后酌情施硫酸铵75kg/hm²。浅、湿、干间歇灌溉，后水不见前水。收获前尽量延迟断水，一般收获前半个月灌一次透水，促进活秆成熟。及时防治病、虫、草害，适期收割，确保增产增收。

辽优5273 (Liaoyou 5273)

品种来源：辽宁省水稻研究所以5216A/C73配组选育而成。2007年通过国家农作物品种审定委员会审定，审定编号为国审稻2007050。

形态特征和生物学特性：粳型三系杂交旱稻，感光性弱，感温性中等，基本营养生长期短，属中熟中粳。全生育期平均110d，株高100.5cm，穗长19.2cm，有效穗数306万穗/hm²，成穗率65.9%，穗粒数122.4粒，结实率79.8%，千粒重24.1g。

品质特性：整精米率62%，垩白粒率75%，垩白度6.8%，胶稠度78cm，直链淀粉含量14.6%。

抗性：叶瘟3级，穗颈瘟3级，抗旱性5级。

产量及适宜地区：2005年黄淮海麦茬稻区旱稻中晚熟区域试验，平均单产4 443kg/hm²，比对照旱稻277增产9.7%；2006年续试，平均单产5 227.5kg/hm²，比对照旱稻277增产21%；两年平均单产4 836kg/hm²，比对照旱稻277增产15.5%。2006年生产试验，平均单产5 406kg/hm²，比对照旱稻277增产23%。适宜在河南、江苏、安徽、山东的黄淮流域和陕西汉中稻区作夏播旱稻种植。

栽培技术要点：播种前种子以多菌灵浸种，黄淮地区一般6月上旬播种，播种量112.5kg/hm²，播深2～3cm，行距20～25cm。播种后出苗前，用60%丁草胺4.5kg/hm²和噁草酮4.5kg/hm²混合对水喷雾，进行土壤封闭，苗后用二氯喹啉酸0.75kg/hm²或敌稗7.5kg/hm²进行茎叶处理。结合整地施农家肥15 000kg/hm²，随种施磷酸二铵150kg/hm²，硫酸钾150kg/hm²，硫酸铵225kg/hm²，还可施少量的微肥。在旱稻的拔节期、孕穗至抽穗期视苗酌情分别追施硫酸铵150kg/hm²，追肥选在灌水或雨前。在孕穗、灌浆期间，如遇干旱应及时灌水，雨量多或涝洼地可一生免灌。注意防治黏虫、二化螟等虫害，防治时用晶体敌百虫或杀虫双对水喷雾即可。

辽优 9573 (Liaoyou 9573)

品种来源：辽宁省水稻研究所以95A/C73配组选育而成。2009年通过辽宁省农作物品种审定委员会审定，审定编号为辽审稻2009219。

形态特征和生物学特性：粳型三系杂交水稻，感光性弱，感温性中等，基本营养生长期短，属迟熟早粳。幼苗粗壮、色浓绿，耐寒，秧苗生长发育快。叶片直立，分蘖力强，茎秆粗壮有弹性，基部节间较短，散穗型，成穗率高。全生育期161d，株高107.2cm，穗长24cm，每穴穗数为18~20个，有效穗数316.5万穗/hm²，结实率81.2%，每穗粒数140粒，千粒重25g。

品质特性：整精米率71.4%，垩白粒率12%，垩白度1.4%，胶稠度86mm，直链淀粉含量18%。

抗性：中抗稻瘟病。

产量及适宜地区：2007年辽宁省中晚熟区域试验，平均单产9 825kg/hm²，比对照辽粳9号增产8.9%；2008年续试，平均单产9 462kg/hm²，比对照辽粳9号增产3.6%；两年平均单产9 643.5kg/hm²，比对照辽粳9号增产6.5%。2008年生产试验，平均单产9 247.5kg/hm²，比对照辽粳9号增产8.4%。适宜在辽宁南部地区种植。

栽培技术要点：适期早播早插，培育壮秧。稀播培育带蘖壮秧，用种量250kg/m²。一叶一心炼苗，提早适应外温，床温控制在30℃以内，浇水管理，及时追肥打药。培育叶龄4~5叶，带蘖率30%的壮秧。建立理想的群体结构。插秧规格30cm×20cm或[（42~50）+（27~30）]cm×16.5cm。施肥上采用前促、中稳、后保的原则，氮肥平稳促进，增施磷、钾、锌肥。底肥要全层施肥，施硫酸铵300kg/hm²，磷酸二铵180kg/hm²，钾肥105kg/hm²，锌肥37.5kg/hm²。分蘖始期施硫酸铵180kg/hm²，分蘖盛期施硫酸铵180kg/hm²、钾肥105kg/hm²。减数分裂期和出穗后酌情施硫酸铵75kg/hm²。科学管理水浆。浅、湿、干间歇灌溉，后水不见前水。收获前尽量延迟断水，一般收获前半月灌一次透水，促进活秆成熟。及时防治病、虫、草害，适期收割，确保增产增收。

辽优 9906 (Liaoyou 9906)

品种来源：辽宁省水稻研究所以99A/C2106配组选育而成。2010年通过辽宁省农作物品种审定委员会审定，审定编号为辽审稻2010242。

形态特征和生物学特性：粳型三系杂交水稻，感光性弱，感温性中等，基本营养生长期短，属迟熟早粳。株型偏紧，幼苗健壮，分蘖力强，根系发达，苗期抗寒力强，叶色较绿，半直立穗，稀短芒，粒型偏长。全生育期165d，株高115cm，穗长26cm，每穴穗数15～18个，穗粒数130.0～150.0粒，结实率90%，千粒重为24.5g，

品质特性：糙米粒长5.9mm，糙米长宽比2.2，糙米率81.1%，精米率73.4%，整精米率68.8%，垩白粒率28%，垩白度2.7%，透明度1级，碱硝值7级，胶稠度68mm，直链淀粉含量19.6%，蛋白质含量8.1%。

抗性：抗寒力强，抗稻瘟病、白叶枯病、条纹叶枯病，轻感稻曲病，抗倒伏。

产量及适宜地区：2008年辽宁省晚熟区域试验，平均单产7 974kg/hm²，比对照庄育3号增产23.4%；2009年续试，平均单产9 219kg/hm²，比对照港源8号增产19.4%；两年平均单产8 592kg/hm²，比对照港源8号增产21.2%。2009年生产试验，平均单产9 010.5kg/hm²，比对照港源8号增产16%。一般单产11 250kg/hm²。适宜在辽宁东港、庄河、瓦房店、普兰店、海城、盘锦、锦州、葫芦岛等地种植，也可在北京、天津、山西、陕西、山东、河南、河北等省种植。

栽培技术要点：辽南稻区4月10日前播完种。播种200～250g/m²，培育带蘖壮秧。插秧规格30cm×20cm或33.3cm×16.7cm，每穴3棵壮苗。施肥上采用前促、中稳、后保的原则，氮肥平稳促进，增施磷、钾、锌肥。底肥施硫酸铵300kg/hm²，磷酸二铵225kg/hm²，钾肥105kg/hm²，锌肥30kg/hm²。分蘖始期施硫酸铵225kg/hm²，分蘖盛期施硫酸铵225kg/hm²、钾肥105kg/hm²。减数分裂期酌情施硫酸铵75kg/hm²。浅、湿、干间歇灌溉，分蘖末期适当晒田或晾田，尽量延迟断水。及时防治病、虫、草害，预防二化螟、稻曲病。东部沿海稻区辽南稻区应注意预防白叶枯病、稻瘟病。

屉优418 (Tiyou 418)

品种来源：辽宁省水稻研究所以屉锦A/C418配组选育而成。1998年通过辽宁省农作物品种审定委员会审定，审定编号为辽审稻1998067。

形态特征和生物学特性：粳型三系杂交水稻，感光性弱，感温性中等，基本营养生长期短，属迟熟早粳。叶色深绿，顶三叶较长，穗位叶比冠层叶低15～20cm，呈叶下禾型，分蘖力强。全生育期168d，株高120cm，穗长26cm，有效穗数330万穗/hm²，穗粒数110.0～150.0粒，成穗率90%，千粒重28g。

品质特性：糙米率82.4%，精米率76.2%，整精米率72.7%，垩白粒率56%，垩白度10.4%，透明度2级，碱消值7级，胶稠度66mm，直链淀粉含量16.6%，蛋白质含量9.4%。

抗性：抗穗颈瘟病，中抗白叶枯病，抗虫，中抗稻曲病。

产量及适宜地区：1995—1996年两年辽宁省中晚熟区域试验，平均单产8 520kg/hm²，比对照辽粳326增产11.6%。一般单产10 500kg/hm²。适宜在辽宁辽阳、海城、营口、盘锦、大连、东港、锦州、葫芦岛等地种植，也可在北京、天津、山西、陕西、山东、河南、河北等地种植。

栽培技术要点：辽南稻区4月10日前播完种，播种200～250g/m²，培育带蘖壮秧；5月25日前插完秧。插秧规格30cm×20cm或33.3cm×16.7cm或（43.3+30）cm×16.7cm，每穴栽插3苗。施肥上采用前促、中稳、后保的原则，氮肥平稳促进，增施磷、钾、锌肥。

底肥施硫酸铵300kg/hm²，磷酸二铵180kg/hm²，钾肥105kg/hm²，锌肥37.5kg/hm²。分蘖始期施硫酸铵180kg/hm²，分蘖盛期施硫酸铵150kg/hm²，钾肥105kg/hm²。减数分裂期酌情施硫酸铵75kg/hm²。浅、湿、干间歇灌溉，分蘖末期适当晒田，尽量延迟断水。及时防治病、虫、草害，预防二化螟、稻曲病。东部沿海稻区辽南稻区应注意预防白叶枯病、稻瘟病。

秀优57 (Xiuyou 57)

品种来源：辽宁省水稻研究所以秀岭A/C57配组选育而成。分别通过辽宁省（1986）和国家（1989）农作物品种审定委员会审定，审定编号分别为辽审稻1986017和国审稻GS 01007—1989。

形态特征和生物学特性：粳型三系杂交水稻，感光性弱，感温性中等，基本营养生长期短，属迟熟早粳。株型较紧凑，叶片颜色较深，功能叶挺立。根系发达，分蘖能力强。颖壳黄色，稀短芒。全生育期163d，株高100～105cm，穗长24cm，有效穗数450万穗/hm²，穗粒数130.0粒，结实率80%，千粒重25.5g。

品质特性：糙米率83%，精米率69%，含赖氨酸0.3%，蛋白质含量8.2%，直链淀粉含量12.3%。

抗性：中抗稻瘟病和白叶枯病，耐寒。

产量及适宜地区：一般单产9 750kg/hm²。适宜在辽宁沈阳、辽阳、鞍山、营口、盘锦、锦州、大连的中西部地区种植。另外，在宁夏、山西等稻区可作一季稻栽培；在北京、天津等稻区作一季中稻；在山东、河北（北部）等稻区作麦茬旱种或水种。

栽培技术要点：播种前晒种，采用种衣剂包衣，也可选用多菌灵浸种；结合整地施农家肥15 000kg/hm²，随种施磷酸二铵150kg/hm²，硫酸钾150kg/hm²，硫酸酸铵225kg/hm²，并配施少量微肥；播种后出苗前，选用60%丁草胺4.5kg/hm²和噁草酮4.5kg/hm²混合对水喷雾进行土壤封闭，苗后用二氯喹啉酸0.75kg/hm²或敌稗7.5kg/hm²进行茎叶处理；在出苗期、拔节期、孕穗、灌浆期如遇干旱应及时灌水；注意防治稻瘟病等病虫的危害。

盐两优2818（Yanliangyou 2818）

品种来源：辽宁省盐碱地利用研究所以光温敏核不育系GB028SG/ C418配组选育而成。2003年通过国家农作物品种审定委员会审定，审定编号为国审稻2003020。

形态特征和生物学特性：粳型两系杂交水稻，感光性弱，感温性中等，基本营养生长期短，属迟熟早粳。株型紧凑、茎秆柔韧，抗倒伏、叶片直立，叶色浓绿，散穗型、叶下禾、穗大整齐；颖壳黄色，种皮白色，无芒。全生育期162d，比对照品种辽粳454晚熟5d，株高115cm，穗长21cm，有效穗数349.5万穗/hm²，穗粒数141.7粒，结实率74.4%，千粒重26.5g。

品质特性：糙米粒长5.7mm，糙米长宽比2，糙米率82.9%，精米率74.6%，整精米率58.6%，垩白粒率58%，垩白度5.3%，透明度1级，碱消值7级，胶稠度73mm，直链淀粉含量17.2%，蛋白质含量9.9%。

抗性：抗稻瘟病，抗旱，耐盐，耐冷。

产量及适宜地区：1999年辽宁省中晚熟区域试验，平均单产9 201kg/hm²，比对照辽粳454增产8.4%；2000年续试，平均单产9 528kg/hm²，比对照辽粳454增产14.6%；两年平均单产9 364.5kg/hm²，比对照辽粳454增产11.5%。2001年生产试验，平均单产9 187.5kg/hm²，比对照辽粳454增产12.7%。1999年北方稻区中早粳晚熟区试，平均单产10 314kg/hm²，比对照中丹2号增产12.5%；2000年续试，平均单产9 859.5kg/hm²，比对照中丹2号增产14.3%；两年平均单产10 087.5kg/hm²，比对照中丹2号增产13.4%。2001年生产试验，平均单产9 576kg/hm²，比对照中丹2号增产13.5%。适宜在辽宁南部及北京、天津、河北等稻区种植。

栽培技术要点：4月中下旬播种，5月中下旬至6月初移栽。播种量普通旱育苗200g/m²，钵体育苗450g/m²。插秧密度33cm×15cm，每穴栽插2～3苗。氮、磷、钾平衡施用。施纯氮675kg/hm²，分5次施入；五氧化二磷187.5kg/hm²（作底肥）；氧化钾345kg/hm²（分蘖期作追肥）。水层管理以浅水为主，干湿结合，成熟后期撤水不宜过早。5月下旬至6月上旬对稻水象甲进行防治，6月下旬对二化螟进行防治。在稻瘟病重发区在抽穗前及时防治。

第三节　粳稻不育系

黎明 A（Liming A）

不育系来源：湖南杂交水稻研究中心以日本 BT 型台中 65A/黎明多代回交转育而成。1977 年转育成粳稻 BT 型黎明 A 不育系。

形态特征和生物学特性：BT 型中熟早粳不育系，感光性弱，感温性中等，基本营养生长期短。株型紧凑，茎秆粗壮，颖壳黄白，无芒。不育性状稳定，不育株率 100%，套袋自交不实率 99.95%，花时正常，开花习性好，异交结实率为 50% ~ 70%，花药较细，不开裂，花粉较正常略小，圆形，遇 I_2-KI 溶液不着色或浅着色，属染败型。可恢复性好，配合力强，杂种优势明显。全生育期为 150 ~ 155d，株高 95 ~ 100cm，主茎叶片数 14 ~ 15 叶，千粒重 26 ~ 27g。

品质特性：糙米率 80 ~ 82%，精米率 75.3%，整精米率 70.1%，垩白粒率 6%，垩白度 0.3%，胶稠度 88mm，直链淀粉含量 15.6%，蛋白质含量 8.9%。

抗性：抗倒伏，中抗稻瘟病、白叶枯病。

应用情况：适宜配制中熟、中晚熟粳稻类型杂交组合。配组的主要品种有黎优 57。

繁殖要点：选择好隔离区，严防生物学混杂。要求隔离区距离应不短于 500m；确保适宜的播栽期，保证安全齐穗。正季 4 月 10 日播种，抽穗期 8 月 1 日；合理密植，科学管理。施足基肥，早施追肥，单株密植；及时去杂，确保种子质量。

辽5216A（Liao 5216 A）

不育系来源：辽宁省水稻研究所以黎明A//珍珠粳/8467多代回交转育而成。

形态特征和生物学特性：属BT型中熟早粳不育系。感光性弱，感温性中等，基本营养生长期短。株型较紧凑，分蘖力强，茎秆韧性强，叶色淡绿，散穗型，颖壳黄白，稀短芒。不育性状稳定，不育株率100%，套袋自交不实率99.95%，花时正常，开花习性好，花粉镜检鉴定发现，败育率99.5%，其中染败率61.3%，圆败率占17.7%，典败占20.5%。全生育期为155d，株高110cm，主茎叶片数15.7叶，单株成穗15穗，穗长23cm，穗粒数160.0粒，千粒重26g。

品质特性：糙米长宽比1.9，糙米率86.8%，整精米率64.3%，垩白粒率8%，垩白度1.5%，透明度1级，碱消值7级，胶稠度85mm，直链淀粉含量15.2%，蛋白质含量8.6%。

抗性：抗白叶枯病、稻瘟病和稻曲病。

应用情况：适宜配制中熟、中晚熟粳稻类型杂交组合。配组的主要品种有辽优5218、辽优5273等。

繁殖要点：选择好隔离区，严防生物学混杂。要求隔离区距离应不短于500m；确保适宜的播栽期，保证安全齐穗。正季4月10日播种，抽穗期8月1日；合理密植，科学管理。施足基肥，早施追肥，单株密植；及时去杂，确保种子质量。

屉锦A (Tijin A)

不育系来源：辽宁省水稻研究所以黎明A/屉锦多代回交转育而成。

形态特征和生物学特性：BT型迟熟早粳不育系。感光性弱，感温性较强，基本营养生长期短。株型较紧凑，分蘖力较强，生长清秀，茎秆粗壮，中长粒，颖壳黄白，颖尖淡紫色，无芒。不育性状稳定，不育株率100%，套袋自交不实率99.95%，花时正常，开花习性好，单穗开花动态曲线呈偏态分布，颖花开张角度大，颖花柱头外露率高，不包颈，异交结实率为60%～70%，花药较细，不开裂，花粉较正常略小，圆形，遇I_2-KI溶液不着色或浅着色，属染败型。全生育期为165d，株高105cm，主茎叶片数16叶，单株成穗10～12穗，穗长19cm，穗粒数100.0～110.0粒，千粒重25～26g。

品质特性：糙米率82.3%。

抗性：轻感穗颈瘟，耐寒。

应用情况：适宜配制中晚熟粳稻类型杂交组合。配组的主要品种有屉优418。

繁殖要点：选择好隔离区，严防生物学混杂。要求隔离区距离应不短于500m；确保适宜的播栽期，保证安全齐穗。正季4月10日播种，抽穗期8月10日；合理密植，科学管理。施足基肥，早施追肥，单株密植；及时去杂，确保种子质量。

秀岭A (Xiuling A)

不育系来源：辽宁省水稻研究所以BT型炬锦A/秀岭多代回交转育而成。

形态特征和生物学特性：BT型中熟早粳不育系，感光性弱，感温性中等，基本营养生长期短。株型紧凑，茎秆粗壮，分蘖力较强，颖壳黄白，无芒。不育性状稳定，不育株率100%，套袋自交不实率在99.9%，花时正常，开花习性好，异交结实率为50%～60%，花药较细，不开裂，花粉粒略小，圆形，属染败型。可恢复性强，配合力强，杂种优势明显。全生育期为150～155d，比丰锦稍早，株高97cm，主茎叶片数14～15叶，千粒重26g。

品质特性：糙米率80%。

抗性：中稻瘟病、白叶枯病。

应用情况：适宜配制中熟、中晚熟粳稻类型杂交组合。配组的主要品种有秀优57。

繁殖要点：选择好隔离区，严防生物学混杂。要求隔离区距离应不短于500m；确保适宜的播栽期，保证安全齐穗。正季4月10日播种，抽穗期8月1日；合理密植，科学管理。施足基肥，早施追肥，单株密植；及时去杂，确保种子质量。

第四节　粳稻恢复系

C2106 (C 2106)

恢复系来源：辽宁省水稻研究所以晚轮422/C8411杂交，经多代选择育成。

形态特征和生物学特性：属中熟早粳恢复系。感光性弱，感温性中等，基本营养生长期短。株型紧凑，幼苗粗壮，剑叶卷曲直立，茎秆粗壮，基部节间短，分蘖力中等，散穗型，成熟时穗呈叶下禾状，长粒型，颖壳黄白，无芒。全生育期为155～158d，比C418早10～12d，株高110cm，主茎叶片数15～16叶，单株成穗12个，穗长30cm，一般每穗颖花数160个，结实率90%，千粒重25g。花时较早，花粉量较大。

品质特性：糙米粒长5.2mm，糙米长宽比2.7，糙米率82.8%，精米率73.4%，整精米率51.4%，垩白粒率12.3%，垩白度7.3%，碱消值7级，胶稠度66mm，直链淀粉含量15%，蛋白质含量9.2%，部颁二级优质米标准。

抗性：高抗稻瘟病、高抗白叶枯病、纹枯病，不易感染稻曲病，苗期、灌浆期及成熟后期耐寒力强，绿叶多，活秆成熟，抗倒伏能力强。

应用情况：适宜配制中晚熟、晚熟粳稻杂交组合，配组的主要品种有辽优2006、辽优9906等。

繁殖要点：在适宜播种时间内，秧龄35d，4月20日播种，8月3日抽穗；培育壮秧，行株距30cm×13.3cm，每穴栽插3～4苗，适时晒田；施足基肥，早施追肥，防止施肥过迟、过多造成倒伏或加重病虫危害；后期不能过早断水，直到成熟都应保持湿润。及时防治二化螟等虫害。

C418 (C 418)

恢复系来源: 辽宁省水稻研究所以晚轮422/密阳23杂交，经多代选择育成。

形态特征和生物学特性: 属早熟中粳恢复系。感光性弱，感温性中等，基本营养生长期短。株型紧凑，茎秆粗壮，分蘖力中等，叶片深绿，上三叶内卷上冲，散穗型，成熟时穗呈叶下禾状，长粒型，颖壳黄白，无芒。全生育期为165～170d，播始历期125d，株高102cm，主茎叶片数16～17叶，穗长29cm，一般每穗颖花数210个，千粒重29g。花时偏早，花粉量大，单株花期10～15d。

品质特性: 糙米长宽比2.4，糙米率84.6%。

抗性: 高抗稻瘟病表现，抗倒伏。

应用情况: 适宜配制中晚熟、晚熟粳稻杂交组合，配组的主要品种有屉优418、辽优5218等。

繁殖要点: 在适宜播种时间内，秧龄35d，4月15日播种，8月17日抽穗；培育壮秧，行株距30cm×13.3cm，每穴栽插3～4苗，适时晒田；施足基肥，早施追肥，防止施肥过迟、过多造成倒伏或加重病虫危害；后期不能过早断水，直到成熟都应保持湿润。及时防治二化螟等虫害。

C57 (C 57)

恢复系来源：辽宁省水稻研究所以IR8/科情3号//京引35为杂交组合，采用系谱法选育而成。

形态特征和生物学特性：属迟熟早粳恢复系。感光性弱，感温性中等，基本营养生长期短。株型紧凑，茎秆粗壮，分蘖力中等，叶色浓绿，剑叶内卷挺立，长39.2cm，宽1.9cm，繁茂性强，颖壳黄白，无芒。全生育期为160～165d，株高93cm，主茎叶片数16～17叶，穗长29cm，一般每穗颖花数152.4个，千粒重27g。花时偏早，花粉量大。

品质特性：糙米粒长5.2cm，糙米长宽比2.1，糙米率85.8%，精米率65.4%，整精米率53.4%，垩白粒率10.3%，垩白度1.67%，直链淀粉含量16%，蛋白质含量9.2%，

抗性：抗稻瘟病表现，感白叶枯病，抗倒伏。

应用情况：适宜配制中晚熟、晚熟粳稻杂交组合，配组的主要品种有屉优418、辽优5218等。

繁殖要点：在适宜播种时间内，秧龄35d，4月15日播种，8月10日抽穗；培育壮秧，行株距30cm×13.3cm，每穴栽插3～4苗，适时晒田；施足基肥，早施追肥，防止施肥过迟、过多造成倒伏或加重病虫危害；后期不能过早断水，直到成熟都应保持湿润。及时防治二化螟等虫害。

第四章
著名育种专家

杨守仁

江苏丹阳人（1912—2005），1937年毕业于浙江大学农学院，1948年赴美国威斯康星大学研究生院，先后获硕士、博士学位，1951年回国，任山东大学农学院教授；1953年奉调沈阳农业大学任教，为沈阳农业大学一级终身教授，博士生导师。我国著名水稻育种学家。

曾用第一代IBM进行博士论文研究，发明了"田间试验区估算的新方法"，人称"杨氏公式"，至今美国仍在应用。他是东北三省水稻生产的积极倡导者，是我国水稻高产栽培理论体系的始创者，也是籼粳稻杂交、水稻理想株型、中国超级稻育种新途径的开拓者。先后发表有关水稻栽培理论、水稻育种、育种新途径等学术论文200余篇；在总结弘扬我国传统稻作文化和开拓籼粳稻杂交育种、理想株型育种中做出了创造性的贡献；同时，在超级稻研究方面取得突破性进展。先后获国家科技进步二等奖和三委一部"六五"重点科技攻关奖等几十项奖励。1998年获何梁何利科学与技术进步奖，以表彰他对籼粳稻杂交育种、水稻理想株型育种及水稻超高产育种的重要贡献。从20世纪50年代起，先后主编了第一部全国高等学校通用教材《作物栽培学》和《东北水稻栽培》等专著，编写了《中国水稻栽培学》，主编了《中国大百科》及《中国农百科》；担任世界名著《稻的生物学》的总校译，出版了学术专著《水稻高产栽培与高产育种论丛》和《水稻专题讨论文集》。

杨振玉

　　江西丰城人（1927—　），研究员，硕士生导师。1949年考入上海复旦大学，随后参加抗美援朝，抗美援朝结束回到沈阳农学院继续学习，1957年毕业于沈阳农学院农学系，随后在辽宁省水稻研究所从事科研工作。曾任北方杂交粳稻工程技术中心主任，国家"863"课题主持人。获辽宁省首届功勋科学家及全国农业科技先进工作者等荣誉称号，享受国务院政府特殊津贴。

　　20世纪70年代初，首创"籼粳架桥制恢"技术，成功地将籼稻基因导入了粳稻，成功地选育出世界上第一个"人工制恢"粳型恢复系C57，并在我国北方大面积实现了杂交粳稻的种植。该研究成果1978年获第一届全国科技大会奖；粳型水稻恢复系C57及杂交组合"黎优57"获第一届国家发明三等奖。80年代成功育成优质粳型恢复系C418（目前生产上杂交组合的恢复系大部分来自C57、C418的血缘）；同时，应用"籼粳架桥"技术也为常规粳稻的选育提供了新的技术途径，推动了北方常规水稻的快速发展。90年代育出杂交籼稻两系不育系广占63S及广占63A-4，由广占63S配制的组合丰两优1号和扬两优6号等累计推广面积约1 000万hm^2，成为长江中下游主栽品种，2013年获国家科技进步特等奖。他的人生追求和梦想是"但愿良种满天下，求得农民尽开颜"。

杨胜东

湖北省房县人（1927— ），教授级农艺师。1952年毕业于湖北农学院，曾任沈阳市浑河农场科技室主任。首批辽宁省优秀专家、中华全国总工会"五一"劳动奖章获得者和全国优秀科技工作者、中青年有突出贡献专家、第六届和第七届全国人大代表；多次被评为辽宁省及沈阳市劳动模范，享受国务院政府特殊津贴。

一生在农业生产第一线艰苦工作及研究，通过籼粳亚种间远缘杂交，成功育成了"高光效直立穗、理想株型"水稻品种辽粳5号，比当时生产上种植的日本著名品种丰锦和秋光增产20.0％以上。20世纪90年代育成的糯稻品种浑糯3号单产9 750 ~ 12 000kg/hm²，打破了辽宁省糯稻产量一直低于粳稻产量的局面。

辽粳5号是辽宁省水稻种植史上具有里程碑意义的优良品种，打破了辽宁省半个世纪以来以种植日本水稻品种为主的历史。1982年获国家农垦部重大科技成果奖；1983年获国家发明二等奖。

李玉福

辽宁辽阳人（1939— ），研究员。1965年毕业于沈阳农学院土壤农化专业，在辽宁省水稻研究所常规水稻育种室工作任职。1998年获辽宁省"五一"劳动奖章，1996年度被省政府直属机关工会委员会授予"建功立业先进个人"称号；辽宁省功勋科学家获得者，享受国务院政府特殊津贴。

长期从事水稻育种及新品种推广工作，20世纪80～90年代主持省攻关和国家攻关项目，以理想株型与杂种优势利用相结合的育种理论为指导，以高产、优质、多抗为育种目标，形成了多项技术创新，提出"两扩、两提高"的技术路线；育成水稻品种22个，1981—2002年，育成的水稻品种在省内外累计推广面积达600万hm²，取得了重大的经济效益和社会效益。

获得省部级科技奖励19项，其中辽粳326、辽粳454、辽粳294品种分别于1995年、1998年、2001年获辽宁省政府科技进步一等奖。辽开79、辽粳326、辽粳454、东选2号、辽粳294等品种获得国家农业科技攻关后补助。"辽粳326和辽开79及综合配套技术推广"荣获农业部丰收计划二等奖；发表学术论文20余篇。

许 雷

辽宁省盖州人（1948— ），研究员。1966年毕业于辽宁熊岳农业高等专科学校，曾在营口县农业技术推广中心、辽宁省盐碱地利用研究所等单位任职，现任盘锦北方农业技术开发有限公司董事长。第十一届辽宁省政协常委、第八届、第九届全国人大代表、第十一届全国政协委员；辽宁省劳动模范，辽宁省优秀企业家，辽宁省优秀专家，全国农业科技推广先进个人，全国农垦系统科研先进个人，民盟全国先进个人。享受国务院政府特殊津贴。

从事水（旱）稻育种研究40余年，主持国家水稻重点项目17项，省、部级项目22项。育成并通过国家和辽宁省农作物品种审定委员会审定的品种共有27个。育成的辽盐、雨田、田丰、锦丰、辽旱、锦稻等系列水、旱稻品种在北方适宜地区推广应用，辽盐系列水稻品种被国家列为"九五"重中之重推广项目。

获国家发明三等奖2项、获省部级科技进步二等奖6项、获辽宁省政府科技进步三等奖6项、获辽宁省政府重大科技成果转化奖2项。发表论文50余篇。主编著作1部，《北方水稻遗传改良》；副主编专著2部，《中国北方粳稻品种志》《农垦北方稻作新技术》；参编专著4部。

王伯伦

辽宁辽中人（1949— ），教授，博士生导师。1984年毕业于沈阳农业大学，硕士学位；2000年获日本千叶大学博士学位，在沈阳农业大学农学院任职。1992年被农业部授予"有突出贡献的中青年专家"，享受国务院政府特殊津贴；1997年被人事部授予国家级"中青年有突出贡献专家"。第三、四届中国作物学会栽培专业委员会副主任并兼任稻组副组长。

长期从事水稻科研工作，曾主持国家优秀年轻教师基金、国家自然科学基金、国家"863"计划、国家农业综合开发、国家农业高新技术产业化和辽宁省等科技项目。创造性提出"多元杂交、混系结合、株型理想、优化选择"的育种策略，以半直立穗的理想株型材料为重点，选育出了沈稻（农）系列水稻品种16个，其中沈农8718、沈稻7号、沈稻5号、沈稻2号和沈稻11通过国家农作物品种审定委员会审定；沈农315、沈稻3号、沈稻4号、沈稻8号、沈稻9号、沈稻29等通过辽宁省农作物品种审定委员会审定，在生产上大面积推广应用。

以水稻高产、优质为目标，采用常规技术与计算机、生物技术相结合的方式，研制出水稻模式化栽培技术，在辽宁等地推广应用，其中"水稻高产栽培的数学模拟与系统控制"1995年获国家教委科技进步二等奖；"优质专用高产高效粳稻新品种选育"2009年获辽宁省科技进步一等奖。出版《水稻优化栽培》《水稻优质高产育种的理论与实践》等著作11部；发表论文100余篇。

陈温福

辽宁法库人（1955— ），中国工程院院士、教授，博士生导师。1987年毕业于沈阳农业大学，博士学位。现任沈阳农业大学水稻研究所所长。全国优秀农业科技工作者、全国模范教师、学科拔尖人才和攀登学者，农业部有突出贡献的中青年专家、全国粮食生产先进工作者标兵等荣誉称号；获中国农业英才奖、全国"五一"奖章、何梁何利奖；辽宁省中青年科带头人、辽宁省优秀专家、辽宁省特等劳动模范；享受国务院政府特殊津贴。

先后主持完成国家和省部级科研项目30余项，包括国家自然科学基金、国家重点科技攻关、国家"863"计划重大专项、国家农业科技成果转化资金项目、农业部超级稻育种专项等。在籼粳稻杂交育种、水稻理想株型和超级稻育种理论与技术研究等方面做了大量开拓性工作，取得多项创新成果并获奖；育成沈农265等水稻品种10余个。

获国家科技进步二等奖2项，辽宁省科技进步一等奖3项、二等奖3项，教育部科技进步二等奖2项，农业部全国农牧渔业丰收一等奖2项、二等奖1项。出版专著4部，译著1部；在国内外核心学术期刊发表论文178篇，其中SCI收录8篇。

邵国军

辽宁昌图人（1957— ），博士，研究员，硕士生导师。1982年毕业于沈阳农业大学，现任职于辽宁省水稻研究所，曾任辽宁省稻作研究所所长。国家科学技术奖评审专家，第一届国家农作物品种审定委员会稻专业副主任委员，辽宁省农业科学院博士后工作站指导教师。辽宁省"五一"劳动奖章获得者，辽宁省优秀专家，享受国务院政府特殊津贴。

　　长期从事水稻育种和栽培与耕作以及新品种推广及成果转化工作。主持国家科技攻关、科技支撑、"863"计划、国家农业科技跨越计划、农业部"948"项目、农业结构调整重大专项、农业部科技成果转化资金、星火计划、粮丰计划等重大科技项目10余项。育成水稻品种41个，其中杂交粳稻组合3个。"八五"以来辽粳（辽星）系列水稻新品种，成果覆盖辽宁水稻面积的70%以上，累计推广面积800万 hm^2；其中，主持的农业科技跨越计划项目"辽粳294生产技术试验示范推广"两年项目区推广面积达14.4万 hm^2；辽宁省丰收计划项目"辽粳9号丰产高效技术集成及推广"在"十一五"期间项目区累计推广面积68.7万 hm^2。

　　获国家科技进步二等奖2项；辽宁省科技进步一等奖4项、二等奖2项，辽宁省政府科技成果转化一等奖1项；农业部丰收计划一等奖2项、二等奖3项。主编、副主编、参加编写《北方优质稻品种及栽培》等专著6部，发表学术论文38篇。

徐正进

辽宁省营口县人（1958— ），博士，教授，博士生导师。1982年毕业于沈阳农业大学，现任沈阳农业大学水稻所副所长，教育部、农业部重点开放实验室主任，作物学学科带头人、农业部和辽宁省创新团队学术带头人；曾任日本京都大学大学院农学研究科客座教授；中国作物学会水稻分会副理事长、全国优秀农业科技工作者、农业部有突出贡献的中青年专家、教育部优秀青年教师；辽宁省优秀青年科技工作者、辽宁优秀教师、辽宁省"五一"劳动奖章获得者、辽宁省优秀专家。享受国务院政府特殊津贴。

30多年一直从事水稻科研教学工作，并在籼粳稻杂交、理想株型及超高产育种领域做了比较系统深入研究，在水稻高产特别是超高产遗传与生理基础研究领域取得了重要成果。承担国家自然科学基金（重点和面上）、"973""863"、科技支撑计划等科研项目20多项。育成沈农系列超级稻品种10余个，在生产上推广应用。

获国家科技进步二等奖2项、多次获辽宁省科技进步一、二等奖及教育部科技进步二等奖等。出版专著2部，在*Theor Appl Genet*《科学通报》等国内外刊物发表论文100多篇。

第五章
品种检索表

ZHONGGUO SHUIDAO PINZHONGZHI · LIAONING JUAN

品种名	英文（拼音）名	类型	审定（育成）年份	审定编号	品种权号	页码
C2106	C 2106	粳型恢复系				339
C418	C 418	粳型恢复系				340
C57	C 57	粳型恢复系				341
辰禾168	Chenhe 168	常规早粳稻	2009	辽审稻2009215		47
晨宏36	Chenhong 36	常规早粳稻	2008	辽审稻2008205		48
丹137	Dan 137	常规早粳稻	2006	辽审稻2006191		49
丹旱稻1号	Danhandao 1	常规早粳旱稻	2001	辽审稻2001097		50
丹旱稻2号	Danhandao 2	常规早粳旱稻	2004	国审稻2004060		51
丹旱稻4号	Danhandao 4	常规早粳旱稻	2005	国审稻2005059		52
丹旱糯3号	Danhannuo 3	常规中粳糯旱稻	2004	国审稻2004056		53
丹粳1号	Dangeng 1	常规早粳稻	1986	辽审稻1986016		54
丹粳10号	Dangeng 10	常规中粳稻	2005	辽审稻2005168		55
丹粳11	Dangeng 11	常规早粳稻	2003	辽审稻2003118		56
丹粳12	Dangeng 12	常规中粳稻	2003	辽审稻2003119		57
丹粳2号	Dangeng 2	常规早粳稻	1989	辽审稻1989026		58
丹粳3号	Dangeng 3	常规早粳稻	1989	辽审稻1989027		59
丹粳4号	Dangeng 4	常规早粳稻	1993	辽审稻1993042		60
丹粳5号	Dangeng 5	常规早粳旱稻	1992	辽审稻1992039		61
丹粳6号	Dangeng 6	常规早粳旱稻	1996	辽审稻1996055		62
丹粳7号	Dangeng 7	常规中粳稻	1997	辽审稻1997062		63
丹粳8号	Dangeng 8	常规早粳旱稻	1999	辽审稻1999074		64
丹粳9号	Dangeng 9	常规早粳稻	2001	辽审稻2001098		65
丹糯2号	Dannuo 2	常规早粳糯稻	2001	辽审稻2001088		66
稻峰1号	Daofeng 1	常规早粳稻	2010	辽审稻2010244		67
地优57	Diyou 57	三系杂交粳稻	1985	辽审稻1985013		313
东选2号	Dongxuan 2	常规早粳稻	1997	辽审稻1997059		68
东壮1018	Dongzhuang 1018	常规早粳稻	2010	辽审稻2010239		69
丰锦	Fengjin	常规早粳稻	1974	辽审稻1974002		70
丰民2102	Fengmin 2102	常规早粳稻	2005	辽审稻2005142		71

（续）

品种名	英文（拼音）名	类型	审定（育成）年份	审定编号	品种权号	页码
福粳2103	Fugeng 2103	常规早粳稻	2006	辽审稻2006179		72
福粳8号	Fugeng 8	常规早粳稻	2006	辽审稻2006184		73
福星90	Fuxing 90	常规早粳稻	2010	辽审稻2010231		74
抚105	Fu 105	常规早粳稻	2005	辽审稻2005121		75
抚218	Fu 218	常规早粳稻	2005	辽审稻2005134		76
抚粳1号	Fugeng 1	常规早粳稻	1981	辽审稻1981009		77
抚粳2号	Fugeng 2	常规早粳稻	1987	辽审稻1987020		78
抚粳3号	Fugeng 3	常规早粳稻	1997	辽审稻1997064		79
抚粳4号	Fugeng 4	常规早粳稻	2001	辽审稻2001091 国审稻2003022		80
抚粳5号	Fugeng 5	常规早粳稻	2005	辽审稻2005132		81
抚粳8号	Fugeng 8	常规早粳稻	2010	辽审稻2010230		82
抚粳9号	Fugeng 9	常规早粳稻	2010	辽审稻2010227		83
富禾5号	Fuhe 5	常规早粳稻	2003	辽审稻2003117		84
富禾6号	Fuhe 6	常规早粳稻	2005	辽审稻2005129		85
富禾66	Fuhe 66	常规早粳稻	2005	辽审稻2005160		86
富禾70	Fuhe 70	常规早粳稻	2005	辽审稻2005141		87
富禾77	Fuhe 77	常规早粳稻	2008	辽审稻2008194		88
富禾80	Fuhe 80	常规早粳稻	2006	辽审稻2006183		89
富禾90	Fuhe 90	常规早粳稻	2006	辽审稻2006173		90
富禾99	Fuhe 99	常规早粳稻	2005	辽审稻2005171		91
富禾998	Fuhe 998	常规早粳稻	2008	辽审稻2008197		92
富粳357	Fugeng 357	常规早粳稻	2010	辽审稻2010234		93
富田2100	Futian 2100	常规早粳稻	2010	辽审稻2010236		94
港辐1号	Gangfu 1	常规中粳稻	1996	辽审稻1996058		95
港育10号	Gangyu 10	常规早粳稻	2006	辽审稻2006190		96
港育129	Gangyu 129	常规早粳稻	2009	辽审稻2009226		97
港育2号	Gangyu 2	常规早粳稻	2005	辽审稻2005170		98
港源3号	Gangyuan 3	常规中粳稻	2005	辽审稻2005148		99
港源8号	Gangyuan 8	常规早粳稻	2008	辽审稻2008206		100

（续）

品种名	英文（拼音）名	类型	审定（育成）年份	审定编号	品种权号	页码
公字1号	Gongzi 1	常规早粳稻	1977	辽审稻1977003		101
旱152	Han 152	常规早粳旱稻	1989	辽审稻1989024		102
旱58	Han 58	常规早粳旱稻	1992	辽审稻1992037		103
旱72	Han 72	常规早粳旱稻	1989	辽审稻1989025		104
旱946	Han 946	常规早粳旱稻	2000	辽审稻2000079		105
旱9710	Han 9710	常规早粳旱稻	2003	国审稻2003029		106
旱丰8号	Hanfeng 8	常规早粳旱稻	2003	国审稻2003088		107
旱糯303	Hannuo 303	常规早粳糯旱稻	2006	国审稻2006074		108
花粳15	Huageng 15	常规早粳稻	2002	辽审稻2002104		109
花粳45	Huageng 45	常规早粳稻	1996	辽审稻1996054		110
花粳8号	Huageng 8	常规早粳稻	2005	辽审稻2005143		111
华单998	Huadan 998	常规早粳稻	2009	辽审稻2009212		112
黄海6号	Huanghai 6	常规早粳稻	2009	辽审稻2009223		113
浑糯3号	Hunnuo 3	常规早粳糯稻	1999	辽审稻1999073		114
吉粳88	Jigeng 88	常规早粳稻	2005	辽审稻2005154 吉审稻2005001 国审稻2005051		115
津9540	Jin 9540	常规早粳稻	2005	辽审稻2005149 津审稻2005003		116
锦稻104	Jindao 104	常规早粳稻	2008	辽审稻2008195		117
锦稻105	Jindao 105	常规早粳稻	2009	辽审稻2009220		118
锦稻106	Jindao 106	常规早粳稻	2009	辽审稻2009211		119
锦稻201	Jindao 201	常规早粳稻	2008	国审稻2008037		120
京丰2号	Jingfeng 2	常规早粳稻				121
京引177	Jingyin 177	常规早粳稻				122
京引35	Jingyin 35	常规早粳稻				123
京引82	Jingyin 82	常规早粳稻				124
京引83	Jingyin 83	常规早粳稻				125
京租	Jingzu	常规早粳稻				126
开粳1号	Kaigeng 1	常规早粳稻	1999	辽审稻1999075		127
开粳2号	Kaigeng 2	常规早粳稻	2001	辽审稻2001083		128

（续）

品种名	英文（拼音）名	类型	审定（育成）年份	审定编号	品种权号	页码
开粳3号	Kaigeng 3	常规早粳稻	2002	辽审稻2002100 国审稻2003021		129
抗盐100	Kangyan 100	常规早粳稻	1994	辽审稻1994047		130
黎明A	Liming A	粳型不育系				335
黎优57	Liyou 57	三系杂交粳稻	1980	辽审稻1980005 国审稻GS 01008-1984		314
辽5216A	Liao 5216A	粳型不育系				336
辽丰2号	Liaofeng 2	常规早粳稻				131
辽丰3号	Liaofeng 3	常规早粳稻				132
辽丰4号	Liaofeng 4	常规早粳稻				133
辽旱109	Liaohan 109	常规早粳旱稻	2003	国审稻2003087		134
辽旱403	Liaohan 403	常规早粳旱稻	2005	国审稻2005057		135
辽河1号	Liaohe 1	常规早粳稻	2009	辽审稻2009221		136
辽河5号	Liaohe 5	常规早粳稻	2006	辽审稻2006187		137
辽河糯	Liaohenuo	常规早粳糯稻	2006	辽审稻2006181		138
辽粳10号	Liaogeng 10	常规早粳稻	1982	辽审稻1982011		139
辽粳101	Liaogeng 101	常规早粳稻	2010	辽审稻2010241		140
辽粳135	Liaogeng 135	常规早粳稻	1999	辽审稻1999072		141
辽粳152	Liaogeng 152	常规早粳稻				142
辽粳207	Liaogeng 207	常规早粳稻	1998	辽审稻1998069		143
辽粳244	Liaogeng 244	常规早粳稻	1995	辽审稻1995050		144
辽粳27	Liaogeng 27	常规早粳糯旱稻	2003	国审稻2003086		145
辽粳28	Liaogeng 28	常规早粳稻	2003	辽审稻2003113		146
辽粳287	Liaogeng 287	常规早粳稻	1988	辽审稻1988021		147
辽粳288	Liaogeng 288	常规早粳稻	2001	辽审稻2001086 国审稻2003018		148
辽粳29	Liaogeng 29	常规早粳稻	2005	辽审稻2005133		149
辽粳294	Liaogeng 294	常规早粳稻	1998	辽审稻1998068 国审稻1999006		150
辽粳30	Liaogeng 30	常规早粳稻	2001	辽审稻2001092		151
辽粳326	Liaogeng 326	常规早粳稻	1992	辽审稻1992036		152

（续）

品种名	英文（拼音）名	类型	审定（育成）年份	审定编号	品种权号	页码
辽粳371	Liaogeng 371	常规早粳稻	2001	辽审稻2001084 国审稻2003079		153
辽粳421	Liaogeng 421	常规早粳稻	1990	辽审稻1990028		154
辽粳454	Liaogeng 454	常规早粳稻	1996	辽审稻1996053		155
辽粳5号	Liaogeng 5	常规早粳稻	1981	辽审稻1981010		158
辽粳534	Liaogeng 534	常规早粳稻	2002	辽审稻2002102		159
辽粳6号	Liaogeng 6	常规早粳稻	1981	辽审稻1981006		158
辽粳912	Liaogeng 912	常规早粳稻	2005	辽审稻2005123		159
辽粳92-34	Liaogeng 92-34	常规早粳稻	2002	辽审稻2002103 国审稻2004050		160
辽粳931	Liaogeng 931	常规早粳稻	2001	辽审稻2001093		161
辽开79	Liaokai 79	常规早粳稻	1991	辽审稻1991032		162
辽农938	Liaonong 938	常规早粳稻	1998	辽审稻1998071		163
辽农968	Liaonong 968	常规早粳稻	2001	辽审稻2001087		164
辽农979	Liaonong 979	常规早粳稻	2001	辽审稻2001094		165
辽农9911	Liaonong 9911	常规早粳稻	2002	辽审稻2002101		166
辽糯1号	Liaonuo 1	常规早粳糯稻	1986	辽审稻1986014		167
辽星1号	Liaoxing 1	常规早粳稻	2005	辽审稻2005135		168
辽星10号	Liaoxing 10	常规早粳稻	2005	辽审稻2005163		169
辽星11	Liaoxing 11	常规早粳稻	2006	国审稻2006069		170
辽星12	Liaoxing 12	常规早粳稻	2006	辽审稻2006180		171
辽星13	Liaoxing 13	常规早粳稻	2006	辽审稻2006185		172
辽星14	Liaoxing 14	常规早粳稻	2006	辽审稻2006177		173
辽星15	Liaoxing 15	常规早粳稻	2006	辽审稻2006176		174
辽星16	Liaoxing 16	常规早粳稻	2006	辽审稻2006188		175
辽星17	Liaoxing 17	常规早粳稻	2007	国审稻2007044		176
辽星18	Liaoxing 18	常规早粳稻	2008	辽审稻2008202		177
辽星19	Liaoxing 19	常规早粳稻	2008	辽审稻2008201		178
辽星2号	Liaoxing 2	常规早粳稻	2005	辽审稻2005136		179
辽星20	Liaoxing 20	常规早粳稻	2008	辽审稻2008196		180
辽星21	Liaoxing 21	常规早粳稻	2009	辽审稻2009208		181

（续）

品种名	英文（拼音）名	类型	审定（育成）年份	审定编号	品种权号	页码
辽星3号	Liaoxing 3	常规早粳稻	2005	辽审稻2005144		182
辽星4号	Liaoxing 4	常规早粳稻	2005	辽审稻2005153		183
辽星5号	Liaoxing 5	常规早粳稻	2005	辽审稻2005145		184
辽星6号	Liaoxing 6	常规早粳稻	2005	辽审稻2005146		185
辽星7号	Liaoxing 7	常规早粳糯稻	2005	辽审稻2005137		186
辽星8号	Liaoxing 8	常规早粳稻	2005	国审稻2005046		187
辽星9号	Liaoxing 9	常规早粳稻	2003	辽审稻2003112 国审稻2005042		188
辽选180	Liaoxuan 180	常规早粳稻	1994	辽审稻1994045		189
辽盐12	Liaoyan 12	常规早粳稻	1998	辽审稻1998070		190
辽盐16	Liaoyan 16	常规早粳稻	1994	辽审稻1994046		191
辽盐166	Liaoyan 166	常规早粳稻	2005	辽审稻2005147		192
辽盐2号	Liaoyan 2	常规早粳稻	1990	辽审稻1990029		193
辽盐241	Liaoyan 241	常规早粳稻	1992	辽审稻1992038		194
辽盐282	Liaoyan 282	常规早粳稻	1991	辽审稻1991033		195
辽盐283	Liaoyan 283	常规早粳稻	1993	辽审稻1993041		196
辽盐9号	Liaoyan 9	常规早粳稻	1997	辽审稻1997060 国审稻1999001		197
辽盐糯	Liaoyannuo	常规早粳糯稻	1990	辽审稻1990030		198
辽盐糯10号	Liaoyannuo 10	常规早粳糯稻	1997	辽审稻1997061 国审稻1999002		199
辽优0201	Liaoyou 0201	三系杂交粳稻	2002	辽审稻2002109		315
辽优1052	Liaoyou 1052	三系杂交粳稻	2005	辽审稻2005125		316
辽优1518	Liaoyou 1518	三系杂交粳稻	2002	辽审稻2002108 国审稻2004046		317
辽优20	Liaoyou 20	三系杂交粳稻	2006	辽审稻2006186		318
辽优2006	Liaoyou 2006	三系杂交粳稻	2005	辽审稻2005139 国审稻2006067		319
辽优2015	Liaoyou 2015	三系杂交粳早稻	2006	国审稻2006075		320
辽优2016	Liaoyou 2016	三系杂交粳稻	2006	国审稻2006063		321
辽优3015	Liaoyou 3015	三系杂交粳稻	2003	辽审稻2003111 国审稻2003082		322

（续）

品种名	英文（拼音）名	类型	审定（育成）年份	审定编号	品种权号	页码
辽优3072	Liaoyou 3072	三系杂交粳稻	2004	辽审稻2005126 国审稻2004057		323
辽优3225	Liaoyou 3225	三系杂交粳稻	1998	辽审稻1998066		324
辽优3418	Liaoyou 3418	三系杂交粳稻	2001	国审稻2001035		325
辽优4418	Liaoyou 4418	三系杂交粳稻	2001	国审稻2001033		326
辽优5218	Liaoyou 5218	三系杂交粳稻	2001	辽审稻2001089		327
辽优5224	Liaoyou 5224	三系杂交粳稻	2006	辽审稻2006193		328
辽优5273	Liaoyou 5273	三系杂交粳旱稻	2007	国审稻2007050		329
辽优7号	Liaoyou 7	常规早粳稻	2000	辽审稻2000081		200
辽优9573	Liaoyou 9573	三系杂交粳稻	2009	辽审稻2009219		330
辽优9906	Liaoyou 9906	三系杂交粳稻	2010	辽审稻2010242		331
陆羽132	Luyu 132	常规早粳稻				201
美锋1号	Meifeng 1	常规早粳稻	2009	辽审稻2009209		202
美锋1158	Meifeng 1158	常规早粳稻	2010	辽审稻2010243		203
美锋9号	Meifeng 9	常规早粳稻	2010	辽审稻2010233		204
民喜9号	Minxi 9	常规早粳稻	2005	辽审稻2005169		205
农垦21	Nongken 21	常规早粳稻				206
农垦40	Nongken 40	常规中粳稻				207
千重浪	Qianchonglang	常规早粳稻				208
千重浪1号	Qianchonglang 1	常规早粳稻	2005	辽审稻2005157		209
千重浪2号	Qianchonglang 2	常规早粳稻	2005	辽审稻2005167		210
桥粳818	Qiaogeng 818	常规早粳稻	2008	辽审稻2008200		211
桥育8号	Qiaoyu 8	常规早粳稻	2010	辽审稻2010240		212
清选1号	Qingxuan 1	常规早粳稻	1965			213
清杂1号	Qingza 1	常规早粳稻				214
秋光	Qiuguang	常规早粳稻				215
沈191	Shen 191	常规早粳稻	2006	辽审稻2006178		216
沈988	Shen 988	常规早粳稻	2003	辽审稻2003115		217
沈稻1号	Shendao 1	常规早粳稻	2006	辽审稻2006172		218
沈稻10号	Shendao 10	常规早粳稻	2006	辽审稻2006175		219
沈稻11	Shendao 11	常规早粳稻	2008	国审稻2008039		220

（续）

品种名	英文（拼音）名	类型	审定（育成）年份	审定编号	品种权号	页码
沈稻18	Shendao 18	常规早粳稻	2009	辽审稻2009218		221
沈稻2号	Shendao 2	常规早粳稻	2005	辽审稻2005127 国审稻2006066		222
沈稻29	Shendao 29	常规早粳稻	2009	辽审稻2009213		223
沈稻3号	Shendao 3	常规早粳稻	2005	辽审稻2005128		224
沈稻4号	Shendao 4	常规早粳稻	2002	辽审稻2002107		225
沈稻47	Shendao 47	常规早粳稻	2010	辽审稻2010235		226
沈稻5号	Shendao 5	常规早粳稻	2002	辽审稻2002110 国审稻2005043		227
沈稻6号	Shendao 6	常规早粳稻	2005	辽审稻2005124		228
沈稻8号	Shendao 8	常规早粳稻	2005	辽审稻2005158		229
沈稻9号	Shendao 9	常规早粳稻	2005	辽审稻2005166		230
沈东1号	Shendong 1	常规早粳稻	1993	辽审稻1993044		231
沈粳4311	Shengeng 4311	常规早粳稻	2006	辽审稻2006182		232
沈农014	Shennong 014	常规早粳稻	2006	辽审稻2006174		233
沈农016	Shennong 016	常规早粳稻	2005	辽审稻2005130		234
沈农1033	Shennong 1033	常规早粳稻	1977			235
沈农129	Shennong 129	常规早粳稻	1991	辽审稻1991034		236
沈农159	Shennong 159	常规早粳稻	1999	辽审稻1999077		237
沈农2100	Shennong 2100	常规早粳稻	2005	辽审稻2005164		238
沈农265	Shennong 265	常规早粳稻	2001	辽审稻2001085		239
沈农315	Shennong 315	常规早粳稻	2001	辽审稻2001096		240
沈农514	Shennong 514	常规早粳稻	1995	辽审稻1995051		241
沈农604	Shennong 604	常规早粳稻	2005	辽审稻2005138		242
沈农606	Shennong 606	常规早粳稻	2003	辽审稻2003120		243
沈农611	Shennong 611	常规早粳稻	1994	辽审稻1994048		244
沈农7号	Shennong 7	常规早粳稻	2004	国审稻2004051		245
沈农702	Shennong 702	常规早粳稻	2002	辽审稻2002105		246
沈农8718	Shennong 8718	常规早粳稻	1999	辽审稻1999078 国审稻2003019		247
沈农87-913	Shennong 87-913	常规早粳糯旱稻	1994	辽审稻1994049		248

（续）

品种名	英文（拼音）名	类型	审定（育成）年份	审定编号	品种权号	页码
沈农8801	Shennong 8801	常规早粳稻	1997	辽审稻1997063		249
沈农90-17	Shennong 90-17	常规早粳稻	1995	辽审稻1995052		250
沈农91	Shennong 91	常规早粳稻	1990	辽审稻1990031		251
沈农9741	Shennong 9741	常规早粳稻	2002	辽审稻2002106 国审稻2005045		252
沈农9816	Shennong 9816	常规早粳稻	2008	辽审稻2008204		253
沈农9903	Shennong 9903	常规早粳稻	2009	辽审稻2009214		254
沈农香糯1号	Shennongxiangnuo 1	常规早粳糯稻	1996	辽审稻1996056		255
沈糯1号	Shennuo 1	常规早粳糯稻	1996	辽审稻1996057		256
沈元1号	Shenyuan 1	常规早粳稻	2007	国审稻2007052		257
苏粳2号	Sugeng 2	常规早粳稻	2005	辽审稻2005156		258
屉锦A	Tijin A	粳型不育系				337
屉优418	Tiyou 418	三系杂交粳稻	1998	辽审稻1998067		332
添丰9681	Tianfeng 9681	常规早粳稻	2005	辽审稻2005140		259
田丰202	Tianfeng 202	常规早粳稻	2005	辽审稻2005165		260
铁粳1号	Tiegeng 1	常规早粳稻	1981	辽审稻1981008		261
铁粳10号	Tiegeng 10	常规早粳稻	2010	辽审稻2010228		262
铁粳2号	Tiegeng 2	常规早粳稻	1987	辽审稻1987019		263
铁粳3号	Tiegeng 3	常规早粳稻	1988	辽审稻1988022		264
铁粳4号	Tiegeng 4	常规早粳稻	1992	辽审稻1992040		265
铁粳5号	Tiegeng 5	常规早粳稻	1993	辽审稻1993043		266
铁粳6号	Tiegeng 6	常规早粳稻	2002	辽审稻2002099		267
铁粳7号	Tiegeng 7	常规早粳稻	2005	辽审稻2005122 国审稻2007043		268
铁粳8号	Tiegeng 8	常规早粳稻	2005	辽审稻2005161		269
铁粳9号	Tiegeng 9	常规早粳稻	2008	辽审稻2008198		270
卫国	Weiguo	常规早粳稻				271
祥丰00-93	Xiangfeng 00-93	常规早粳稻	2005	辽审稻2005150		272
祥育3号	Xiangyu 3	常规早粳稻	2006	辽审稻2006192		273
新宾1号	Xinbin 1	常规早粳稻				274
新宾2号	Xinbin 2	常规早粳稻				275

（续）

品种名	英文（拼音）名	类型	审定（育成）年份	审定编号	品种权号	页码
新育3号	Xinyu 3	常规早粳稻	2010	辽审稻2010229		276
信友早生	Xinyouzaosheng	常规早粳稻				277
兴粳2号	Xinggeng 2	常规早粳稻	1991	辽审稻1991035		278
秀岭A	Xiuling A	粳型不育系				338
秀优57	Xiuyou 57	三系杂交粳稻	1986	辽审稻1986017 国审稻GS 01007-1989		333
盐丰47	Yanfeng 47	常规早粳稻	2001	辽审稻2001095 国审稻2006068		279
盐粳1号	Yangeng 1	常规早粳稻	1987	辽审稻1987018		280
盐粳188	Yangeng 188	常规早粳稻	2005	辽审稻2005162		281
盐粳218	Yangeng 218	常规早粳稻	2009	辽审稻2009217		282
盐粳228	Yangeng 228	常规早粳稻	2009	辽审稻2009222		283
盐粳34	Yangeng 34	常规早粳稻	2005	辽审稻2005131		284
盐粳456	Yangeng 456	常规早粳稻	2010	辽审稻2010238		285
盐粳48	Yangeng 48	常规早粳稻	1999	辽审稻1999076		286
盐粳68	Yangeng 68	常规早粳稻	2003	辽审稻2003114 国审稻2007040		287
盐粳98	Yangeng 98	常规早粳稻	2005	辽审稻2005159		288
盐两优2818	Yanliangyou 2818	两系杂交粳稻	2003	国审稻2003020		334
迎春2号	Yingchun 2	常规早粳稻	1985	辽审稻1985012		289
营8433	Ying 8433	常规早粳稻	1997	辽审稻1997065		290
营9207	Ying 9207	常规早粳稻	2008	辽审稻2008203		291
营稻1号	Yingdao 1	常规早粳稻	2008	辽审稻2008199		292
营丰1号	Yingfeng 1	常规早粳早稻	1988	辽审稻1988023		293
营盐3号	Yingyan 3	常规早粳稻	2009	辽审稻2009216		294
雨田1号	Yutian 1	常规早粳稻	2003	国审稻2003017		295
雨田6号	Yutian 6	常规早粳稻	2003	辽审稻2003116		296
雨田7号	Yutian 7	常规早粳稻	2001	国审稻2001034		297
元丰6号	Yuanfeng 6	常规早粳稻	2005	辽审稻2005155		298
元子2号	Yuanzi 2	常规早粳稻				299
袁粳9238	Yuangeng 9238	常规早粳稻	2010	辽审稻2010232		300

（续）

品种名	英文（拼音）名	类型	审定（育成）年份	审定编号	品种权号	页码
早丰	Zaofeng	常规早粳稻	1974	辽审稻1974001		301
中丹1号	Zhongdan 1	常规早粳稻	1979	辽审稻1979004		302
中丹2号	Zhongdan 2	常规早粳稻	1981	辽审稻1981007		303
中丹4号	Zhongdan 4	常规中粳稻	2005	辽审稻2005151		304
中花9号	Zhonghua 9	常规早粳稻	1986	辽审稻1986015		305
中辽9052	Zhongliao 9052	常规中粳稻	2000	辽审稻2000082		306
中作58	Zhongzuo 58	常规早粳稻	2000	辽审稻2000080		307
庄粳2号	Zhuanggeng 2	常规早粳稻	2006	辽审稻2006189		308
庄研5号	Zhuangyan 5	常规早粳稻	2008	辽审稻2008207		309
庄研6号	Zhuangyan 6	常规早粳稻	2009	辽审稻2009224		310
庄研7号	Zhuangyan 7	常规早粳稻	2009	辽审稻2009225		311
庄育3号	Zhuangyu 3	常规早粳稻	2005	辽审稻2005152		312

图书在版编目（CIP）数据

中国水稻品种志. 辽宁卷／万建民总主编；邵国军
主编. —北京：中国农业出版社，2018.12
ISBN 978-7-109-24960-8

Ⅰ．①中… Ⅱ．①万… ②邵… Ⅲ．①水稻—品种—
辽宁 Ⅳ．①S511.037

中国版本图书馆CIP数据核字（2018）第267365号

中国水稻品种志·辽宁卷
ZHONGGUO SHUIDAO PINZHONGZHI · LIAONING JUAN

中国农业出版社
地址：北京市朝阳区麦子店街18号楼
邮编：100125

策划编辑：舒　薇　贺志清
责任编辑：王琦瑢　李　蕊　王黎黎
装帧设计：贾利霞
版式设计：胡至幸　韩小丽
责任校对：沙凯霖
责任印制：王　宏　刘继超

印刷：北京通州皇家印刷厂
版次：2018年12月第1版
印次：2018年12月北京第1次印刷
发行：新华书店北京发行所

开本：787mm×1092mm　1/16
印张：23.75
字数：560千字

定价：290.00元